比尔及梅琳达·盖茨基金会项目支持

药用辅料生产质量管理审核指南

Good Manufacturing Practices Audit Guidelines for Pharmaceutical Excipients

中国食品药品检定研究院
中国食品药品国际交流中心 ｜ 组织编写
国家药品监督管理局药用辅料质量研究与评价重点实验室

中国健康传媒集团
中国医药科技出版社

图书在版编目（CIP）数据

药用辅料生产质量管理审核指南 / 中国食品药品检定研究院，中国食品药品国际交流中心，国家药品监督管理局药用辅料质量研究与评价重点实验室组织编写 . — 北京：中国医药科技出版社，2023.2

ISBN 978-7-5214-3697-6

Ⅰ . ①药… Ⅱ . ①中… ②中… ③国… Ⅲ . ①药剂—辅助材料—生产管理—质量管理—指南 Ⅳ . ① TQ460.4-62

中国版本图书馆 CIP 数据核字（2022）237170 号

责任编辑	高雨濛
美术编辑	陈君杞
版式设计	也 在

出版	**中国健康传媒集团** ｜ 中国医药科技出版社
地址	北京市海淀区文慧园北路甲 22 号
邮编	100082
电话	发行：010-62227427　邮购：010-62236938
网址	www.cmstp.com
规格	787×1092mm $\frac{1}{16}$
印张	20 $\frac{3}{4}$
字数	418 千字
版次	2023 年 2 月第 1 版
印次	2023 年 2 月第 1 次印刷
印刷	三河市万龙印装有限公司
经销	全国各地新华书店
书号	ISBN 978-7-5214-3697-6
定价	**240.00 元**

获取新书信息、投稿、为图书纠错，请扫码联系我们。

编 委 会

序

药品是特殊商品，是保障人民健康和生命安全的重要战略物资。我国是制药大国，医药工业产品门类齐全、产业配套完整，具有较强原料药制造优势，但在高端制剂用药用辅料方面长期依赖进口，成为医药产业的短板。大力提高药用辅料工业化水平，促进制剂产业向更高价值链延伸，是"十四五"医药工业发展规划重要的目标。

新修订《中华人民共和国药品管理法》第四十五条规定："生产药品，应当按照规定对供应原料、辅料等的供应商进行审核。"目前，我国还没有介绍药用辅料生产者质量审核的专业书籍和指导实操的工具书。为此，中国食品药品检定研究院借助国家药品监督管理局药用辅料质量研究与评价重点实验室的优势，与中国食品药品国际交流中心联合发起，在参考国内外药用辅料行业协会颁布的审核指南基础上，撰写《药用辅料生产质量管理审核指南》一书，从生产机构、人员和职责、生产厂房、环境和设施、生产设备、物料、工艺验证及文件记录管理等方面的审核要点进行一一解读，并附有药用辅料生产企业在具体实施中的案例。相信此书将成为我国药用辅料生产者规范管理生产过程的指导参考，成为药品企业合理审核药用辅料供应者资质能力的技术指南。对提高我国药用辅料产业化生产管理水平，促进药用辅料质量稳定可控、安全高效，保障医药产业链、供应链稳定畅通，具有重要意义。

衷心希望此书为药品全生命周期监管提供技术支持，为防范药品领域系统风险提供技术参考。

2023 年 1 月

前　言

　　新的原辅包关联审评审批制度改革制度实施以来，国家药品监督管理局不断提高药用辅料科学监管和智慧监管的水平，对药品生产商赋予了更大的责任，新修订《中华人民共和国药品管理法》第四十五条规定："生产药品，应当按照规定对供应原料、辅料等的供应商进行审核。"现行《药用辅料生产质量管理规范》是2006年印发的，在新的关联审评制度下如何开展辅料供应商审核，业界没有经验可循，急需有一部介绍药用辅料供应商质量审核的专业书籍参考使用。中国食品药品检定研究院、国家药品监督管理局药用辅料质量研究与评价重点实验室与中国食品药品国际交流中心联合发起撰写《药用辅料生产质量管理审核指南》，以便于提高我国药用辅料工业生产质量水平，衷心希望此部书籍为药用辅料全生命周期监管提供技术支持，为药用辅料生产质量管理规范的修订提供技术参考，为药品生产企业科学审核药用辅料供应商提供技术指南。

　　由于我国药用辅料生产质量管理审核工作刚刚起步，书中难免有不足之处，敬请广大读者批评指正。

编　者

2023 年 1 月

目　录

第一章

我国药用辅料生产质量管理发展历程与现状

第一节 我国药用辅料整体质量现状

药用辅料是生产药品和调配处方时使用的赋形剂和附加剂，是除活性成分或前体以外，一般包含在药物制剂中，在安全性方面已经得到合理评估的物质。药用辅料是药品的重要组成部分，不仅是药物发挥疗效作用的载体，而且可以改变药物在体内的吸收、分布、代谢、排泄。随着仿制药一致性评价工作的全面推进，辅料的质量要求也越来越高。良好的药用辅料生产质量管理是保证药用辅料高质量、高标准的一种重要方式和手段。从源头上讲，辅料生产中遇到较多的问题集中在辅料批间差异较大引起的药品质量一致性差异，以及天然来源的复杂成分导致分离难和定量分析不准确等问题。因此，规范辅料的生产质量管理过程，是保证药用辅料良好的适用性和安全性的必要手段，也是改进和提高我国药用辅料质量稳定性和一致性的有效方式。

国内外曾发生过由于药用辅料生产质量管理不善和产品质量问题而引起的药品安全性事件，给公众带来了严重的生命危害事件，如2006年巴拿马某制药公司因使用被有毒物质二甘醇污染的止咳糖浆导致107人死亡。药害事件促使监管部门对药用辅料质量管理的关注不断加强并出台一系列的监管法规。众所周知，1937年发生在美国的"磺胺酏剂事件"成为20世纪影响最大的药害事件之一，促使美国国会通过了《食品、药品和化妆品法》（*Food Drugs and Cosmetic Act*，FDCA，1938）。2006年，国家食品药品监督管理局发布了《关于印发〈药用辅料生产质量管理规范〉的通知》（国食药监安〔2006〕120号）。2012年"铬超标胶囊"事件的发生促使我国监管部门进一步加强了药用辅料的质量管理要求。同年，国家食品药品监督管理局药品注册司发布《关于〈加强药用辅料监督管理有关规定（征求意见稿）〉公开征求意见的通知》（食药监注函〔2012〕118号），指出：药品制剂生产企业必须加强购入药用辅料的质量管理；药用辅料生产企业必须加强产品质量管理。

我国药用辅料行业的发展起步较晚，相对于制药行业的发展来说，药用辅料的发展略显滞后。近年来，随着人们对辅料功能认识的不断加深，以及国内医药市场需求的推动，药用辅料产品开始逐渐向专、精、新的方向发展。虽然，我国药用辅料的生产和监管等取得了进步，但在管理法规、标准制定、创新性和生产水平等方面还存在诸多问题，药用辅料生产水平有待进一步提高。1988年，卫生部颁布了我国第一部《药品生产质量管理规范》（1988年版），作为正式法规执行。经过1992年修订版和1998年修订版后，2010年由卫生部正式发布《药品生产质量管理规范》（2010年修订）（以下简称GMP2010）。2006年，国家食品药品监督管理局发布了《关于印发〈药用辅料生产质量管理规范〉的通知》（国食药监安〔2006〕120号），但在之后的十年内并未进行公告正式实施，直至2017年关联审评审批制度实行。2017年底，国家食品药品监督管理总局发布《总局关于调整原料药、药用辅料和药包材审评审批事项的公告》（2017年第146号），我国原辅包关联审评审批制度开始实施。2019年，国家药品监督管理局发布《国家药监局关于进一步完善药品关联审评审批和监管工作有关事宜的公告》（2019年第56号），其中第二十一条规定：各省（区、市）药品监督管理局根据登记信息对药用辅料和药包材供应商加强监督检查和延伸检查。发现药用辅料和药包材生产存在质量问题的，应依法依规及时查处，并要求药品制剂生产企业（药品上市许可持有人）不得使用相关产品，并对已上市产品开展评估和处置。延伸检查应由药品制剂生产企业（药品上市许可持有人）所在地省局组织开展。药用辅料和药包材供应商的日常检查由所在地省局组织开展联合检查。药用辅料生产现场检查参照《药用辅料生产质量管理规范》（国食药监安〔2006〕120号）开展检查。

目前，我国专门从事药用辅料生产的企业较少，许多辅料生产企业是由食品添加剂企业或化工企业转型而来的，对药用辅料的质量控制一直遵循着化学品的管理思路和模式，这类企业并不擅长根据药用辅料生产要求来进行严格管理和产品质量控制。不同辅料供应商的差异较大。具体来讲，表现在三个方面：来源差异性、型号差异性、批次间差异性。来源差异性可以通过辅料的原料采购进行控制；型号差异性是辅料功能性控制能力的体现，可以通过功能性应用研究加以识别；但辅料批次间差异性则通常难以识别和控制。有研究发现，供应商之间批次间差异性大小各不相同，某些供应商提供的产品之间的批次间差异性更大。因此辅料的生产质量管理应借鉴制药企业的管理理念以加强质量管理。

制药企业的质量管理理念可以概括为以下三个阶段：

第一阶段是质量检验阶段。仅对产品的质量实行事后把关，即强调对最终产品的质量检验。但是，质量检验并不能提高产品质量，只能部分剔除次品或废品，因而只能对产品的质量进行初级的控制。

第二阶段是对生产过程的质量控制阶段。强调产品质量不是检验出来的，而是生产制造出来的，因而应对产品生产的全过程进行质量控制，即对产品生产过程中影响产品质量的所有因素进行控制。从而将质量控制从事后把关提前到产品的生产制造过程，对产品的质量提供了进一步的保证。

第三阶段是建立并有效实施质量管理体系的阶段。强调产品质量首先是设计出来的，其次才是制造出来的，将质量管理从制造阶段进一步提前到设计阶段。因为产品的生产过程控制和最终的质量控制无法弥补其设计上存在的缺陷，即产品的最初设计决定了产品的最终质量。质量管理体系是通过对产品的整个生命周期中影响产品质量的所有因素进行管理，从而对产品的质量提供了全面有效的保证。

目前我国药用辅料企业，仍然呈现多、小、散的特征，即便是专业的药用辅料生产企业也存在一定程度的产品同质化、特色不鲜明等问题，且企业的生产水平和创新能力需进一步提高和完善。因此，应鼓励企业不断提高产品质量，优化产品结构，加强传统辅料多规格细分功能研究，提高产品定制能力，同时加快推进新型辅料、生物制剂和创新制剂用辅料产业化。鼓励辅料生产企业通过提升绿色制造和智能制造水平，通过运用新工艺、新技术，以及连续流、微反应器等新设备、新工序，提升反应效率，丰富产品类型。传统辅料应通过建立数字工厂、信息化和可视化管理、生产追溯系统等，在生产控制中引入质量源于设计（QbD）理念，结合参数控制和检测放行，加强产品的稳定生产能力。基于QbD理念，结合我国药用辅料行业发展和生产现状，遵从药用辅料生产质量管理规范，对于药用辅料生产者和使用者以及保障药用辅料产品质量可控都具有重要意义，进而使得药用辅料的发展更上一层楼。

总之，药用辅料生产质量管理作为药品整体质量管理体系的一部分，是药品生产管理和质量控制的基本要求，最终目的是"为患者提供高质量的药品"。

第二节　药用辅料生产质量管理审核的目的与意义

我国药用辅料起步和发展较晚，质量水平并不均衡。2006 年 3 月国家食品药品监督管理总局颁布《药用辅料生产质量管理规范》（以下简称药用辅料 GMP），其中对机构、人员和职责、厂房和设施、设备、物料、卫生、验证、文件、生产管理、质量保证和质量控制、销售、自检和改进等方面进行了明确规范，但当时并未强制执行。影响我国药用辅料生产质量管理审核推进缓慢的因素有以下几个方面。

一、经济因素

药用辅料 GMP 的推广不可避免地会产生经济成本的难题。单个辅料品种在制剂中的用量占比不一，企业付出过多的成本，市场的需求量又无法支撑生产企业收回成本。根据统计数据，药用辅料仅占其产品结构比重 10% 左右，有时甚至不到 5%，这也是药用辅料往往由大规模低利润率的大型生产基地生产的原因。因此如果执行药用辅料 GMP，会给辅料生产企业带来更高的经济成本。

二、供应市场的多元性

辅料生产商不仅生产符合药用标准的药用辅料，同时也可能生产供应精细化工、食品、化妆品等市场的辅料产品。为生产药用辅料，辅料生产商必须对这些产品采用不同的生产标准，如药用的溶剂、防腐剂与缓冲剂同样也是主要的化工原料，在染料、调味品方面也有着广泛的应用，但实际生产中却要根据不同的用途而采取不同的生产标准。

三、药用辅料成分和作用的多变性

药用辅料传统的作用往往在于帮助活性成分的释放、促进活性成分的溶解或其他用途等，但如今随着靶向制剂、缓控释制剂、3D 打印制剂、连续制造制剂的兴起，药用辅料的功能性也在扩大，更加凸显了药用辅料生产质量管理的重要性。

然而，随着药品安全监管"四个最严"的落实和原辅包关联审评政策的实施，药用辅料的质量管理模式发生了重要改变。加强药用辅料的质量控制，不仅是药用辅料生产企业的责任，更是药品上市许可持有人（MAH）的重要责任。作为药品质量的第一责任人，应当为其所选用的辅料质量负责。根据 2019 年修订的《药品管理法》第四十五条，生产药品所需的原料、辅料，应当符合药用要求、药品生产质量管理规范的有关要求。生产药品，应当按照规定对供应原料、辅料等的供应商进行审核，保证购进、使用的原料、辅料等符合规定要求。

良好生产质量管理规范（GMP）是一种具有专业特性的质量保证体系，是为保障产品安全、质量而制定的贯穿生产全过程的一系列措施、方法和技术要求。GMP 重点关注产品的均一性，有效性和质量稳定性，其要求企业在生产、包装及贮运等过程中，人员配置、建筑设施和设备的设置及卫生、制造过程、产品质量等方面的管理均能符合良好的生产规范，防止产品在不卫生或可能引起污染的环境条件下生产，减少生产事故的发生，确保产品安全、稳定并符合预期的质量标准。

实施药用辅料 GMP 要求的意义，具体体现在以下三个方面。

1. 有助于提高科学的管理水平，促进企业人员素质提高和增强质量意识，保证辅料质量。GMP 管理是一种科学的先进管理方法，不但重视结果，而且还重视过程。GMP 的目的主要是力求降低产品生产中的污染、混淆和差错等风险，而这些风险仅靠对成品结果的检验是无法完全把关的，因此在 GMP 下生产的辅料质量更可靠、更安全。

2. 可为辅料生产企业提供一套生产和质量所遵循的基本原则和必需的标准组合，促进企业质量管理，有助于企业管理现代化，采用新技术、新设备，提高产品质量和经济效益。

3. 有利于提高辅料生产企业竞争力，助力产业升级。执行 GMP 一方面能帮助药用辅料供应商更好地满足制药企业严苛的要求，另一方面也使制药企业能更方便地得到符合质量要求的产品。从这个意义上来看，GMP 规范并非是药用辅料生产商的"紧箍咒"，相反能令企业争取到更多的客户而更具竞争力。GMP 规范提高了辅料的生产规范性，这在某种程度上必将促进药用辅料行业整体质量的升级。

考虑到药用辅料生产、类型和应用的多样性，"一刀切"的辅料管理方法是不合适的，那么药用辅料应该满足何种 GMP 水平也是值得思考的问题。根据 2018 年 7 月国际药品检查合作计划（PIC/S）发布的《确定人用药品辅料适当 GMP 的正式风险评估指南》，MAH 应根据该指南在正式风险评估的基础上确定人用药品使用的辅料的适当 GMP。风险评估应考虑其他适当质量体系的要求、辅料的来源和预期用途以及曾发生的质量缺陷实例。

总之，无论是基于国家政策的转变还是出于产业升级发展的需要，加强执行药用辅料生产质量管理审核，对于保证药品质量安全可控均有重大意义。

第三节　我国药用辅料生产质量管理的发展历史沿革

一、注册制下药用辅料生产质量管理

在注册制度时代，药用辅料的产品注册和生产许可有着紧密的联系。本节将梳理药用辅料的注册和生产许可相关的法规变化。

2004 年 6 月 29 日，国务院发布了《国务院对确需保留的行政审批项目设定行政许可的决定》（国务院令第 412 号），明确保留了药用辅料注册，并设定为行政审批项目。对于已有国家标准的药用辅料，可以通过注册许可，得到药用辅料批准文号。由于历史原因，《中国药典》、部颁标准、地方标准和部分食品标准（国标）等国家认可标准，作为药用辅料注册许可的依据。药用辅料的注册许可参照药品的注册许可模式，主要申报类型包括：新药用辅料注册申请、进口药用辅料注册申请、已有标准药用辅料注册申请，补充申请和再注册申请。生产药用辅料的企业应取得《药品生产许可证》，所生产的药用辅料必须符合相应的质量标准，并经审批核发批准文号。为加强药用辅料生产的质量管理，保证药用辅料质量，国家食品药品管理局于 2006 年 3 月 23 日发布了《药用辅料生产质量管理规范》。该规范当时并未强制实施，而是要求企业结合本地实际情况参照执行，至今仍沿用。

2012 年 8 月《加强药用辅料监督管理有关规定》正式发布。该规定中首先明确了药品制剂生产企业和药用辅料生产企业的职责，强调药品制剂生产企业是药品质量责任人，凡因违法违规使用药用辅料引发的药品质量问题，药品制剂生产企业必须承担主要责任。药用辅料生产企业必须对产品质量负责，按注册批准的或与药品制剂生产企业合同约定的质量标准，对每批产品进行全项检验，合格后方可入库、销售。同时，要配合药品制剂生产企业开展供应商审核。为落实药用辅料监管责任，强化全过程监管，药品监管部门要对药用辅料实施分类管理，严格药品注册申报对药用辅料的要求，加强药用辅料标准管理。对新的药用辅料和安全风险较高的药用辅料实行许可管理，即生产企业应取得《药品生产许可证》，品种必须获得注册许可。

二、关联审评制度下药用生产质量管理

2015 年 8 月，《国务院关于改革药品医疗器械审评审批制度的意见》（国发〔2015〕44 号）正式翻开了药品审评制度的改革篇章。

2017 年 9 月，国务院发布《国务院关于取消一批行政许可事项的决定》（国发〔2017〕46 号），其中包括取消药用辅料注册（新药用辅料和进口药用辅料注册）审批。取消审批后，国家食品药品监督管理总局通过以下措施加强事中事后监管：①将药用辅料注册的有关要求纳入药品注册，与药品审批一并办理；②明确由药品注册申请人所在地食品药品监管部门加强延伸监管，将药用辅料生产企业纳入日常监管范围；③加强事中事后监管，加大对违法违规行为的处罚力度，严控风险，确保药品的安全性和有效性。

2019 年 7 月，国家药品监督管理局发布《关于进一步完善药品关联审评审批和监管工作有关事宜的公告》（2019 年第 56 号），该公告明确了原药用辅料注册证明文件与关联审评制度的衔接管理要求，即自动转入登记平台并赋予 A 状态的登记号；对于药用辅料和药包材生产企业具有《药品生产许可证》的，继续按原管理要求管理，许可证到期后按该公告要求登记场地信息。关于药用辅料登记资料要求，按照风险等级对辅料进行分类登记。关于药用辅料生产质量管理检查，各省（区、市）药品监督管理局根据登记信息对药用辅料和药包材供应商加强监督检查和延伸检查。发现药用辅料和药包材生产存在质量问题的，应依法依规及时查处，并要求药品制剂生产企业（药品上市许可持有人）不得使用相关产品，并对已上市产品开展评估和处置。延伸检查应由药品制剂生产企业（药品上市许可持有人）所在地省局组织开展。药用辅料供应商的日常检查由所在地省局组织开展联合检查。生产现场检查参照《药用辅料生产质量管理规范》（国食药监安〔2006〕120 号）开展。

2020 年 1 月，国家市场监督管理总局公布新修订的《药品生产监督管理办法》，其中第三十三条：经批准或者通过关联审评审批的原料药、辅料、直接接触药品的包装材料和容器的生产企业，应当遵守国家药品监督管理局制定的质量管理规范以及关联审评审批有关要求，确保质量保证体系持续合规，接受药品上市许可持有人的质量审核，接受药品监督管理部门的监督检查或者延伸检查。

2020 年 3 月，国家药品监督管理局发布《国家药监局关于实施新修订〈药品生产监督管理办法〉有关事项的公告》（2020 年第 47 号）。随后各省市药品监督管理部门先后出台关于贯彻新修订《药品生产监督管理办法》做好行政许可有关事项的通知，明确《药品生产许可证》生产范围是药用辅料的，自 2020 年 7 月 1 日后不再换发证书。

2021 年 11 月，山东省药品监督管理局发布《关于进一步加强药用辅料、药包材生产使用质量管理工作的通知》，要求落实药用辅料、药包材生产企业主体责任。经批准或者通过关联审评审批的药用辅料、药包材生产企业应当建立质量管理体系，严格执行《药品管理法》《药用辅料生产质量管理规范》以及关联审评审批等有关要求，确保质量保证体系持续合规。江苏省医药包装药用辅料协会也发布了相关指南。

第四节　国际药用辅料生产质量管理审核经验的启示

一、药用辅料供应商质量管理审核的意义

随着当今世界经济活动的国际化趋势日益增强，我国作为药用辅料生产者和使用者的大国，已然成为全球供应网络中非常重要的一部分。良好的质量管理体系已经成为市场竞争的焦点，减少无效供给扩大有效供应成为必然选择。质量品牌的树立和提升，引导和发挥引领作用将更具话语权，这是企业生存和发展的决定因素。国内药用辅料企业参与国际市场竞争并期望得到长远发展，良好的符合国际通用规则的药用辅料质量管理体系将是通往国际市场的通行证，这也是企业绩效提升的根本保证。药用辅料供应商质量管理审核的目的是确保供应链的质量安全。从制剂企业层面看，制剂企业以"风险管理"为核心，致力于有效预防

和合理控制药品安全风险。强化生产质量全过程、各个要素管理，实现质量保证体系各个要素的无缝衔接、全程监管药品生产企业履行"质量承诺"，所有药品、原料药、药用辅料和药包材生产企业等监管对象应形成"现场检查、依法处罚、整改规范、跟踪复查"。确保供应链安全是制剂企业保证质量可靠、产品安全的前提和根本。其次，从政府监管层面看，欧盟的反伪造药品指令中明确指出"药品生产者应确认其使用的辅料符合相适应的 GMP"，这是对药品生产的法定要求。当前我国的关联审评审批制度下，同样反复提及药品上市许可人的法律责任，应确保所使用的原料药、药用辅料和药包材的安全。所以无论从企业自身发展的硬核要求，还是法律法规的规定，药用辅料的良好生产质量管理体系是必要条件之一。我国原有的监管体制下，最重要的主角是政府监管者，政府同时对药用辅料、药包材、原料药、制剂单独监管。国际通行做法是政府直接监管制剂企业，再由制剂企业监管原辅包企业，体系监管更加立体。原辅包对制剂企业负责，并配合生产企业开展供应商审核，监管者对于原辅包由事前监管调整为事中和事后监管，维护市场秩序，打击违法违规行为。

药用辅料是除药物活性成分（API）外，有目的的加入药物制剂中的其他物质。药用辅料的种类很多，但是当前我国药典只收录 335 种，而在我国实际使用的药用辅料有 500 多种，这些辅料在制剂中发挥着各种各样的功能性。药用辅料的复杂程度还取决于广泛的来源，如动物、植物、矿物、石油、化学品等。因此，药用辅料供应商质量审核对于确保药品质量安全就显得尤为重要。本质上来讲，药用辅料供应商质量审核是对药用辅料生产过程中收到的原材料、设备和供应品进行改进的定期检查。它不仅可以减少有缺陷的药用辅料产品进入市场的机会，而且还有助于实现对医药行业合规合法的监管要求。应科学评估辅料生产活动对药品生产的影响，药品制造商也应了解其药用辅料供应商。药品制造商有责任进行辅料供应商的外部 GMP 审核，以确保供应商遵循正确的生产规范，并确保辅料生产使用的原材料对使用产品的消费者是安全的。药用辅料供应商审核涵盖的内容根据审核的要求可能会有所不同，如药用辅料供应商质量审核应明确对供应商质量的期望以及必须满足的关键绩效指标。其中一些关键点可能包括法律认证、配料过程、产品输出偏差、客户投诉的历史以及如何回应；对先前违规行为的纠正措施、回收率、高退货率、管理不善的批处理流程或与所要求的质量偏差太大都是供应商未遵循必要的生产质量管理规范的迹象。通过供应商质量审核，药品制造商可以建议药用辅料供应商完善培训资源或解决问题的新流程。审核范围也会根据相关供应商的风险级别和重要性而变化。对药品生产有着关键作用的供应商自然会接受范围更广、深度更深的审核。药用辅料生产质量供应链审核的步骤主要在识别供应商运营中的潜在问题并做出更好的决策以改善患者结果，供应商审核是提高供应商合规性的关键，而且必须能够使用现实世界的指标来证明特定步骤和纠正措施的合理性。供应商质量审核将确保每一步都作为质量保证的一部分进行说明和确认。一旦审核报告确定了有问题的领域，供应商和制造商就该制定适当的解决方案。在这一过程中，双方的意见都很重要，因为供应商本身比审核员更了解自己的缺点和操作，因此，强大的制造商－供应商战略关系是审核过程的主要目标。只有这样，才能确保为敏感的药品和设备提供稳定高质量的原材料和操作程序。

综上所述，企业的生存和发展与产品质量息息相关，严把产品质量关，及时发现过程链上可能存在的各种隐患或问题，不断改进产品和服务质量，加强管理控制力度，就是提高药品质量和安全的前提。通过对于供应商质量管理体系的审核，能够促进原料供应商持续的改进产品和优化过程，实现药品质量稳定和提高，也是对百姓利益的一种有效保护，同时也增强了百姓对药品的信任度。

二、药用辅料供应商质量管理审核的在国外药品质量管理的地位与作用

药用辅料供应商质量管理审核不仅仅是药品生产企业对药用辅料供应商的管理需求，同时也是各国药品监管部门的期望。PIC/S GMP、FDA、ICHQ10 都规定供应商质量审核必须由药品制造商、医疗器械和膳食补充剂生产商负责。作为药品质量审查的一部分，需要评估所有供应商的 GMP 合规性。供应商的 GMP 合规性评估应基于质量风险评估，这个过程被称为 GMP 供应商质量管理审核程序。

GMP 供应商质量管理审核计划是药品生产风险评估的重要组成。制药业越来越复杂，成本压力导致制药和医疗设备制造商增加供应商数目，以保证供应链安全，这可能会大大增加制药企业的质量风险。制药企业往往不太了解其供应商和（或）海外设施和人员的潜在 GMP 违规情况（不合规）。如果违反 GMP，不仅会增加生产不合格药物的风险，还会使生产的许多方面更具挑战性，包括培训、过程管理、记录保存、数据完整性和报告。随着对所有药品供应商和用于创建或销售产品的流程的透明报告的立法要求越来越高，使得情况变得更加复杂。作为当前药品 GMP 要求的一部分，需要确保 GMP 供应商质量管理审核计划达到标准，否则 GMP 审核可能会失败。GMP 供应商质量管理审核计划是一个正式的流程，

旨在评估参与药品、膳食补充或医疗器械制造的所有供应商是否符合当前的GMP（或欧盟GMP）要求。供应商管理审核计划的目的是降低质量风险并提高所有制造过程的透明度和可见性；包括收集、分析、测试和报告结果以及实施纠正措施计划（例如CAPA）。PIC/S和美国FDA要求药品制造商对供应商进行GMP审核，最好通过直接访问供应商的生产场所来评估其在制造和（或）供应的每个阶段的合规性的产品测试。

此外，面对日益复杂的全球供应链，制药商面临着越来越多的压力。随着供应链变得越来越长和越来越复杂，细致的供应商质量管理已成为制药商确保采购优质材料以制造产品的关键。为此，制药商必须对其供应商的质量和可靠性有更深入的了解，并且卓越的生产质量管理必须延伸到供应商。在对一些制药商的调查中发现，当被问及与质量相关的最大挑战时，制药商尤其提到了供应商质量可控性方面的巨大挑战。随着美国食品药品管理局（FDA）和其他国际监管机构更加关注药品的上游活动，进行药用辅料供应商审核对于了解供应商的产品和流程是否符合规定的质量标准至关重要。没有通用的方式来进行供应商审核，即使制药商希望供应商衡量自己的绩效，制药商也必须与供应商合作，为其供应商建立明确的质量要求，为供应商的绩效定义自己的指标和关键绩效指标（KPI）。而且，对于制药商来说，帮助供应商达到更好质量状态的最佳方式是成为其合作伙伴。制药商应与供应商密切合作，以创建和记录质量绩效标准，并且积极合作以识别重大质量问题和纠正措施。

综上所述，制药商与辅料供应商合作伙伴关系的最佳状态是建立开放式沟通关系，可以了解辅料或设备来源并确保高质量。通过使供应商成为质量流程的一部分，制药商更有可能获得对供应商质量的更多了解，促进提升更好的质量流程并获得更高质量的原料。与供应商保持牢固、互惠互利的关系应该是制药商业务计划的关键部分。辅料供应商质量审核计划提供了出明智的、基于风险的质量决策，制药商必须能够更多地访问与质量相关的数据。

三、药用辅料供应商生产质量审核的行业自律

行业自律是行业自我规范、自我协调的行为机制，同时也是维护市场秩序、保持公平竞争、促进行业健康发展、维护行业利益的重要措施。作为专业的质量管理审核体系的一部分，应严格执行相关的行业管理办法、合同法和其他法律、法规；制定和认真执行行规行约，以提供优质、规范服务为宗旨，避免恶性竞

争，维护行业持续健康的发展。

行业自律主要约束来自两个方面，一方面是专业审核人员应遵守其所在国家的法律法规约束和所在公司的合规要求，对于质量审核服务行业来说，首先重要的是符合其所在地或国家的法律法规要求。我国已经建立了完善的认证认可法律法规体系。法规类有《中华人民共和国认证认可条例》，部门规章类有《认证证书和认证标志管理办法》《强制性产品认证管理规定》《认证机构管理办法》等；行政规范性文件包括《认证认可行政处罚若干规定》《强制性产品认证标志管理办法》《管理体系审核时间》《基于抽样的多场所认证》《质量管理体系认证规则》等。此外，中国合格评定国家认可委员会（CNAS）发布的规则、准则、指南、方案等，质量审核认证机构在实施认证时也应遵照执行。例如《管理体系认证机构要求》《管理体系审核员注册准则》等。组织建立、实施和保持质量管理体系中，也应识别并遵守相关法律法规的要求，例如《中华人民共和国产品质量法》《中华人民共和国计量法》《中华人民共和国标准化法》《中华人民共和国消费者权益保护法》《中华人民共和国反不正当竞争法》《中华人民共和国对外贸易法》《中华人民共和国药品管理法》《中华人民共和国食品安全法》《中华人民共和国进出口商品检验法》等。以上相关法规是供应商生产质量审核行业自律的基础。

另一方面，专业审核人员应遵守来自委托审核方的审核体系和审核人员的行业自律性要求。随着国际化供应链的逐步形成和成熟，相应的被医药行业所应用和认可的质量管理体系认证服务得到蓬勃发展。目前国际上通用的质量审核管理体系主要为 ISO 系列文件，如 ISO/IEC 17021-1：2015《合格评定 管理体系审核与认证机构的要求 第一部分：要求》，ISO/IEC 17065：2012《产品、过程和服务认证机构要求》，ISO 19011《质量管理体系审核指南》等。另外，还有国际药用辅料理事会联合会（IPEC 联合会）推出的新版国际药用辅料理事会《GMP 认证计划和药用辅料认证机构资格指南》。该指南是为辅料用户（例如制药商）制定的，旨在对颁发辅料 GMP 和 GDP 证书和审核报告的认证机构（CB）以及认证计划所有者进行认证。该指南的使用旨在促进以标准化方式对审核认证机构和方案所有者向赋形剂用户共享相关信息。该指南及其相关的"样本"模板旨在促进审核认证机构或方案所有者向赋形剂用户提供标准化信息，加速各方之间的沟通，有助于保持所需信息 / 文件的级别和类型的一致性，避免来自不同辅料用户的多种不同的问卷 / 信息请求。认证审核认证机构和（或）计划所有者应促进接受辅料 GMP 和 GDP 认证计划、审核报告和证书，这些计划可以替代辅料用户以其他方式进行的审核。包括认证机构的模板。其中角色和职责部分的体系所有者的职责包括定义 GMP 标准、定义审核员能力标准、与认证机构建立法律协议，以及验证这些细节的实施。审核机构应履行其职责如聘用符合规定的"审核员能力标准"的审核员、与辅料供应商签订合同以执行 GMP 审核、验证 GMP 证书和审核报告。辅料供应商应向客户提供符合要求的 GMP 证书。这里要特别注意的，是最佳实践也是在保护机密信息的前提下，制作 GMP 审核报告以及纠正和预防行动（CAPA）计划（如果有）提供给他们的客户。评审体系和认证机构（CB）资格认证流程可见图 1-1。

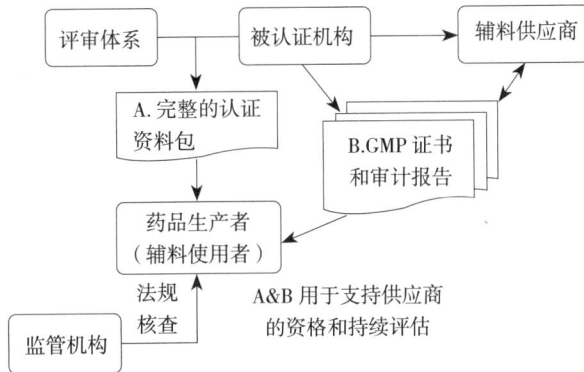

图 1-1　IPEC 药用辅料 GMP 认证方案和认证机构资格确认指南

第二章

药用辅料生产机构、人员及其职责的管理

第一节 机构与其职责

一、药用辅料 GMP 法规总体要求

第四条 企业应设置与辅料生产相适应的组织机构，并以文件形式明确质量保证、质量控制、生产、物料、维修和工程等部门及人员的岗位职责。

第五条 质量管理部门应独立于生产管理部门，有权批准或拒收原料、包装材料、中间体和成品；有权审查生产记录，以确保没有发生差错或对发生的差错已作了必要的查处；有权参与审查批准生产工艺、偏差和投诉调查、质量标准、规程与检验方法的变更等。

【要点分析】

药用辅料生产企业应建立适合辅料生产的组织架构，并明确相应的人员职责和授权。质量管理部门通常被授权负责维护质量管理体系的正常运行，担负着辅料的质量保证和质量控制的职责。为了更清晰地表达质量管理部门人员具体的职责分配和联系，可以单独建立质量管理部门的组织机构图。

管理层应对辅料质量可能产生影响的部门及人员，包括质量保证、质量控制、生产、物料、维修和工程等，建立职责描述文件。每项质量相关的活动都应有负责部门或负责人，并在职责描述文件中清晰地说明，以保证质量管理体系在

企业组织的各个层面得以实施。制定职责时需避免不同岗位间的职责重叠，或者相关领域的职责空缺；避免因为人员不足和职责太多而造成的职责不能充分履行，从而导致质量风险；职责描述应采用书面形式，表述应清晰明确，便于员工准确理解。当出现组织架构和工作内容变动时，职责描述应进行相应的更新；也可根据企业的实际发展情况定期调整和更新。

企业建立的组织机构必须保证质量管理部门能够独立地履行质量管理的职责，并避免任何对质量管理工作的干扰。质量管理部门应能够独立地承担以下责任：

- 保证关键的质量活动能够被识别并且按照规定开展；
- 批准关键质量物料和服务的供应商；
- 根据当前已批准的质量标准对原料、包装材料、中间体和成品辅料进行批准或者拒收；
- 确保对生产记录进行复核；
- 确保已经发生的错误与偏差，或者在复核过程中发现的错误与偏差，得到全面的调查和记录；
- 确保纠正预防措施的执行以及有效性；
- 参与审查和批准可能影响质量的变更；
- 审核和批准偏离生产指令的调查结果、测试或测量失败以及投诉；
- 保留对其他公司按照合同生产、加工、包装或者持有的辅料进行批准或者拒收责任；
- 制定及实施质量管理体系的自检计划，确保外包服务的供应商遵守 GMP 相关章节的规定。

（一）最高管理层职责

最高管理层是指拥有指挥和控制企业或组织的最高权力的人或一组人（例如：委员会、董事会等）。

建立和实施一个能达到质量目标的有效的质量管理体系并保证其能够持续改进，是企业管理者的根本职责。管理者的领导、承诺和积极参与，对建立并保持有效的质量管理体系是必不可少的。

最高管理层通过相应的管理活动来建立和实施质量管理体系，这些管理活动是通过最高管理层的领导力、各职能部门的分工协作和各级人员的贯彻执行来完成的。因此，明确管理职责是质量管理体系的组成部分，应该在质量体系中对其内容做出明确规定。质量管理职责主要包括但不限于以下几方面。

1. 管理承诺

最高管理层应该展示对质量管理体系的承诺，并对其有效性负责。这应该通过完善质量方针和建立质量与 GMP 目标的方式来实现。适用的法律和法规要求应该被确认和满足。最高管理层应该确保质量方针、GMP 目标以及角色的定义、职责和权限在整个组织中被传达、理解和应用。他们应确保质量管理体系达到其预期的结果，应推动持续改善，应按计划间隔时间审核制定的质量目标的进展。

2. 关注客户

最高管理层有责任保证客户与 GMP 或其他相关的要求得到确认，如果适用，应满足客户的要求。辅料生产商可以通过审核、第三方认证或其他方式向客户展示其质量管理体系的有效性。

3. 质量方针

最高管理层应展示他们对企业质量方针和适用 GMP 的承诺，并且保证质量方针和适用 GMP 在操作部门得以传达和实施。质量方针应支持质量管理体系的持续改善。管理层应参与完善公司的质量方针，并且为质量方针的发展、维护和展开提供所需资源。

4. 质量目标

最高管理层应设立适当的目标，坚持 GMP，确保企业保持和提高其生产水平。目标应部署在整个组织内，该目标应是可衡量的，并且与质量方针相一致。

5. 质量管理体系的策划

最高管理层应提供足够的资源以保证符合 GMP 规定。应具备相应程序以识别坚持 GMP 所需要的资源。可由内部人员、客户、监管机构或外部承包商按照 GMP 进行审核，并在此基础上做出差距分析，同时参考 GMP 来识别所需资源。

6. 机构、职责与权限

最高管理层应建立组织机构，明确规定相关职责和权限，并在组织内传达。

7. 沟通机制

辅料生产商应保证建立适当的系统以便将 GMP 和法规监管要求、质量方针、质量目标和流程在整个组织内传达。沟通的信息也应包括质量管理体系的有效性。关键的质量情况，如产品召回等，应按照书面规定的程序及时通知最高管理层。

8. 系统评审 / 改进

公司的最高管理层应定期组织质量管理体系的评审以确认本组织持续符合

GMP 要求。应保持管理评审的记录，评审应包括评估质量管理体系改进的机会和变更的需要。变更应按照变更控制程序进行评估和实施。

（二）建立组织机构与职责

一个有效的质量管理体系需要建立适当的组织架构；应由企业管理者负责建立符合自身组织结构的架构；企业管理者最终要赋予质量管理体系发挥职能的领导权，并明确相应的人员职责和授权，为生产出合格产品所需的生产质量管理提供保障；将组织架构形成书面文件是系统管理的职责之一。

组织架构的设置没有固定的模式，企业需要根据自身的特点，如企业规模、质量目标、职责分配等，来建立合适的组织机构，以确保质量体系的有效运行。组织架构包括职责以及各级职能部门之间的关系，以及它们与公司最高管理层的关系。组织架构应形成书面文件，一般用组织机构图表示，如图 2-1 所示。

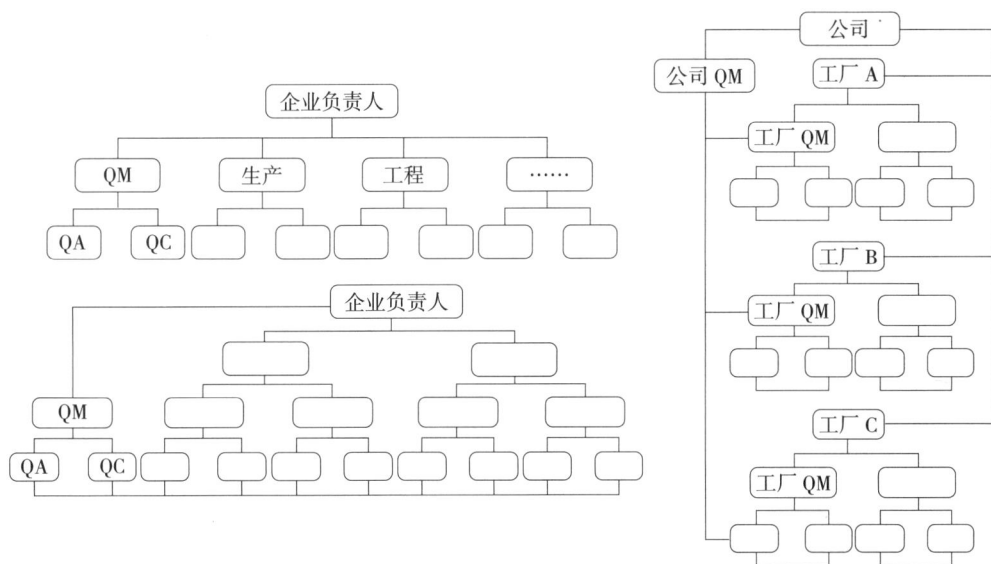

图 2-1　企业组织机构图

QM：质量管理；QA：质量保证；QC：质量控制

质量管理部门通常被授权负责维护质量管理体系的正常运行，担负着辅料的质量保证和质量控制的职责。为了更清晰地表达质量管理部门人员具体的职责分配和联系，可以单独建立质量管理部门的组织机构图。

管理层应对辅料质量可能产生影响的部门及人员，包括质量保证、质量控制、生产、物料、维修和工程等，建立职责描述文件。每项质量相关的活动都应有负责部门或负责人，并在职责描述文件中清晰地说明，以保证质量管理体系在企业组织的各个层面得以实施。制定职责时需避免不同岗位间的职责重叠，或者相关领域的职责空缺；避免因为人员不足和职责太多而造成的职责不能充分履行，从而导致质量风险；职责描述应采用书面形式，表述应清晰明确，便于员工准确理解。

关于职责委托，国际药用辅料协会《药用辅料生产质量管理规范》（2017）［IPEC-PQG GMP（2017）］规定在采取恰当控制措施（如定期审核、培训和文件记录）的情况下，辅料生产商可以根据实际情况将质量部门的某些具体活动委托给其他人员执行。职责描述和职责委托应以书面形式进行确认、形成正式文件，以保证相关部门和人员熟悉并理解其具体内容，以便在实际工作中实施。这里需要强调的是，职能可以委托，但是责任不能委托。

当出现组织架构和工作内容变动时，职责描述应进行相应的更新；也可根据企业的实际发展情况定期调整和更新。

（三）质量管理部门职责

企业建立的组织机构必须保证质量管理部门能够独立地履行质量管理的职责（包括质量保证和质量控制），并避免任何对质量管理工作的干扰。根据企业的实际情况，质量管理部门可以分别设立质量保证部门和质量控制部门。质量管理部门应参与所有与质量有关的活动和事务；审核和批准所有与质量相关的文件；质量管理部门的主要职责，特别是成品辅料放行的职责，不得委托给其他部门；应有书面文件描述质量管理部门的职责。质量管理部门应能够独立地承担以下责任：

（1）保证关键的质量活动能够被识别并且按照规定开展；

（2）批准关键质量物料和服务的供应商；

（3）根据当前已批准的质量标准对原料、包装材料、中间体和成品辅料进行批准或者拒收；

（4）确保对生产记录进行复核；

（5）确保已经发生的错误与偏差，或者在复核过程中发现的错误与偏差，得到全面的调查和记录；

（6）确保纠正预防措施的执行以及有效性；

（7）参与审查和批准可能影响质量的变更；

（8）审核和批准偏离生产指令的调查结果、测试或测量失败以及投诉；

（9）对其他公司按照合同生产、加工、包装或者持有的辅料进行批准或者拒收；

（10）制定及实施质量管理体系的自检计划，确保外包服务的供应商遵守 GMP 相关章节的规定。

（四）生产部门职责

虽然质量管理部门负责控制和管理质量管理体系所要求的所有任务和程序的执行，但相关部门有责任在质量管理部门协助下完成质量管理体系要求的相应任务。质量管理体系的任务是不能仅靠质量管理部门或其他部门独自完成的。生产部门主要负责按照内部批准的工艺生产出符合质量要求的产品。生产部门其主要职责举例如下：

（1）起草相关的标准操作程序；

（2）根据批准的工艺规程、标准操作程序或岗位操作法组织生产；

（3）及时、准确地做好生产记录；

（4）报告所有生产偏差、组织或参与偏差调查；

（5）保持生产环境、设施/设备清洁，必要时进行消毒；

（6）确保生产设备的仪表得到校准，并在有效期内；

（7）确保厂房和设备得到维护；

（8）评估有关产品、工艺和设备的变更申请；

（9）确保新的和变更后的厂房和设备得到适当的确认。

二、国内外行业协会颁布的指南审核要点

行业协会名称	对机构与其职责的要求
江苏省医药包装药用辅料协会（SPPEA）	第十三条　企业应设置与辅料生产相适应的组织机构，并以文件形式明确质量保证、质量控制、生产、物料、维修和工程等部门及人员的岗位职责。最高管理层应该明确规定相关职责和权限，并在企业内传达 第十四条　质量管理部门应独立于生产管理部门，有权批准或拒收原料、包装材料、中间体和成品；有权审查生产记录，以确保没有发生差错或对发生的差错已作了必要的查处；有权参与审查批准生产工艺、偏差和投诉调查、质量标准、规程与检验方法的变更等

行业协会名称	对机构与其职责的要求
中国药用辅料发展联盟（CPEC）	应有一张符合 GMP 要求的组织结构图，明确的展示质量部门和生产的报告关系；应有清晰的书面工作职责说明 质量部门的职权和责任应在书面中明确定义；质量部门应有独立权力来审批程序的变更；质量部门应有独立权力来拒绝原材料、包装材料或中间产品；质量部门应保证在放行每批产品前检查生产和检测记录；质量部门应参加调查偏差和投诉；质量部门应有权批准或者拒绝新的供应商或承包商（即"第三方"或"委托加工"承包商） 应有完善的实验设备来完成必需的测试
国际药用辅料协会（IPEC）	辅料生产商应该准备一本质量手册，该手册将描述质量管理体系，质量政策以及辅料生产商对采用本指南包含的适当 GMP 和质量管理标准的承诺。该手册应该包括质量管理体系的范畴，支持程序的参考，以及与质量管理流程之间的相互关系描述 组织结构图应该显示不同部门之间的关系，以及它们与公司最高管理层的关系。对辅料质量会产生影响的人员应该具备一份职责描述文件 辅料生产商应该保证建立适当的系统以便将 GMP 和法规监管要求、质量方针、质量目标和流程在整个组织内传达。沟通的信息也应该包括质量管理体系的有效性 应由一个独立于生产的职能部门，如质量部门，承担以下责任： ◎保证关键的质量活动能够被识别并且按照规定开展 ◎批准关键质量物料和服务供应商 ◎根据当前已批准的质量标准对原料、包材、中间体和成品辅料进行批准或者拒收 ◎确保对生产记录进行复核 ◎确保已经发生的错误与偏差，或者在复核过程中发现的错误与偏差，得到全面的调查和记录 ◎确保纠正预防措施的执行以及有效性 ◎参与审查和批准可能影响质量的重大变更 ◎审核和批准偏离生产指令的调查结果、测试或测量失败以及投诉 ◎保留对其他公司按照合同生产、加工、包装或者持有的辅料进行批准或者拒收责任 ◎制定及实施质量管理体系的内部审核计划 ◎确保外包服务的供应商遵守该指南相关章节的规定

【指南审核要点】

1. 是否能提供公司组织机构图、质量管理组织机构图。组织机构与部门设置是否合理，与企业规模和生产模式是否相适应。

2. 检查文件规定：各职能部门的职责和权限，人员岗位职责。

3. 职能部门是否涵盖质量保证、质量控制、生产、物料、维修和工程。质量保证是否包含质量文件、培训、验证与确认、维护、供应商管理、取样、检验、工艺规程、批记录、产品放行、物料贮存、偏差管理、变更管理、投诉管理、发运与召回管理、自检、CAPA、质量回顾。

4. 检查文件规定与实际执行的一致性，部门职能和岗位职责与实际的一致性。着重检查质量管理负责人、生产管理负责人的资质是否符合要求，是否有相关专业、有相关行业从业经验。

5. 质量管理部门和生产管理部门是否相互独立，质量管理负责人和生产管理负责人不得兼任。

6. 文件中是否明确原料、包装材料、中间体和成品的批准或拒收由质量管理部门决定。

7. 文件中是否明确生产记录由质量管理部门审查。

8. 文件中是否明确生产工艺、偏差和投诉调查、质量标准、规程与检验方法的变更由质量管理部门审查批准后执行。

9. 检查文件规定与实际操作的一致性。

10. 关于职责委托，IPEC-PQG GMP（2017）规定在采取恰当控制措施（如定期审核、培训和文件记录）的情况下，辅料生产商可以根据实际情况将质量部门的某些具体活动委托给其他人员执行。

三、药用辅料生产企业在具体实施中的案例

案例一 某辅料生产企业的组织机构图及其部分质量部门职责

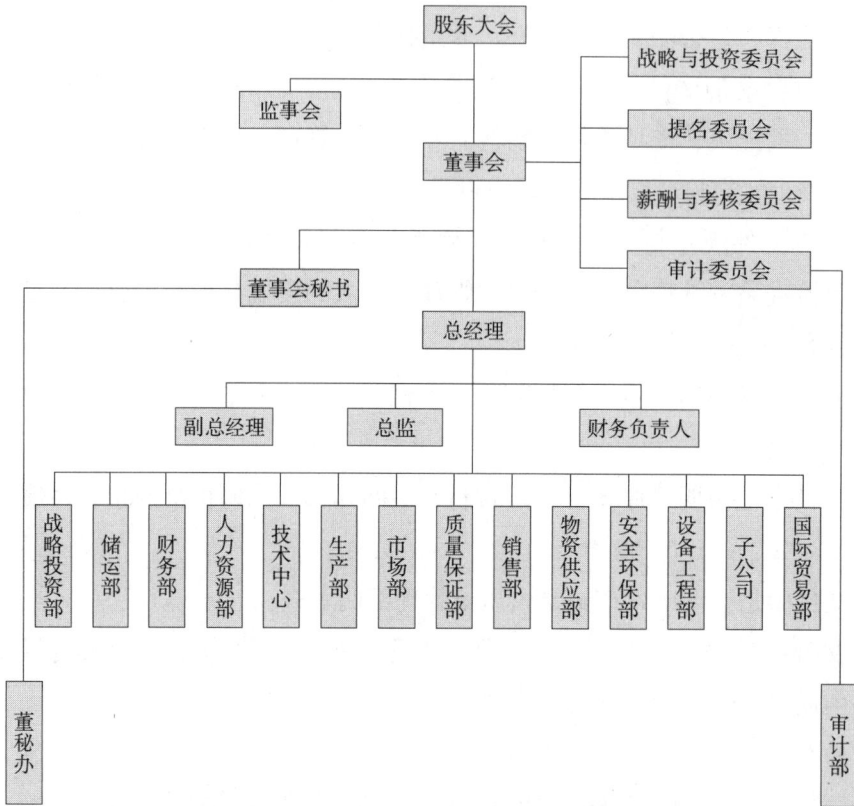

图 1 某辅料生产企业的组织机构图

（一）质量保证部职责

1. 认真贯彻落实《药品管理法》《产品质量法》《药用辅料生产质量管理规范》及有关法律、法规，严格按《药用辅料生产质量管理规范》要求进行生产全过程的质量管理工作，负责工艺技术管理的相关工作。

2. 在总经理直接领导下，负责制定质量方针、质量目标等，负责质量保证体系的正常运行。负责《药用辅料生产质量管理规范》、法律法规的培训工作。

3. 负责审核和管理工艺规程系统、标准操作规程（SOP）系统及有关记录。

4. 负责或参与生产管理文件的编写和修订，并负责审核。

5. 制定和修订物料、中间产品和成品的内控标准与检验操作规程，制定取样及留样制度。

6.负责制订检验用设备、仪器等的管理制度和操作规程。

7.负责制订试剂、毒性试剂、试液、标准品（或对照品）、滴定液的管理制度。

8.负责制订培养基、菌毒种等的管理制度。

9.负责本部门验证工作及相关部门的验证审核参与工作。

10.负责原辅料、中间产品、成品的取样、留样、检验、评价、报告并决定使用及发放；负责审核不合格品处理程序；负责成品放行前的审核及批准放行与否。负责物料的购入、入库、储存、发放的监控。负责生产过程的监控。

11.负责产品的稳定性试验及留样考察，并及时报告，确定物料贮存期、产品有效期。

12.负责药品不良反应、用户投诉、质量事故处理及报告。开展客户访问。

13.会同有关部门对主要物料供应商的质量体系进行评估。

14.负责有关技术质量文件等的档案管理，如发放、收回、销毁、归档等。

15.负责产品包装、标签、说明书设计、制版等的审核工作。

16.负责按照《药用辅料生产质量管理规范》及制订的技术、质量标准进行日常监督、检查工作。组织审核、评价公司的技术进步和技术改造对质量的影响。

17.负责本部门质量管理和检验人员岗位职责的制订工作；负责监测洁净区（室）的尘粒数和微生物数；负责监测纯化水、饮用水等工艺用水的质量；负责审核评价或起草新产品的质量标准，并做好新产品的检验工作。

18.负责质量风险管理，负责检验偏差和生产偏差的调查处理工作。

19.组织和实施本公司的《药用辅料生产质量管理规范》的自检工作。

20.参与全公司与质量有关的监督管理工作。

21.负责GMP文件的发放、保管、收回等管理工作。

22.协助公司质量负责人对厂房设计、设备选型进行审核工作。

23.协助公司质量负责人对关键岗位的人才进行选拔。

24.负责完成公司临时交办的任务。

（二）生产部质量职责

1.认真贯彻落实《药品管理法》《产品质量法》《药用辅料生产质量管理规范》及有关法律法规，严格按照《药用辅料生产质量管理规范》要求组织生产。

2.在分管副总经理领导下，根据经营计划，负责编制年、季、月度生产计划。

3. 负责各种产品工艺处方指令、包装指令的实施，生产过程中执行产品工艺规程、岗位操作法的监督控制工作。

4. 负责各生产车间的生产进度，监督各工序技术经济指标的考核及执行情况。

5. 负责生产调度管理及各车间的协调工作并对各生产岗位的人员调整管理。

6. 负责各生产车间经济制度落实情况，并对各种指标进行考核及生产成本的结算等工作。

7. 负责建立本部门自查制度，对生产全过程进行监控，并组织本部门各级人员的培训与考核。

8. 负责生产现场管理工作，积极采取措施将事故消除在萌芽状态或将影响降到最低程度。

9. 负责生产统计工作，并做好节能降耗。

10. 负责生产等事故的报告、调查、处理等工作。

11. 协助设备工程部做好设备大修、改造计划的制定和落实工作。

12. 负责生产管理文件的编制、修订、实施。

13. 负责或参与质量管理文件的编制、修订及实施。

14. 会同有关部门进行生产工艺等的验证。

15. 负责完成公司领导布置的临时任务。

16. 负责对产品制造、工艺纪律、卫生规范等执行情况进行监督管理。

17. 负责新产品的试生产，设备改进的中试工作以及原产品工艺改进。

18. 负责不合格产品、生产过程偏差处理、生产事故、质量事故、安全事故、设备事故调查处理。

19. 做好能源的调度管理工作，对能源使用耗用情况分析总结，监督能源使用过程管理。

20. 负责生产设备的管理工作，负责生产设备的更新改进工作，做好设备的调研、采购、安装、调试、维护保养和档案管理工作。

21. 负责公共设施的维护管理工作。

（三）设备工程部质量职责

1. 负责生产设备的管理工作，负责生产设备的更新改进工作。

2. 负责设备的调研、采购、安装、调试、验收等工作。

3. 负责公共设施的维护管理工作；对零星工程的计划、预算、实施、验收和决算负责。

4.负责设备工程部管理文件编制、发放和管理工作。

5.负责设备的软件管理工作，按时修订设备操作规程和执行设备验证工作。

6.负责公司固定资产的管理工作；负责每年固定资产盘库总结工作；负责设备的档案管理工作。

7.负责工程项目方案的制定，预算的起草，文件的整理和项目的验收工作。

8.负责设备大修管理和实施工作。

9.负责车间技改项目方案的制定，预算的起草，项目的实施、验收工作。

10.负责项目施工许可证办理、项目施工过程控制、项目验收等工作。

11.负责项目实施过程的管理，对项目工程安装质量负责。

12.负责辅助设施的维修保养工作，做好相关维修台账和记录。

案例二　某辅料生产企业的组织机构图及其职责

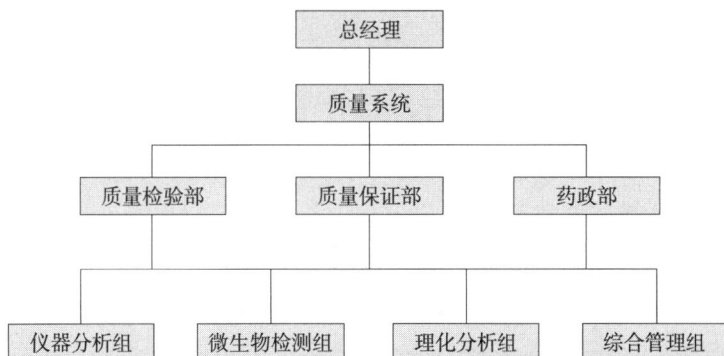

图2　辅料生产企业的组织机构图

（一）质量保证部职责

1.隶属关系

质量保证部直属质量副总经理领导。

2.职责范围

（1）质量保证体系管理。

（2）负责公司质量体系的建立和完善，确保质量体系有效运行。

（3）负责GMP文件、记录管理，确保GMP文件符合法规要求。

（4）协调相关部门按国家法规及GMP、ISO9001要求制定和修订相关文件。

（5）负责环境监测和水系统检测取样计划的制定和下发。

（6）负责标签类、包装类模板的管理。

（7）负责组织企业进行内外审核、变更、偏差、OOS、OOT、供应商管理、

CAPA、质量分析等质量活动。

（8）负责公司产品质量相关的投诉处理，组织产品召回工作。

（9）参与公司质量体系培训工作，负责本部门质量体系培训工作。

（10）负责年度验证总计划的制定和下发并监督按照年度验证总计划组织验证，协调验证实施进度以及验证文件的审核和归档管理。

（11）负责标准品、培养基等查新及结果反馈。

（12）负责检验仪器上机审核工作。

（13）质量部对质量评估不符合要求的供应商行使否权决。

（14）协调公司各部门 GMP 相关工作。

3. 现场监督管理

（1）负责对生产车间进行现场监控，发现问题能及时处理。

（2）负责药用辅料和原料药产品的放行。

（3）负责产品退货能及时处理。

（4）负责对原料药、中间体、原料和纯化水抽样。

（5）负责参与偏差、变更、OOS、OOT 和投诉调查，客户审计缺陷的整改，负责不合格品调查与处理。

（6）负责客户特殊要求评估和放行。

（7）负责原料药批记录发放、审核和归档，药用辅料批记录审核。

（8）负责产品年度质量回顾的编制。

（9）负责专用报告单模板管理和出口原料药英文报告单开启。

（10）负责标签审核、发放及现场贴签的核对。

（11）负责审核校验证书。

（二）质量检验部职责

1. 做好原辅料、包装材料、中间产品、成品及工艺用水质量标准和内控标准、检验操作规程的起草、审核，实施及对各类 SOP 的培训工作。

2. 确保所有原辅料、包装材料、中间产品、成品、工艺用水及环境检测，按要求完成检验工作，负责审核检验报告书及原始记录中的数据、计算、图谱等，确保分析过程中发生的偏差或 OOS 已进行过调查并实证纠正措施，及时出具正确的检验报告单。

3. 负责对各类试剂、试液、培养基、菌种、标准品及剧毒化学品的管理工作，负责标准液、滴定液的配制、标定、复标、发放及管理工作。

4. 做好检验仪器设备及玻璃仪器的定期维护保养，有计划地组织设备的定期校验和确认，确保完成仪器验证及检验方法学的验证确认工作。

5. 负责按计划对留样定期观察及稳定性试验的考察及检验工作。

6. 负责部门内人员的调配、绩效考核、成本核算、实验室的安全环保工作。

7. 负责每周产品检测数据和质量分析月报表数据及时汇总上报。

8. 负责参与相关变更的评估，落实本部门的各项整改工作，衔接上级下发的各类工作事项。

9. 参与配合国内外客户审核、官方审核、FDA 等工作，按反馈的问题进行整改跟踪。

10. 负责检验仪器电子数据及原始数据的保存和归档管理等，确保数据完整性。

11. 负责药政报批的新产品检验和方法开发验证工作，确保检验方法验证合规。

第二节　人员与其职责

一、药用辅料 GMP 法规总体要求

第六条　质量管理负责人负责本规范的执行，定期向企业负责人报告质量体系运行情况、客户要求以及相关法规的变化情况等。企业负责人应定期评审质量体系以确保符合本规范的要求。

第七条　企业应配备一定数量的与辅料生产相适应的管理人员和技术人员。从事辅料生产的各级人员应具有与其职责相适应的受教育程度并经过培训考核，以满足辅料生产的需要。

【要点分析】

（一）关键人员

关键人员是指对企业的生产质量管理起关键作用、负主要责任的人员。企

27

业负责人是辅料质量的主要负责人，提供必要的资源配置，合理计划、组织和协调，其详细的职责参见"第一节　机构与其职责"。

除了企业负责人之外，辅料生产商应任命一名质量管理负责人，以保证GMP规定得以完全实施。质量管理负责人至少需要具备3年以上辅料相关行业的生产质量管理经验，接受过与所生产产品相关的专业知识培训。作为质量管理负责人，除了要保证辅料在放行前要符合质量标准的要求，还要确保整个生产控制过程符合法规要求。比如，实际生产所用的工艺、质量标准、分析方法、标签和说明书、物料及其供应商等要与登记备案的一致，变更要按要求进行评估和备案（必要时），任何偏差都得到评估。确保在所负责的范围内建立一个有效的质量管理体系，能够自我发现、改进、提高。质量管理负责人应定期将质量管理体系的遵守情况向管理层汇报，包括客户和法规监管的变化要求。

生产管理负责人至少需要具备3年以上辅料相关行业的生产管理经验，接受过与所生产产品相关的专业知识培训。作为生产管理负责人主要负责落实生产部门的职责，确保按工艺规程和操作规程生产和储存辅料，以保证辅料质量。

（二）人员资质

企业应配备一定数量的与辅料生产相适应的管理人员和技术人员。衡量"一定数量"的标准是人员的配置要符合实际工作的需求或与实际工作量相匹配。从事可能影响辅料产品质量的工作的人员，应该具备与其工作相应的教育、培训和经验。

由于辅料生产与制剂生产有很大的不同，对人员的要求也有所不同，必须给予充分的考虑，如化学、生物、发酵等专业知识要求；环境、健康和安全（EHS）等特殊要求。应根据工作内容制定最低学历要求（如初中、高中、专科和本科），接受过培训的要求（如发酵、合成、计量、化验、仓库管理等）和工作年限和工作经验的要求（如合成、无菌、制水、验证等经验）。从事辅料生产的特殊岗位人员必须强制性地取得监管部门颁布的特殊培训上岗证，方可上岗（如生产安全监管部门）。

工作职责与其资质要求应在岗位描述中定义，也可以采用矩阵表的格式来展现。工作职责与资质要求的内容可以因企业、岗位而异，但一般应包括以下内容：职务（岗位）名称、职务描述（如部门结构/上下级组织机构图/部门人数等）、工作职责、资质要求（如受教育程度、以往相关工作经历和接受的培训、应掌握的技能等）。

在辅料设计、生产、包装、检测或者储存方面负责提供咨询服务的顾问人员也应该具备足够的教育、培训和经验，以及任何跟他们所负责咨询项目有关的综合能力。顾问的姓名、地址和资质，以及他们所提供服务类型应予以记录并保存。

（三）人员培训

辅料的应用领域非常广泛，常应用于医药用途以外的行业，如工业、食品、化妆品等。一旦决定按照 GMP 要求，将某种化学品用于生产某种药品时，就需要全面、深入、持续的 GMP 相关培训。按照培训对象分类，主要有：

- 新员工或转岗后的岗前培训；
- 再培训：指对文件和操作技能等的再次培训，包括发生偏差后，根据调查和原因分析，为防止同样问题再发生需及时进行培训；
- 外来人员培训：指对外来参观或考察人员、审核人员等在参观、考察、审核之前进行的有关安全防护、信息保密及其他方面的培训。本类培训无需制定专门计划。

培训的实施分为四个基本流程：培训需求调查与分析，制定培训计划；根据需求安排培训；培训效果评估（总结培训经验，完善培训体系，增强培训效果）；培训记录归档与档案管理。

1. 培训需求调查与分析

辅料生产商应该建立并保持一套识别培训需求的程序，同时向那些工作性质会影响辅料质量的人员（包括外部人员和合同工）在工作之前提供必要的培训。制药企业各岗位的培训需求，包括一般性的 GMP 相关培训需求（包括数据完整性）和专业性的岗位技能培训需求。可以根据 GMP、企业制度或岗位职责的规定和要求，由部门或岗位负责人及企业的培训责任人共同判断确定。比如，生产操作工需要掌握生产设备的操作技能，实验室化验员需要掌握分析仪器的使用以及相应的分析方法等，而其他部门的人员可能就不会有这些方面的知识和技能的要求。对物料操作人员，管理层应该组织充分和持续的个人卫生培训，以便让他们理解防止辅料污染的必要预防措施。

实习生和雇用的临时性合同工要接受与他所从事工作相关的 GMP 培训和EHS 培训。外来人员（如参观人员、检查人员、承包商派遣的施工人员和外来的调试人员）进入本部门特定区域时，由相关部门人员对其进行 EHS 和 GMP 基本要求的培训（如更衣更鞋、洗手卫生要求、安全注意事项等）。

2. 制定 GMP 培训计划

根据培训需求调查情况，制定 GMP 培训计划。培训计划一般按照年度制定，可以每半年调整一次，调整后需重新审核、批准。由具备资质的人员按足够的培训频率进行 GMP 相关培训。培训内容涵盖 GMP 法规、专业技术知识、岗位操作规程、卫生知识、数据完整性、内审和外审中经常发现的问题、日常工作中发生的偏差等。对物料操作人员，管理层应该组织充分和持续的个人卫生培训，以便让他们理解防止辅料污染的必要预防措施。

3. 培训效果评估

辅料企业应对再培训的要求进行评估和确认。培训效果评估的方式可灵活多样，包括书面考试、问卷、现场提问与讨论、现场操作或模拟操作等。定期培训效果评估或整体培训有效性评估可采取直接或间接的方法。直接方法有全面的考试或问卷。间接的方法具体如何做可由企业根据实际情况自己来定。国外通常采用的间接方法有主管对其下属的观察；定期评估（通常每年一次）；与主管的沟通或内部审核。

4. 培训记录归档

每次培训需要保留培训所用的文件（SOP 文件除外）、培训记录、考试试卷或培训效果评价记录（如有）。由指定部门或人员负责归档。

二、国内外行业协会颁布的指南审核要点

行业协会名称	对机构与其职责的要求
江苏省医药包装药用辅料协会（SPPEA）	第十五条　质量管理负责人负责本指南的执行，定期向企业负责人报告质量体系运行情况、客户要求以及相关法规的变化情况等。企业负责人应定期评审质量体系以确保符合本指南的要求 　　第十六条　企业应配备一定数量的与辅料生产相适应的管理人员和技术人员。从事辅料生产的各级人员应具有与其职责相适应的受教育程度并经过培训考核，以满足辅料生产的需要 　　第十八条　企业应对人员健康进行管理，并建立健康档案。生产人员上岗前应接受健康体检，至少每年一次。当人员所患疾病或外部伤口可能对辅料的安全和质量带来不利影响时，应将其调离与原料、包装材料、中间体和成品直接接触的岗位。各级人员均应保持良好的卫生习惯，当自身健康状况有可能对产品造成不利影响时，应主动向主管人员报告，包括影响的类型和程度

行业协会名称	对机构与其职责的要求
中国药用辅料发展联盟（CPEC）	职员应遵守规章制度 必须建立员工健康状况档案 员工应有与其职责相关的足够的培训、经验和资质 产品操作人员应有个人卫生培训，让他们了解必需的防范措施来预防辅料被污染 应有足够数量的合格人员按照药品生产质量管理规范的要求来执行和监督辅料的生产和检测
国际药用辅料协会（IPEC）	从事可能影响辅料产品质量工作的人员，应该具备与其工作相应的教育、培训和经验 在辅料设计、生产、包装、检测或者储存方面负责提供咨询服务的顾问人员应该具备足够的教育、培训和经验，以及任何跟他们所负责咨询项目有关的综合能力。顾问的姓名、地址和资质，以及他们所提供服务类型应予以记录并保存 由具备资质的人员按足够的培训频率进行 GMP 培训，以保证使雇员熟悉与其相适应的 GMP 法规，包括数据完整性。对物料操作人员，管理层应该组织充分和持续的个人卫生培训，以便让他们理解防止辅料污染的必要预防措施 相关人员应该养成良好的卫生和健康习惯。任何人员出现明显的病状或者身体有开放性创伤（经医疗人员检验或主管人员观察），可能会对辅料的安全或质量产生不良影响时，应该杜绝与原料、包装材料、中间体和成品辅料发生直接接触，直到情况恢复或者由有资质的人员判定不会危及辅料的安全和质量为止。当个人出现任何可能对辅料造成不利影响的健康问题时，应该指示其将情况向主管人员汇报 根据识别的区域，人员应该穿戴与工作活动相对应的洁净服，并且洁净服应该适当的改变。如需额外防护要求，根据职务需求进行穿戴，比如头部、脸部、手和手臂覆盖物。首饰以及其他不牢固物件，包括放于口袋内的物件，应该取下或进行覆盖

【指南审核要点】

1. 生产部门和质量部门是否配置一定比例的管理人员、技术人员、质量人员。

2. 企业负责人是否定期评审质量体系，保证质量管理部门独立履行其职责。现场检查评审记录。

3. 质量管理负责人是否定期向企业负责人汇报质量体系运行情况、客户要求以及相关法规的变化情况等。现场检查汇报形式。

4. 从事辅料生产的各级人员是否具有与其职责相适应的受教育程度并经过培训考核。抽查相关人员履历、培训考核记录。

5. 是否建立培训管理规程，规定培训的职责及要求。检查培训内容是否与岗位要求相适应，培训内容是否包括相关法规、相应的岗位职责、专业技术知识、岗位操作规程、卫生知识等。

6. 是否制定年度培训方案或计划，并经生产管理负责人或质量管理负责人审核或批准。是否按照培训计划实施培训。

7. 培训是否有培训记录，培训后是否进行培训效果评估或进行培训考核。

8. 抽查人员培训记录，检查培训内容是否与岗位要求相适应。

三、药用辅料生产企业在具体实施中的案例

案例一　某辅料生产企业员工健康管理制度

（一）健康标准

1. 从事产品生产的每一位公司职工不得患有传染病、隐性传染病以及精神病。

2. 在洁净区从事生产的职工除达到上述规定外，还不得患有皮肤病，体表不得有伤口及对产品过敏。

（二）对人员的体检管理

1. 直接与药用辅料接触的员工职业健康体检项目

（1）呼吸系统及 X 光胸部透视检查。

（2）皮肤疾病检查。

（3）肝功能检查。

（4）肠道疾病检查。

（5）其他项目检查。

2. 非直接与药用辅料接触的员工体检项目：按公司年度通知，接受指定专项检查。

3. 体检频次和要求

（1）新进职工进厂前必须在指定医院按规定项目进行身体检查，即职业健康检查或普通专项检查。只有身体检查全部合格的人员方可录用。

（2）在职职工每年必须在指定医院体检一次。直接与药用辅料接触的员工只

有体检合格的方可继续从事生产、检验、仓库及机修等工作。

（3）体检不合格的，人事行政部通知部门人员，并要求在规定时间内进行复检，复检不合格的按以下办理：直接与药用辅料接触的员工达不到健康要求的必须立即办理调离手续，调离药品生产等规定岗位；对其他检测项目达不到要求的职工个人应接受治疗和改善建议，并自行承担责任。

（4）职工病愈后要求上岗，必须在指定医院进行体检，合格后办理相关手续方可重新上岗。

4. 车间负责人及现场监控人员必须将人员健康状况作为监控的一项重要内容，生产时，车间应建立日常健康巡查记录，巡查中发现有疑问时应要求职工到医院检查。车间健康巡查记录表每月由车间收集整理，年底报人事行政部存档。人事行政部不定期检查巡查表记录情况，对违规的将通报处理。职工发现自身健康状况异常时应主动向部门领导反馈。

5. 发现有患传染病的职工后，有关的接触人员必须立即进行体检，为防止人员带菌或传染病蔓延污染产品，该职工应立即调离生产车间。

6. 每位职工均有义务向直接领导及时报告自己及他人身体变化情况，特别是本制度中不允许有的疾病发生时，必须立即报告，以确保药用辅料不受污染。

7. 一线员工因其他健康原因不适合在本岗位工作时，应另行安排工作，以保护职工身体健康。

8. 公司建立一线人员和管理人员健康状况档案，检验表、化验单、复检单、告知单等应归档保管。

案例二　某辅料生产企业质量受权人管理制度

1. 质量受权人经企业法人授权人，全面负责企业质量管理体系。

2. 公司各部门应积极支持质量受权人工作，确保质量受权人充分履行其职责，从而发挥其在药用辅料生产质量管理中的作用。

3. 本企业质量受权人主要权利与职责如下

（1）建立和完善本企业的质量管理体系，负责对本企业质量管理体系进行监控，确保质量体系有效运作。

（2）具体负责下列质量管理活动。

• 对每批物料和成品审核放行的批准。

• 对质量管理文件的批准。

• 对工艺验证和关键工艺参数的批准。

- 对物料、中间产品、成品内控质量标准的批准。

- 对不合格品处理、产品召回的批准。

（3）质量受权人有权参与对产品质量有影响的下列活动。

- 主要物料供应商的选取。

- 主要生产设备、仪器的选取。

- 生产、质量、物料、设备和工程等部门的关键岗位人员的选用。

- 其他对产品质量有影响的活动。

4. 质量受权人应承担与食品药品监督管理部门的沟通和协调工作。

（1）协助、配合食品药品监督管理部门派驻监督员开展工作。

（2）在省、市局认证现场检查或跟踪检查过程中，应作为陪同人员协助检查组工作，并负责将企业缺陷项目的整改情况上报省、市局。

（3）对企业发生的重大质量问题，应及时报告市食品药品监督管理局，必要时应直接报告省食品药品监督管理局。

（4）应每半年向市食品药品监督管理局上报一次企业药用辅料生产质量管理情况和产品年度质量回顾分析情况。

案例三　某辅料生产企业的人员与其职责解读

1. 企业建立了所有岗位的岗位说明书，如《董事长工作岗位说明书》《总经理工作岗位说明书》《生产负责人工作岗位说明书》《质量负责人工作岗位说明书》《质量受权人工作岗位说明书》《各部门负责人工作岗位说明书》《各个岗位工作岗位说明书》，岗位说明书内容包含岗位在组织内的工作关系、工作职责、任职资质，具体如表1所示。

2. 关键岗位人员的岗位说明书编制应符合 GMP 相关法规要求，企业负责人、生产负责人、质量负责人、质量受权人岗位说明书任职资质及工作职责应至少包含以下内容。

（1）企业负责人主要职责　企业负责人是药品质量的主要责任人，全面负责企业日常管理。为确保企业实现质量目标并按照本规范要求生产药品，企业负责人应当负责提供必要的资源，合理计划、组织和协调，保证质量管理部门独立履行其职责。

（2）生产管理负责人

1）资质：生产管理负责人应当至少具有药学或相关专业本科学历（或中级专业技术职称或执业药师资格），具有至少三年从事药品生产和质量管理的实践

表1　岗位工作说明书

岗位工作说明书

文件编号		页数	共　页	执行日期	月　　日
岗位名称		所属部门		直接上级	
管辖人数		职位序列		职级	
编订人		审核人			

岗位概述：

岗位职责与工作内容：

职责一	职责表述：		关键绩效指标
	工作内容		
职责二	职责表述：		关键绩效指标
	工作内容		

工作关系：

内部	
外部	

任职条件：

知识	
技能和工作经验	
能力	
学历 / 专业	
性别要求	
培训经历 / 证书要求	
优先条件	

工作条件：

工作环境	
使用设备	
工作时间	

修订记录：

序号	版本	内容 / 变更内容及原因	编写或修订人	执行日期

经验，其中至少有一年的药品生产管理经验，接受过与所生产产品相关的专业知识培训。

2）主要职责

- 确保药品按照批准的工艺规程生产、贮存，以保证药品质量。
- 确保严格执行与生产操作相关的各种操作规程。
- 确保批生产记录和批包装记录经过指定人员审核并送交质量管理部门。
- 确保厂房和设备的维护保养，以保持其良好的运行状态。
- 确保完成各种必要的验证工作。
- 确保生产相关人员经过必要的上岗前培训和继续培训，并根据实际需要调整培训内容。

（3）质量管理负责人

1）资质：质量管理负责人应当至少具有药学或相关专业本科学历（或中级专业技术职称或执业药师资格），具有至少五年从事药品生产和质量管理的实践经验，其中至少一年的药品质量管理经验，接受过与所生产产品相关的专业知识培训。

2）主要职责：确保原辅料、包装材料、中间产品、待包装产品和成品符合经注册批准的要求和质量标准。

- 确保在产品放行前完成对批记录的审核。
- 确保完成所有必要的检验。
- 批准质量标准、取样方法、检验方法和其他质量管理的操作规程。
- 审核和批准所有与质量有关的变更。
- 确保所有重大偏差和检验结果超标已经过调查并得到及时处理。
- 批准并监督委托检验。
- 监督厂房和设备的维护，以保持其良好的运行状态。
- 确保完成各种必要的确认或验证工作，审核和批准确认或验证方案和报告。
- 确保完成自检。
- 评估和批准物料供应商。
- 确保所有与产品质量有关的投诉已经过调查，并得到及时、正确的处理。
- 确保完成产品的持续稳定性考察计划，提供稳定性考察的数据。
- 确保完成产品质量回顾分析。
- 确保质量控制和质量保证人员都已经过必要的上岗前培训和继续培训，并根据实际需要调整培训内容。

（4）生产管理负责人和质量管理负责人的共同的职责

• 审核和批准产品的工艺规程、操作规程等文件。

• 监督厂区卫生状况。

• 确保关键设备经过确认。

• 确保完成生产工艺验证。

• 确保企业所有相关人员都已经过必要的上岗前培训和继续培训，并根据实际需要调整培训内容。

• 批准并监督委托生产。

• 确定和监控物料和产品的贮存条件。

• 保存记录。

• 监督本规范执行状况。

• 监控影响产品质量的因素。

（5）质量受权人

1）资质：质量受权人应当至少具有药学或相关专业本科学历（或中级专业技术职称或执业药师资格），具有至少五年从事药品生产和质量管理的实践经验，从事过药品生产过程控制和质量检验工作。

质量受权人应当具有必要的专业理论知识，并经过与产品放行有关的培训，方能独立履行其职责。

2）主要职责

• 参与企业质量体系建立、内部自检、外部质量审核、验证以及药品不良反应报告、产品召回等质量管理活动。

• 承担产品放行的职责，确保每批已放行产品的生产、检验均符合相关法规、药品注册要求和质量标准。

• 在产品放行前，质量受权人必须按照上述第 2 项的要求出具产品放行审核记录，并纳入批记录。

3. 企业建立了《质量否决权制度》以确保质量负责人和质量受权人可以独立履行职责，不受企业负责人和其他人员干扰。如：

（1）QA 有权决定不合格的原辅料不得投入使用、不合格半成品不得投入下道工序、不合格成品不得出厂（不符合内控标准即为不合格物料和不合格产品）。

（2）QA 人员在生产过程中发现有不符合工艺规程、岗位操作法、GMP 要求的行为，可随时进行制止。

（3）对退回产品，如经检验不符合规定，QA 有权禁止重新销售的权利。

（4）对产品在质量问题上与领导有分歧意见时，QA 有权向上级有关部门反映。

（5）QA 在处理任何与质量有关的事件时，根据风险评估的结果，有权签发对事件《处理意见指令单》，指令单经质量负责人批准，下发至相关部门，相关部门必须遵照执行。（表 2）

表 2　QA 指令单

记录编号：　　　　　　　　　　　　　　　　　　　　　　　　版本号：01

事件名称	

事件经过描述：

记录人（QA）签名 / 日期：
事件发生车间或部门负责人签名 / 日期：

QA 主管意见：

QA 主管签名 / 日期：

QA 经理意见：

QA 经理签名 / 日期：

质量受权人意见：

质量受权人签名 / 日期：

质量负责人意见：

质量负责人签名 / 日期：

4. 企业建立了《人力资源部工作职责》《人力资源部部长岗位说明书》《人力资源部专员岗位说明书》以确保企业培训组织工作由专门的部门及专岗负责。

企业建立了《培训管理规定》《业余学习管理制度》以确保培训工作顺利开展。如：

（1）培训体系概述　公司培训体系分为公司级培训、部门级培训及班组岗位级培训三级，且遵循计划、实施、检查和处理（PDCA）闭环法则，分别由培训需求与计划、培训类别与形式、培训组织与实施、培训效果评估、培训档案管理、培训预算管理、培训要求与纪律七个方面组成，并建立了员工培训档案、公司培训记录、培训课程与试题库等（表3）。

（2）培训人员的资格　文件起草人、审核人、批准人或外聘专家等均有资格作为培训人员。

（3）特殊岗位培训　人力资源部负责监督特殊岗位人员培训安排，培训资料归档，特殊岗位相关信息汇总备案，特殊岗位证书由安全环保部整理归档，资格证书由人力资源部归档。

（4）建立员工培训考核成绩表　员工培训考核可分为书面考核与应用/实操考核两部分，考核标准为：70分以下为不合格，71~80分为合格，81~90分为良，90分以上为优（表4）。

表3　年度职工培训教育计划表

记录编号：　　　　　　　　　　　　　　　　　　　　　　版本号：

序号	部门	培训时间	培训对象/人数	培训内容	培训形式	课时/天	培训机构/授课人	考核办法	负责部门	审核培训完成情况	计划调整
1											
2											
3											
4											

人力资源负责人意见　　　　　生产系统负责人意见　　　　　质量系统负责人意见

签名/日期：　　　　　　　　签名/日期：　　　　　　　　签名/日期：

总经理意见

签名/日期：

表4　员工培训考核成绩表

培训内容					培训时间				
培训讲师					培训地点				
培训方式					考核方式				
序号	部门	姓名	书面考核得分	应用考核得分	序号	部门	姓名	书面考核得分	应用考核得分

说明：员工培训考核可分为书面考核与应用考核两部分；考核标准为：70分以下为不合格，71~80分为合格，81~90分为良，90分以上为优。

5. 企业建立了《个人卫生管理制度》《人员健康管理制度》及《外来人员进入控制区管理程序》等人员卫生管理制度，旨在最大限度的培养人员卫生习惯，降低人员卫生问题对药品造成的污染风险。

（1）一般生产区（含食堂人员）

1）直接接触药品的生产质量人员至少每年体检一次，并建立健康档案，如发现患有传染病、隐性传染病、精神病者，不得继续从事药品生产工作。

2）常洗澡、常理发、常剪指甲、常刮胡须、勤换洗衣服，保持个人清洁。

3）工作服按各生产区域要求的清洗周期清洗。

4）便后必须洗手，工作时不准吃东西和做与生产无关的工作。

（2）洁净区域个人卫生管理

1）洁净室（区）仅限于该区域生产操作人员和经批准的人员进入，并按洁净室人员出入规程执行。

2）除符合 5.1.1 各要求外，带有皮肤病（如皮癣、灰指甲等）患者不得在洁净区工作。

3）进入洁净区人员，不能化妆、佩戴首饰与手表。

4）人员从非洁净区进入洁净区必须按程序进行更衣，并按手的清洗规程洗手消毒、更衣后方可进入洁净工作区。戴帽应不露头发，工作衣、帽、鞋等不得穿离本区域。

5）出入洁净区的人员净化程序：如图 3 所示。

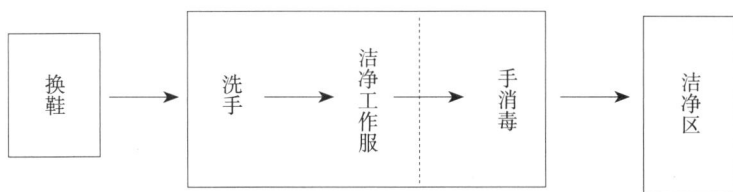

图 3　出入洁净区的人员净化程序图

6）洗手的要求与方法

第一步（内）：洗手掌，流水湿润双手，涂抹洗手液（或肥皂），掌心相对，手指并拢相互揉搓；

第二步（外）：洗背侧指缝，手心对手背沿指缝相互揉搓，双手交换进行；

第三步（夹）：洗掌侧指缝，掌心相对，双手交叉沿指缝相互揉搓；

第四步（弓）：洗指背，弯曲各手指关节，半握拳把指背放在另一手掌心旋转揉搓，双手交换进行；

第五步（大）：洗拇指，一手握另一手大拇指旋转揉搓，双手交换进行；

第六步（立）：洗指尖，弯曲各手指关节，把指尖合拢在另一手掌心旋转揉搓，双手交换进行；

第七步（腕）：洗手腕、手臂，揉搓手腕、手臂，双手交换进行。

每一步洗手需要清洗 15 秒以上。

（3）健康档案管理

1）所有员工上岗前需进行健康体检，直接接触药品的岗位需根据岗位需求适当增加体检项目，患有基础传染病的员工不得就职于直接接触药品的岗位，需建立员工个人健康档案并每年对员工的健康状况进行复查，发现健康状态与本岗位要求不符的员工应由用人部门立即劝离岗位，并进行健康状态确认。

2）患有传染性疾病及其隐性感染的员工或因其他疾病离岗的员工，经治疗痊愈后要求返岗者，须持有指定医院的诊断证明和相关化验及检查报告（原件），到人力资源部报到并审核痊愈后可复岗，不合格者继续治疗（表5）。

表5　人员健康体检台账

记录编号：　　　　　　　　　　　　　　　　　　　　版本号：

序号	部门	姓名	性别	年龄	备注	是否告知	结果

第三章

药用辅料生产厂房、环境和设施的管理

第一节　厂房

一、药用辅料 GMP 法规总体要求

第十条　应根据辅料的用途和特点确定对生产厂房和设施的洁净控制要求。辅料生产、包装、检验和储存所用的厂房和设施应便于清洁、维修和保养，以保持良好的状态。

第十一条　生产区和贮存区应有与生产规模相适应的面积和空间，以合理放置设备、器具和物料，便于生产操作，并最大限度地减少差错和交叉污染。

第十四条　厂房应能防止鼠类、鸟类、昆虫和其他动物的侵扰。应采用必要的措施防止原料在厂区内发生污染或控制污染。厂房应根据工艺要求设必要的防尘及捕尘设施。

【要点分析】

1. 生产企业总体布局

主要包括两个方面：一是指洁净厂房工厂与周边环境的布置；一是厂区所有建筑物、道路、运输、工程管线等设施的平面布置规划。生产企业的生产区、行政区、辅助区、生活区应当合理地进行总体布局，并且设定相应的企业区域平面图。其中生产区应包括车间、公用系统、仓储区、质量控制区等区域；行政区一

般为非生产区域，各行政部门办公室、会议室等；辅助区包括休息室、更衣室、盥洗室、维修间等区域；生活区指工业工作活动的区域，例如食堂、宿舍等。应规划人员和物流进出厂区和车间通道。并且不得相互妨碍和引起交叉污染。企业应有整洁的生产环境，基础设施的设计、管理、运行、清洁和维护不应对辅料的生产造成污染。如对厂区的地面、路面及运输，辅料质量的关键区域、特定事项的控制、微生物控制以及水质控制等用途进行风险评估，以识别发现基础设施中的缺陷导致污染风险的区域，如现有措施无法有效将风险降至最低时，应采取其他合理措施，并形成文件管理。

2. 生产区域

重点关注物料和产品特性对人体的伤害预防，包括物料和产品的暴露等级和对人体的有害等级。因此，人流、物流、废弃物流应避免交叉污染。人流、物流规划应合理。如应避免洁净设备、部件、未清洗的设备等共用同一贮存区域，运输距离应最短。有空气洁净度要求的原辅料、包装材料区域应有适当的洁净措施。人流规划中，应对与人员和生产环境管理进行风险评估。如人员包括一般人员、生产人员、参观人员、维护人员通道等。

3. 厂区人流和物流分流管理

厂房周围应减少露土面积、不应种植散发花粉或对辅料生产产生不良影响的植物。如：厂房应能防止鼠类、鸟类、昆虫和其他动物的侵扰，并制定虫害控制程序。应采用必要的措施防止原料在厂区内发生污染或控制污染。厂房应根据工艺要求设必要的防尘及捕尘设施。当风险评估识别出必需的清洁和卫生条件时，应形成书面程序制定清洁和卫生职责，保留和核查清洁记录；废弃物应隔离，采用适当的方式及时处理；未及时处理的废弃物，应采用适当标识。

二、国内外行业协会颁布的指南审核要点

行业协会名称	对机构与其职责的要求
江苏省医药包装药用辅料协会（SPPEA）	第十九条　企业应有整洁的生产环境，基础设施的设计、管理、运行、清洁和维护不应对辅料的生产造成污染。如对厂区的地面、路面及运输，辅料质量的关键区域、特定事项的控制、微生物控制以及水质控制等用途进行风险评估，以识别发现基础设施中的缺陷导致污染风险的区域，如现有措施无法有效将风险降至最低时，应采取其他合理措施，并形成文件管理

行业协会名称	对机构与其职责的要求
江苏省医药包装药用辅料协会（SPPEA）	第二十一条　生产区和贮存区应有与生产规模相适应的面积和空间，以合理放置设备、器具和物料，便于生产操作，并最大限度地减少差错和交叉污染。应对工作环境进行管控，实施风险评估以确定必要的控制措施，并形成文件。如重点考虑：空气处理系统、特定环境、洁净和卫生条件、垃圾分类和处理、虫害控制等。当工作环境的保持对辅料质量具有重大影响时，应记录其控制措施 第二十四条　厂房应能防止鼠类、鸟类、昆虫和其他动物的侵扰，并制定虫害控制程序。应采用必要的措施防止原料在厂区内发生污染或控制污染。厂房应根据工艺要求设必要的防尘及捕尘设施。当风险评估识别出必需的清洁和卫生条件时，应形成书面程序制定清洁和卫生职责，保留和核查清洁记录；废弃物应隔离，采用适当的方式及时处理；未及时处理的废弃物，应采用适当标识
中国药用辅料发展联盟（CPEC）	应有合适的空间和布局，防止混淆或交叉污染，特别是在干燥、研磨、混合和包装工序；暴露的物料应有措施避免其污染
国际药用辅料协会（IPEC）	在设计生产流程和设施的时候应该考虑预防污染，尤其是在辅料对外暴露的区域。用于辅料生产、加工、包装、检测或者储存的建筑和设施应该保持在良好的维护状态，其适当的大小、结构以及地点应该便于进行与其加工类型相适应的清洁、维护和纠正操作。与生产高敏感产品或毒性产品（例如除草剂、杀虫剂等）有关的生产流程应该设立于专用设施内，或者应该将其生产设备与辅料生产设备进行隔离。如果这不可行，那么应该采取合理措施（例如清洁、灭活化）避免交叉污染。这些措施的有效性应该得以证明。相应区域内应该具备充足的设施对原料、包装材料、中间体和成品辅料进行取样和检测

【指南审核要点】

1. 厂区生产环境是否整洁、无垃圾，基础设施的设计、管理、运行、清洁和维护是否对产品生产造成污染。

2. 检查地面、道路平整情况及减少露土、扬尘的措施和厂区的绿化，以及垃圾、闲置物品的存放情况。厂区不得有积水。

3. 生产区、行政区、生活区和辅助区布局是否合理（厂区平面布局图）。

4. 生产区、仓储区的面积和空间是否与企业生产规模相适应，以最大限度地减少差错和交叉污染。

5. 生产区和仓储区是否有足够的空间，确保有序存放设备、物料、中间产品、待包装产品和成品，避免混淆、交叉污染。

6. 是否对工作环境进行管控，如对空气处理系统、特定环境、洁净和卫生条件、垃圾分类和处理、虫害控制进行管控，并形成文件，是否有记录控制措施。

7. 仓储区是否设置待验区、合格区和不合格区，或使用适宜的方式区分待验品、合格品、不合格品。

8. 物料的取样是否采用恰当的措施，能防止污染或交叉污染。是否根据产品的性质和工艺要求设定生产区、仓储区的温度和湿度，并有文件规定。

9. 是否建立虫害控制程序。生产厂房是否有防尘、防虫、防鸟类、防鼠类侵扰的设施。应检查这些设施是否有污染产品的风险。

10. 是否有书面程序制定清洁和卫生职责，清洁记录是否保存得当。

11. 废弃物是否隔离存放，是否采用适当方式及时处理，未及时处理的废弃物，是否采用适当标识清除。

三、药用辅料生产企业在具体实施中的案例

案例一　某辅料生产企业虫害防治制度

1. 本规定所称鼠害与虫害是指企业生产工作环境中，鼠、蝇、蚊、蟑螂等病媒生物可能影响产品品质，给人体健康带来的危害。

2. 本制度所称虫控指的是公司范围内的鼠害与虫害的控制管理。

3. 凡公司员工都应自觉遵守虫控管理，积极参与虫控维护工作，不违反虫控制度，不破坏虫控设施。

4. 定期做好虫控分析：每3个月进行公司虫控评价分析一次，每年底进行一次年度虫控评价分析，以帮助改善虫控工作。

5. 定期检查虫控设施，保证完好、有效。夏秋季每月虫控检查不少于3次，每10天左右检查一次，冬春季每月检查1~2次

6. 各部门在外协合作方不在时，负责协助维护日常部门虫控设施正常。

7. 建立公司虫控平面图，并标注清楚各虫控点位置。

8. 做好厂区环境卫生，减少虫鼠滋生，定期对车间、库房周围易生源进行消杀。

（1）厂区内要注意环境卫生，及时清理杂草、垃圾，减少滋生源。

（2）厂区内污水不可明排，不可有积水。

（3）室内外垃圾桶每天应及时清理。

9. 厂房要求

（1）车间及库房等建筑不得有裂缝、洞和留有没有防护的开口。

（2）车间及库房的门窗要密封好，不要留缝隙。

（3）车间内闲置的设施要及时清理或加盖防虫鼠措施，以免滋生虫鼠。

（4）车间和库房门口应安装挡鼠板和风幕机。

（5）挡鼠板和风幕机安装要确保起到虫控效果，并做好日常维护和正确使用，始终保持完好状态。

（6）常用窗户应加装能防虫的纱窗，做好蚊虫防护措施，任何时候都不能无防护开启。

（7）门窗使用后及时关闭和恢复防虫状态。

10. 灭蚊灯

（1）车间、库房在合适的位置安装灭蚊灯，特别是靠近进出口处。

（2）灭蝇灯安装位置要避免污染原料、产品，便于操作等。

（3）灭蚊灯保持完好，当不正常工作时应及时维修，灯管使用一年后要更换一次。

（4）灭蚊灯要定期清理，并有记录。

11. 粘鼠板、捕鼠笼

（1）在车间、库房及周围合适的地方设置粘鼠板、捕鼠笼，并保证完好。

（2）粘鼠板、捕鼠笼要防止污染，定期更换诱饵等。

（3）当外协合作方不在时，如有死鼠时部门应及时清理，更换诱饵。外协方应做好相关材料备份，以便相关部门更换使用，更换应在记录上登记。

12. 虫害管理包括以下基本步骤。

（1）定期虫害检查。

（2）害虫问题鉴定。

（3）虫控效果评估。

（4）实施非化学控制手段。

（5）在适当的条件下，实施化学控制手段。

13. 虫害问题的鉴定主要包括以下方面。

（1）侵害区域。

（2）侵害程度。

（3）侵害造成的破坏。

（4）有利于害虫入侵的条件。

（5）孳生场所。

（6）卫生清洁不足情况。

（7）入侵的渠道。

（8）其他不利于虫害管理程序的相关因素等。

14. 非化学控制手段

（1）清洁卫生　保持良好的清洁卫生是最为有效的非化学处理手段，能减少害虫的栖息场所、水源和食源，从而避免害虫滋生。

（2）机械方法　采用的机械和物理的害虫控制方法包括缝隙封堵、填塞和防虫栅等防止害虫入侵室内，风幕机、胶帘、灭蝇灯、鼠笼、粘鼠板等捕杀入侵的害虫。

（3）文化方法　通过向员工提供定期虫害管理培训，人人参与虫控，减少人为因素造成的害虫栖息和孳生环境。

案例二　某辅料生产企业物料存储要求

1. 验收合格的产品可以入库待验，按定置管理要求放置指定区域，按品种、型号分类分批堆放，建立货位卡并在货位卡上张贴黄色待检标签。

2. 合格品在货位卡上将黄色的待检标志更换为绿色合格状态标志。不合格品移入不合格区，按不合格品管理。

3. 不合格区内所有品种、规格、批号的产品均应挂有红色不合格状态卡标志。

4. 合格成品应有绿色合格状态卡标志。

5. 不同品种、同一品种不同批号、同一品种不同型号的成品堆放应留有一定的距离，不得存放于一个货档，发货量较小的品种或型号应尽量存放至货架较高处，避免出现混淆。

6. 存放区应保持清洁卫生。

7. 存放区尽可能每天保持通风、干燥、避免阳光长时间照射。

8. 存放区必须有防鼠、防蚊蝇等措施。

9. 无关人员不得进入仓库。

10. 根据需要设置温度、湿度调节设施。

11. 仓库的每个库房区至少配备 2 支温湿度计。仓库保管员必须每天检查仓房间内的温湿度，上下午各 1 次。并做好记录。

案例三　某辅料生产企业洁净区制度

洁净区除达到一般生产区工艺的全部要求还必须达到以下方面的要求：

1. 对空气洁净度的要求

（1）药用辅料后工段生产区洁净室对洁净度的悬浮粒子监测标准见表1。

表1　生产区洁净室对洁净度的悬浮粒子监测标准

洁净度级别	悬浮粒子最大允许数 /m³			
	静态		动态	
	≥ 0.5μm	≥ 5.0μm	≥ 0.5μm	≥ 5.0μm
100 级（A）	3520	20	3520	20
1000 级（B）	3520	29	352 000	2900
10 000 级（C）	352 000	2900	3520 000	29 000
100 000 级（D）	3520 000	29 000	不做规定	不做规定

（2）药用辅料后工段生产区洁净室对洁净度的沉降菌监测标准见表2。

表2　生产区洁净室对洁净度的沉降菌监测标准

洁净度级别	CFU/ 碟，0.5h（静态）	CFU/ 碟，4h（动态）
100（A级）	≤ 1	< 1
1000（B级）	—	≤ 5
10 000（C级）	≤ 3	≤ 50
100 000（D级）	≤ 10	≤ 100

（3）为了保证洁净区的洁净度，生产过程中必须开净化空调。

（4）洁净区操作人员，随时检查温湿度，如未达到要求，应及时与空调机组操作人员联系。根据功能间特点设定控制的温度范围和湿度范围。

2. 对洁净区的沉降菌进行检测

（1）洁净区要定期进行消毒。

（2）各工序生产前要进行消毒。

（3）洁净区整体消毒每两周进行一次，消毒部位包括墙壁、天花板、门窗、机器设备、工作台及工具，消毒剂为75% 乙醇，0.1% 新洁尔灭等轮换使用。

（4）对洁净区的菌落数进行检测，每季度进行一次。

3. 原辅材料的卫生

（1）进入洁净区的原辅材料、内包装材料要除去外表的灰尘、杂物后进入缓冲间，在缓冲间脱去外包装后进入洁净区的储存室。

（2）进入洁净区内的物料数量存放不宜过多。

4. 生产过程中的卫生

（1）每班生产开始前，必须在净化空调系统开机运行15分钟后检查温、湿度符合要求后方可进行。

（2）对进入洁净区的非生产人员要严格控制和管理，按《非生产人员进出生产线管理制度》执行。

（3）洁净区内工作人员，操作要稳、轻，减少不必要的活动和交谈，以免造成空气污染。

（4）各工序在生产结束，更换品种、规格或批号前，必须进行清场，清场结束后要挂"已清洁"状态标志牌，并标示有效期。

5. 设备设施的卫生

（1）洁净区使用的设备、容器、工具等直接接触药用辅料的部位生产前均要消毒。

（2）产尘量大的工作间应增设除尘设施，在生产开始前5~10分钟启动除尘机。

（3）洁净区的清洁卫生工具必须采用不掉纤维的材料，使用后必须进行清洁、消毒、干燥。

（4）所有缓冲间是洁净区与非洁净区之间的隔离设施，两边门不得同时打开。

6. 严禁以下物品进入洁净区

（1）未净化的物料、容器、工具。

（2）食品、香烟、自己服用的药品。

（3）首饰、化妆品、手帕、手纸。

（4）钱包、打火机等。

第二节　环境

一、药用辅料 GMP 法规总体要求

　　第九条　企业应有整洁的生产环境，厂区的地面、路面及运输等不应对辅料的生产造成污染。

　　第十三条　应根据产品的性质和工艺要求设定和控制温度和湿度。

【要点分析】

　　1. 厂址选择应注意考虑其环境影响因素。比如无有害气体，无空气、土壤和水的污染源等。如不能远离严重污染区域时，应关注其位置是否位于其最大频率风向上风侧，或最小频率风向下风侧。

　　2. 生产区域的环境参数主要关注空气洁净度，如尘粒数、微生物数、温度和湿度、压差、噪声等。生产区域必须满足规定的环境参数标准。一般需要对温度、湿度、压差、悬浮粒子、微生物进行验证。

　　3. 根据所生产辅料的 GMP 设计采用适当的环境要求标准。一般可以参照对应的宣称适用等级的制剂要求来设计对应的 GMP 环境要求。

　　4. 空气洁净度相同的房间或区域应相对集中，房间面积布置合理，不同空气洁净度房间之间应有防止污染的措施。如气闸室或传递窗、传递柜等。

　　5. 在辅料洁净区生产区域内应设置与生产规模相适应的备料室、原辅材料、中间体、半成品或成品存放区域。其中备料室、原辅材料存放区、中间体存放区、半成品存放区其空气洁净度应与生产区域空气洁净度相同。

二、国内外行业协会颁布的指南审核要点

行业协会名称	对机构与其职责的要求
江苏省医药包装药用辅料协会（SPPEA）	第二十条　应根据辅料的用途和特点确定对生产厂房和设施的洁净度级别要求，采取相应的控制措施。辅料生产、包装、检验和储存所用的厂房和设施应便于清洁、维修和保养，以保持良好的状态。非无菌辅料精制、干燥、粉碎、包装等生产操作的暴露环境应当参照现行版《药品生产质量管理规范》要求的 D 级洁净区的要求设置。企业可根据产品的标准和特性对该区域采取适当的微生物监控措施。无菌辅料生产所需的洁净区的设计须符合相应的洁净度要求，可按照现行版《药品生产质量管理规范》《中国药典》等规定设置 第二十三条　应根据产品的性质和工艺要求设定和控制温度和湿度。当风险评估识别出必需的受控环境时，应对其进行监控，以确保产品质量。当受控环境状态不能保持时，应展开调查，并记录对产品质量影响的证据和理由。应对某些工艺要求的特殊环境进行监视以确保产品质量（例如，惰性气体或避光）。当需用惰性气体时，其气体应按照原料的处理方式进行处理。如果特殊环境出现干扰，应该以书面形式记录足够的证据和适当的理由以证明干扰情况没有降低辅料的质量 第二十八条　废弃物料应隔离，并采用适当的方式及时处理如化学品、生物化学品、危险化学品；未及时处理的废弃物，应采用适当标识并按照要求存储
中国药用辅料发展联盟（CPEC）	设施、设备应保持清洁、卫生和有序的状态 应有足够详细的标准操作程序规定卫生和清洁 应有一套合适设施预防原材料和产品不被昆虫、啮齿动物、鸟和其他寄生虫污染，并记录
国际药用辅料协会（IPEC）	辅料在生产过程中的暴露环节，应在一个适当的环境中以减少污染，包括交叉污染。需进行有书面的风险评估来决定必要的控制措施 有书面程序的风险评估需包含以下方面，如适用：空气处理系统、特定环境的需求、清洁和卫生条件、虫鼠控制、废物分类和处置，在工作环境的维护对辅料质量至关重要的地方，相应的控制措施应当被记录 在书面的风险评估中已经确认需要有受控环境需求的情况下，应该对相应的受控环境进行监控以确保控制的有效性及产品质量（例如，惰性气体或避光）。当需求惰性气体时，其气体应按照原料的处理方式进行处理。如果特殊环境出现干扰，应以书面形式记录足够的证据和适当的理由以证明干扰情况没有影响辅料的质量。加工阶段越接近最终成品，对环境条件的重视就愈加重要

行业协会名称	对机构与其职责的要求
国际药用辅料协会（IPEC）	足够的洁净度是在设计辅料生产设施时，应着重考虑的内容。用于辅料生产、加工、包装或置放的建筑，应该根据所进行的工艺类型（例如，开放/封闭系统）保持适当的清洁和卫生条件 在保持清洁和卫生条件是辅料质量的关键因素的地方，应该以书面形式指定清洁和卫生责任，并尽量详细描述用于清洁建筑和设施的计划安排、方法、设备和材料。这些程序应该得到遵从，清洁工作应该以书面形式进行记录 废弃物需要被隔离放置，适当标记且以适合其类型的方式进行处理（如化学废弃物、生物废弃物或其他有害废弃物）。废弃物应当及时进行处理，如果废弃物不能及时处理，其应当被适当标记和储存

【指南审核要点】

1. 是否根据药用辅料的用途和特点确定生产厂房和设施的洁净控制要求，分析、识别并确定应在相应级别洁净区进行生产过程。

2. 洁净区的洁净度级别是否符合企业药用辅料的生产洁净区的设置原则。洁净区的终端工序是否至少与客户使用洁净水平相当，否则应提醒客户在使用前进行必要的净化处理。现场核实厂房是否按工艺流程和洁净级别合理布局。

3. 生产区、仓储区设计是否便于清洁、维修和保养。

4. 检查洁净度级别的相关证明材料：第三方检测记录、企业内部检测记录、验证材料等。

5. 洁净区的内表面（墙壁、地面、天棚）是否平整光滑、无裂缝、接口严密、无颗粒脱落，避免灰尘，便于有效清洁。

6. 洁净区内货架、柜子、设备、管道、照明设施、风口和其他公用设施的设计和安装是否有不易清洁的部位。

7. 不同洁净度级别洁净区之间是否有指示压差的装置，是否有文件规定洁净区压差要求，现场检查压差指示数值是否符合规定要求；相同洁净度级别洁净室之间的压差梯度是否合理。

8. 现场核实生产区、仓储区温湿度与文件规定的一致性。

9. 在工艺操作的地方，生产环境是否受到适当的控制来防止辅料发生降解和污染。如何监控这些控制措施。

10. 如果需要特殊的环境，对其是否进行持续的监控。

11. 在特殊环境被干扰的情况下，是否对辅料质量的影响进行评估与记录。

12. 是否有文件规定废弃物料处理程序，文件规定是否合理。

13. 化学品、生物化学品、危险化学品等废弃物处理是否符合文件规定。

14. 未及时处理的废弃物，是否隔离存放并标识清楚。

三、药用辅料生产企业在具体实施中的案例

案例一　某辅料生产企业洁净厂房管理制度

（一）洁净厂房的使用

1. 洁净厂房的操作人员应严格按照洁净室卫生要求和净化程序进出洁净室，本区内操作人员定员上岗，限制操作人员和管理人员进出的次数和行为。

2. 进入洁净厂房的物料、器具等应按规定程序净化，否则不准进入。

（二）洁净厂房的监测

1. 为确保洁净厂房的净化环境，需对洁净室定期进行温度、湿度、压差、沉降菌、浮游菌、空气悬浮粒子、表面微生物等的监测，并认真填写记录。

2. 洁净厂房内应按规定维持压差和温湿度，每日上下午分别记录一次。

洁净厂房的监测表如表 3 所示。

表 3　洁净厂房的监测表

监测项目	监测频次	监测状态
尘埃粒子	季度 / 次	静态监测
沉降菌	季度 / 次	第一、三季度为静态监测，第二、四季度为动态监测
浮游菌	季度 / 次	均为动态监测
表面微生物	6 个月 / 次	—

遇特殊情况应及时对洁净区进行检测，如遇停产检修或突发情况时应及时进行检测；检测合格后方可组织生产。

3. 发现如下情况时高效空气过滤器应予更换。

（1）气流速度降到最低限度，即使更换初、中效过滤器仍不能增大时。

（2）高效过滤器当风速小于 0.30m/s 时。

（3）高效空气过滤器出现无法修补的渗漏时。

（三）洁净厂房不同的功能间温、湿度控制范围

1. ×××间因设备产生热量大，温度范围为18~40℃，湿度为45%~70%。

2. ×××间因生产特殊性温度范围为18~40℃，湿度为45%~80%。

3. 中间体暂存间因物料储存时间较长，温度范围为18~30℃，湿度为45%~65%。

4. 其他洁净区房间，温度范围为15~29℃，湿度为45%~70%。

（四）各洁净级别对环境监测的标准要求

1. 沉降菌

沉降菌标准要求见表4。

表4　沉降菌标准要求

洁净度级别	沉降菌最大允许数		相应操作间
	动态标准（CFU/皿，4小时）	静态标准（CFU/皿，0.5小时）	
A级	＜1	≤1	净化工作台、生物安全柜
B级	5	—	—
C级	50	≤3	微生物限度检测室、阳性对照室
D级	100	≤10	洁净功能间

注：1. 表中各数值均为平均值。

2. 单个沉降碟的暴露时间可以少于4小时，同一位置可使用多个沉降碟连续进行监测并累积计数。

2. 浮游菌

浮游菌数洁净区微生物监测的菌落数范围如表5所示。

表5　浮游菌标准要求

洁净度级别	浮游菌 CFU/m³	相应操作间
A级	＜1	净化工作台、生物安全柜
B级	10	—
C级	100	微生物限度检测室、阳性对照室
D级	200	洁净功能间

3. 空气悬浮粒子

空气悬浮粒子如表 6 所示。

表 6　空气悬浮粒子标准要求

洁净度级别	悬浮粒子最大允许数 /m³				相应操作间
	静态		动态		
	≥ 0.5μm	≥ 5μm	≥ 0.5μm	≥ 5μm	
A 级	3520	20	3520	20	净化工作台、生物安全柜
B 级	3520	29	352 000	2900	—
C 级	352 000	2900	3520 000	29 000	微生物限度检测室、阳性对照室
D 级	3520 000	29 000	不作规定	不作规定	F01、F04、F05、F06、F07、F08 车间

4. 表面微生物

表面微生物标准要求见表 7。

表 7　表面微生物标准要求

洁净度级别	表面微生物	
	接触（Φ55mm）（CFU/ 碟）	5 指手套（CFU/ 手套）
A 级	＜ 1	＜ 1
B 级	5	5
C 级	25	—
D 级	50	—

（五）纠偏限和警戒限

1. 内容

（1）定义　警戒限：系统的关键参数超出正常范围，但未达到纠偏限度，需要引起警觉，可能需要采取纠正措施的限度标准；纠偏限：系统的关键参数超出可接受标准，需要进行调查并采取纠正措施的限度标准。

（2）洁净区监测各项指标的设定　A 级、C 级相应操作间为化验室专用，监测指标按化验室的监测标准（表 8）。

表 8　（D 级）洁净区监测各项指标

检验项目		国家标准	警戒限度	纠偏限度（行动限）
空气悬浮粒子（静态）	≤ 0.5μm	不得过 3520 000	2500 000	2800 000
	≤ 5.0μm	不得过 29 000	20 000	23 000
沉降菌（动态）		不得过 100CFU/皿	不得过 70CFU/皿	不得过 80CFU/皿
沉降菌（静态）		不得过 10CFU/皿	不得过 7CFU/皿	不得过 8CFU/皿
浮游菌（动态）		不得过 200CFU/m³	不得过 140CFU/m³	不得过 160CFU/m³

（3）监测指标关键参数达到警戒限度时，应采取如下措施。

1）质量保证部在检测结果下发的当日以书面形式下发警告通知。

2）设备工程部协同各车间及时对存在问题进行分析，采取必要的纠正措施进行纠正。

（4）监测指标关键参数达到纠偏限度时，应采取如下措施。

1）质量保证部在检测结果下发的当日以书面形式下发调查表。

2）设备工程部协同各车间成立问题调查小组，及时对存在问题进行分析，调查出现问题的原因，并以书面形式上交调查结果反馈单，并提出纠正措施。

3）通过有关领导审批后执行。问题纠正后，需通知质量保证部进行再次检测。

（六）洁净厂房的维护

1. 洁净厂房内应建立足够的安全系统。

2. 洁净厂房的空气净化设备、物料、设施和室内操作人员清洁卫生情况应经常检查并予记录。

3. 洁净厂房的空调系统和空气净化设备应定期检修、保养，检修时间间隔不应超过一年。

案例二　某药用辅料生产企业的厂房与设施管理

（一）目的

规范厂房与设施从设计到其投入使用的管理流程，确保厂房与设施设计、建造、使用的全过程均能符合《辅料生产质量管理规范》中对厂房与设施的相关要求及其他相关规范、标准的要求。从而使得厂房、设施能够满足辅料生产和质量管理的需求，并延长厂房和设施的使用寿命。

（二）范围

适用于公司所有厂房与设施的管理。

（三）职责

1. 质量部负责人

负责对厂房与设施从设计到投入使用整个过程中与 GMP 相关活动是否符合本规程进行确认。

2. 生产部负责人

负责审核、批准生产车间、辅助车间在本规程中规定的各项活动。

3. 生产车间负责人

负责本车间新建、改造厂房与设施的设计、安装、运行、性能确认，负责厂房与设施的日常管理及维护。

4. 工程部负责人

负责对厂房与设施设计、建造、采购、安装、运行是否符合本规程进行确认及实施，负责竣工资料汇总、审核、归档，负责厂房与设施外协单位维护的联系。

5. 物资部负责人

负责审核、批准仓库在本规程中规定的各项活动。

6. 行政部负责人

负责厂区环境卫生维护工作的管理。

（四）内容

1. 厂址选择和厂区布局

（1）总则

1）辅料生产企业总体布局包括两方面含义，一是指洁净厂房工厂与周边环境的布置，另一个是厂区所有建筑物、构筑物、道路、运输、工程管线等设施的平面布置规划。

2）在满足生产、操作、安全和环保的基础上，工艺流程应集中布置，集中控制。

3）道路设计要适应人流、物流合理组织，内外运输相协调。

4）公用系统配置合理。

5）以洁净厂房为主的辅料生产企业的厂址选择和总体布局除要考虑一般工厂建设所应考虑的环境条件，还应按照洁净厂房的特殊性，对周边环境提出相应要求，对厂址环境的污染程度进行调查研究。

（2）选址

1）辅料工厂厂址宜选择在大气含尘、含菌浓度低，无有害气体，自然环境好的区域。

2）辅料工厂厂址应远离铁路、码头、机场、交通要道以及散发大量粉尘和有害气体的工厂、贮仓、堆场等严重空气污染、水质污染、振动和噪声干扰的区域；如不能远离严重空气污染区时，则应位于其最大频率风向上风侧，或全年最小频率风向下风侧。

3）辅料工业洁净厂房新风口与市政交通干道近基地侧道路红线之间距离不小于50米。

（3）厂区总体布局

1）厂区整体布局应符合国家有关工业企业总体设计原则，并应满足环境保护的要求，同时应防止交叉污染。

2）厂区按行政、生产、辅助和生活等划区布局。

3）洁净厂房应布置在厂区内环境清洁，人流货流不穿越或少穿越的地方，并应考虑产品工艺特点，合理布局、间距恰当；三废化处理等有严重污染的区域应置于厂的最大频率下风侧。

4）洁净厂房周围宜设置环形消防车道（可利用交通道路），如有困难时，可沿厂房的两个长边设置消防车道。

5）厂区主要道路应贯彻人流与货流分流的原则，洁净厂房周围道路面层应选用整体性好、发尘少的材料。

6）辅料工业洁净厂房周围应绿化，以减少露土面积，不应种植散发花粉或对药品生产产生不良影响的植物。

（4）厂房的设计

1）生产区的要求

• 生产工艺对温度和湿度无特殊要求时，空气洁净度C、D级的洁净室（区）温度应为18~26℃，相对湿度应为45%~65%。

• 洁净区与非洁净区之间、不同洁净区之间的压差应不低于10Pa，必要时，相同洁净区内不同功能房间之间应不低于5Pa。

• 洁净室（区）应根据生产要求提供足够的照度，主要工作室一般照明的照度值不宜低于300lx；辅助工作室、走廊、气闸室、人员净化和物料净化用室（区）不宜低于150lx，对照度有特殊要求的生产部位可设置局部照明。

• 生产区按生产工艺合理布局，同时应符合合理平面布置，严格划分洁净区域，防止污染与交叉污染，方便生产操作。

• 生产区和贮存区应有足够的空间，确保有序地存放设备、物料、带包装产品和成品，避免混淆、污染、遗漏和差错；相应的物料存放，同时用醒目的标识标注。

• 根据辅料品种、生产操作要求及外部环境状况等合理配置空气净化系统，使生产区有效通风，并有温、湿度控制和空气净化过滤，保证辅料的生产环境符合要求。

• 洁净区的内表面（墙壁、地面、天棚）应当平整光滑、无裂缝、接口严密、无颗粒物脱落、避免积尘，便于有效清洁，必要时应当进行消毒。

• 各种管道、照明设施、风口和其他公用设施的设计和安装应当避免出现不易清洁的部位，应当尽可能在生产区外部对其进行维护；洁净生产区内只设置与生产有关的设备、设施；其他公用辅助设施如空气净化系统、纯化水系统、冷水机组、压缩空气系统、真空泵、除尘设备、排风机等应与生产区分区布置。

• 排水设施应当大小恰当，并安装防止倒灌的装置，车间内部应当尽可能避免明沟排水；不可避免时，明沟易浅，以方便清洁和消毒。

• 产尘操作间（如干燥物料或产品的取样、称量、混合、包装等操作间）应当保持相对负压或专门的措施，防止粉尘扩散、避免交叉污染并便于清洁。

• 洁净区内应设专用有序的人流、物流通道，保持最小量交叉；人员和物料进入洁净区应采取相应的净化措施，人员应按规定的程序进入，并应严格控制人数。

• 洁净室（区）内工艺设备和设施的布置，应符合生产工艺的要求，生产和储存区域不得用作本区域内工作人员的通道。

• 生产车间内，应有足够宽的过道。

2）仓储区的要求

• 仓储区储存空间应根据生产规模和储存周期来确定。

• 仓储区应有足够的空间以满足各项物料和产品的有序存放，并按其存放物料和产品的不同划分以下功能区：原辅料库、包材库、成品库、不合品库、退货库。

• 生产过程中物料储存区的设置应靠近生产单元，面积合适，可分散或集中设置。

• 仓储区设计和建造应当确保良好的仓储条件，并有通风和照明设施。

• 仓储区按贮存条件可分为阴凉库和常温库，仓库保管员应对库房的温湿度及其他要求进行检查和监控。

• 接收、发放和发运区域应设置挡雨板保护物料、产品免受外界天气（如雨、雪）的影响，接收区的布局和设施应当能够确保到货物料在进入仓储区前对外包装进行必要的清洁。

• 待检物料贮存于指定区域，且有醒目的标识，待检区只限于经批准的人员出入。

- 不合格品、退货应分别专区存放。

3）质量控制区的要求

- 质量控制区是指质量控制（QC）实验室的规模和布局，可根据实际工作量的大小，以及生产辅料的主要质检控制和检测项目进行设置，应与企业的检验要求相适应，以满足各项实验需要。

- 考虑到企业生产中实际效率和管理，质量控制区应独立建造，但应邻近生产区。

- 质量控制实验室应有足够的空间以满足各项实验的需要，每一类分析操作均应有单独的、适宜的区域，设计中可以有如下主要功能房间。

◎送检样品的接受与贮存区。

◎试剂、标准品的接受与贮存区，可以设置试剂仓库；实验室试剂存放间应该只保存满足日常使用量的化学品，大量的化学品应储存在专门指定的房间或建筑物内，试剂存放应该具备良好的通风设施，普通化学试剂和毒性化学试剂应分开存放，并有储存温度和湿度的要求；对照品、基准试剂应按规定存放，并有专人管理，使用及配置应有记录，有温度储存要求的场所应有温、湿度记录。

◎清洁洗涤区，用于玻璃仪器等的清洗；清洁洗涤区的设置应靠近相关实验室，便于清洗容器的送洗和取用。

◎特殊作业区（如高温实验室），可根据企业质量控制区的实际情况设置，放置烘箱、马弗炉等高温设备，一般应远离试剂室与冷藏室，房间设置温感烟感报警器，并设置机械排风。

◎留样观察室包括物料料、包装材料及成品的留样，可分开设置也可分区设置，室内应注意通风和防潮设计，有阴凉贮存要求的还应设置阴凉室。

◎化学分析实验室是各类辅料检验时的样品处理、试剂配制、滴定分析等的分析检测场所。

◎仪器分析实验室通常包括天平室、光谱室、显微室、普通仪器室等；一般天平室宜单独设置，其他各室可根据企业检验需要进行设置，应尽可能远离振源、高温，并靠近化学实验室。

◎微生物实验室一般由准备间、操作间和设备间等组成；操作间是进行微生物学质量检测的操作用室，操作间采用独立空气净化系统，在 C 级洁净环境下设置超净工作台（A 级）来实现；人员出入应设置更衣及缓冲间，物料或物品出入也应设置缓冲（或传递窗），培养皿、培养基等需进行灭菌方能进入；微生物实验室同时还应配置配套的培养间、准备间、清洗间、灭菌间等。

4）辅助区的要求

• 休息室：生产人员休息室应与其他区域分开。

• 更衣室和盥洗室：更衣室和盥洗室应方便人员出入，并与使用人员相适应，外衣和洁净工作服应分室放置，外衣更衣柜每人一柜；盥洗室不得与生产区与仓储区直接相连，盥洗室的设置应考虑人员使用便利，盥洗室应设置洗手和消毒设施。

• 维修间应尽可能与生产区分开，存放在生产区的工具应放置在专门房间的工具柜中。

• 洁净工作服洗衣室设置在洁净区内。

5）厂房与设施的维护保养

• 厂房和设施的维护保养，应坚持"预防为主"的原则。

• 由工程部进行巡回检查，洁净厂房和一般生产厂房每月巡回检查一次公用工程系统以及仓储设施、质量控制设施、厂区道路等。

• 工程部在组织维护的过程中，不得影响产品质量，必须在生产环境下进行的维护作业应有相应的环境保护措施，施工时可能会产生交叉污染。

• 工程部对厂房设施进行维护保养并填写《厂房与设施维护保养记录》，质量部QA对维护保养情况进行抽查，并在记录中签署意见。

6）厂房编号管理

• 全公司所有的厂房均应编号，每个厂房及厂房内的每个房间都具有一个唯一的编号，任何部门和个人不得随意修改。

• 厂房公用设施、固定管道建造或改造后的竣工图纸等文件应当长期保存。

第三节　设施

一、药用辅料 GMP 法规总体要求

第十二条　空气处理系统的设计应能防止交叉污染，对产尘量大、易产生交叉污染的区域不应利用回风。

第十五条　所有的区域都应有适当的照明，并按规定设置应急照明。

第十六条　生产操作区地漏的设置应与生产要求相适应，并采用液封或其他装置防止倒吸和污染。

第十七条　生产人员和物料出入生产车间，应有防止交叉污染的措施。应配备适当的盥洗设施以方便生产区员工使用。

【要点分析】

辅料企业的生产设施设计时考虑 GMP 的符合性，根据法规要求进行设计。

1. 生产区的功能布局要与辅料的生产工艺和产量相匹配，各生产工序衔接合理。厂房空气净化洁净度级别、布局应符合 GMP 中相应条款的规定。

2. 应对工作环境进行管控，实施风险评估以确定必要的控制措施，并形成文件。如重点考虑：空气处理系统、特定环境、洁净和卫生条件、垃圾分类和处理、虫害控制等。当工作环境的保持对辅料质量具有重大影响时，应记录其控制措施。

3. 当风险评估识别出必需的受控环境时，应对其进行监控，以确保产品质量。当受控环境状态不能保持时，应展开调查，并记录对产品质量影响的证据和理由。应对某些工艺要求的特殊环境进行监视以确保产品质量（例如，惰性气体或避光）。当需用惰性气体时，其气体应按照原料的处理方式进行处理。如果特殊环境出现干扰，应该以书面形式记录足够的证据和适当的理由以证明干扰情况没有降低辅料的质量。

4. 生产控制区应有防止昆虫和其他动物进入的设施；有相应的书面规程，规定灭鼠、杀虫等设施的使用方法和注意事项。应制定虫害控制程序。当风险评估识别出必需的清洁和卫生条件时，应形成书面程序制定清洁和卫生职责，保留和核查清洁记录；废弃物应隔离，采用适当的方式及时处理；未及时处理的废弃物，应采用适当标识。

5. 不同洁净级别的洁净室（区）之间的人员和物料出入，要求有防止交叉污染的措施。

6. 设备安装调试完成后需要进行适当的设备验证，如安装确认（IQ）、功能确认（OQ）、运行确认（PQ）等。设备启动需要建立日常运行和维护所需要的基本信息，包括建立设备技术参数、设备财务信息、售后服务信息、仪表校验计划、预防维护计划、设备技术资料存档、设备备件计划、设备标准操作程序、清晰清洁操作程序、设备运行日志等。操作和维护人员应得到相应的培训。

二、国内外行业协会颁布的指南审核要点

行业协会名称	对机构与其职责的要求
江苏省医药包装药用辅料协会（SPPEA）	第二十二条　空气处理系统的设计应能防止交叉污染，并应该证明该系统的有效性。对产尘量大、易产生交叉污染的区域不应利用回风 第二十五条　所有的区域都应有适当的照明，以便清洁、维护和操作，并按规定设置应急照明。当辅料暴露于工作环境时，灯具应有防爆碎或其他防护措施 第二十六条　生产操作区排水设备应与生产要求相适应，并采用液封或其他装置防止倒吸和污染 第二十七条　生产人员和物料出入生产车间，应有防止交叉污染的措施，以确保维持适宜的卫生标准。应配备适当的洁净盥洗设施以方便生产区员工使用。应该相应提供足够的淋浴及（或）更衣设施 第二十九条　企业应设立符合要求的实验室，配备与国家规定自检项目相适应的检测、实验仪器设备
中国药用辅料发展联盟（CPEC）	有潜在污染风险的生产区域应有适当的排气装置，或者其他适合的系统；应有与所生产辅料相适应的净化空调系统，其过滤设施应定期检查并且替换，应有文件记录；应有相关验证 应有适当的通风设施和照明设施 窗、门或其他向与外部相通的通道应有必要的缓冲设施 在车间里适当位置应有合适的洗手、干燥、消毒设施 所有设施应是维修良好，并应有预防维修计划
国际药用辅料协会（IPEC）	辅料生产部门的空气处理系统应被设计成具备防止污染和交叉污染的作用。对生产同一辅料的专用区域，允许将部分排气再循环到相同的区域。在多用途区域，特别是同时加工数种产品的区域，空气处理系统的适当性应该经过评估以防止潜在的交叉污染 应该提供充足的照明以便进行清洁、保养以及其他适当的操作。当辅料暴露在工作环境中或者储存地点时，照明器材应具有防碎裂性能或者以其他的方式保护 在辅料暴露于环境的区域，排水设备应该具备足够的规模，在与下水道直接连接的地方应该提供空气阻断器或其他防止虹吸倒流的机械装置。排水管道应当被妥善维护 应该提供足够的个人盥洗设施来确保达到适当的卫生标准，包括热水和冷水，肥皂或洗涤剂，干手机或一次性手巾。清洁厕所应与工作区域分开且方便到达。当在书面的个人卫生风险评估时确定出淋浴及（或）更衣设施的需要时，则应提供这些设施

行业协会名称	对机构与其职责的要求
国际药用辅料协会（IPEC）	对使用于物料的生产、储存或传送，并且可能影响辅料质量的公用设施（如氮气、压缩空气、蒸汽等）应该进行评估，同时采取适当措施控制污染和交叉污染的风险

【指南审核要点】

1. 厂房空气净化洁净度级别、布局应符合 GMP 中相应条款的规定。

2. 净化空调系统送、回、排风应符合 GMP 的要求。洁净室（区）的净化空气循环使用时，是否采取有效措施避免污染和交叉污染。如部分空气循环回到生产操作区，应有适当措施控制污染和交叉污染的风险，如工艺除尘。

3. 洁净室（区）的温度和相对湿度应符合辅料生产工艺的要求。应有洁净室（区）温、湿度控制的管理文件。温度一般应控制在 18~26℃，相对湿度在 45%~65%。

4. 洁净室（区）内的各种管道、灯具、风口以及其他公用设施，应方便清洁、维护和操作，当辅料暴露于工作环境时，灯具应有防爆碎或其他防护措施。

5. 不同洁净级别区应设相应的洁具间，清洁用具不得跨区使用。清洁用具应定期清洗或消毒，并有相关的管理文件，防止清洁用具给生产带来污染。

6. 水池、地漏设置位置、区域、安装应符合 GMP 中相应条款的规定，地漏、水池下有无液封装置，是否耐腐蚀，应制定相应的管理文件。

7. 不同洁净级别的洁净室（区）之间的人员和物料出入，是否有防止交叉污染的措施。

8. 洁净室（区）与非洁净室（区）之间是否设置缓冲设施，洁净室（区）人流、物流走向是否合理。对进入不同洁净级别的洁净室（区）内的人员和物料，布局是否保证其合理性。应有相应的文件规定。

三、药用辅料生产企业在具体实施中的案例

案例一 某辅料生产企业人员进出洁净区制度

1. 洁净区仅限于该区域生产操作人员、生产部管理人员和经批准人员进入。

2. 洁净区内生产操作人员定员上岗，限制人员进入数。

3.洁净区生产操作人员定员按工艺规程的各岗位定员进行管理。

4.由专人对洁净区的人员数量进行管理。

5.非生产人员进入洁净区每次不超过 3 人。

（1）总更衣室

1）进入生产车间门口，在雨伞架上放下雨伞，把提包之类个人物品放入自己的更衣柜内，脱去外衣等。

2）坐在横凳上，面对门外，脱去自己所穿的鞋，把鞋子放入规定的鞋架内。

3）弯腰在横凳下的鞋架内取出自己的拖鞋，穿上拖鞋。

（2）D 级更衣　出总更衣室从人流通道至一更室，用手推开更衣室门，进入更衣室。

（3）换工作鞋　将拖鞋脱去，换自己的工作鞋，在此操作期间注意不要让双脚着地；穿上工作鞋，跋上鞋跟。

（4）脱白大褂

1）走到更衣柜前，用手打开更衣柜门。

2）脱去白大褂，挂入更衣柜内，随手关上柜门。

（5）洗手

1）走到洗手池旁。

2）用手肘弯推开水开关，伸双手掌入水池上方开关下方的位置，让水冲洗双手掌至腕上 5cm。双手触摸清洁剂后，相互摩擦，使手心、手背及手腕上 5cm 的皮肤均匀充满泡沫，摩擦约 10 秒钟。

3）伸双手入水池，让水冲洗双手，同时双手上下翻动相互摩擦，使清水冲至所有带泡沫的皮肤上，直至双手掌摩擦不感到滑腻为止。

4）翻动双手掌，目测检查双手是否已清洗干净。

5）用肘弯推关水开关。

6）走到烘手机前，伸手掌至烘手机下约 8~10cm 地方，电热烘手机自动开启，上下翻动双手掌，直到双手掌烘干为止。

（6）穿洁净工作服

1）用肘弯推开房门，走到洁净工衣前，取出自己号码的洁净工作服

2）走到镜子前，取出洁净工作帽，对着镜子戴帽，注意把头发全部塞帽内。

3）取出口罩带上，注意口罩要罩住口、鼻；在头顶位置上结口罩带。

4）对着镜子检查衣领是否已翻好，拉链是否已拉至喉部，帽和口罩是否已戴正。

（7）手消毒　走到自动酒精喷雾器前，伸双手掌至喷雾口下10cm左右处，喷雾器自动开启，翻动双手掌，使酒精均匀喷在双手掌上各处。缩回双手，酒精喷雾器停止工作。

（8）入洁净室

1）推开洁净区门，进入洁净室。

2）进入洁净区各房间时，两边房门不得同时打开。

（9）出车间程序　进入缓冲间，进行手消毒，依次脱去工作帽、上衣、工作裤放在更衣柜内，然后脱去工作鞋，将工作鞋放在鞋柜内，换上拖鞋出二更，进入一更间，洗手、烘干，换上自己的衣服，换鞋，离开工作区。

1）洁净室（区）仅限于该区域生产操作人员、日常监督管理人员和经批准的人员进入。

2）直接接触药用辅料工序的操作人员不得化妆，不得佩戴饰物与手表。

案例二　某辅料生产企业基础设施管理制度

1.每个房间应有足够的照度，主要工作室的照度宜为300lx。

（1）厂房应有足够的应急照明设施，确保紧急停电时的照明。

（2）所有应急灯和照明灯保持清洁，使其符合GMP要求。

（3）每月检查一次应急灯在停电情况下是否满足设计要求，如不符合及时更换。

（4）禁止开长明灯，如照度达到要求不得随意开启照明灯，不经允许，禁止动用应急灯。

2.洁净区人流、物流走向应合理，尽量避免交叉污染和混淆。

（1）洁净区生产人员必须按规定的人流物流线路进行操作，不得随意改变。

（2）严禁人员从物流缓冲间进出洁净区，严禁通过人流通道运送物料。

（3）洁净区人流通道不得作为其他用途，如堆放物料等。

（4）应保证洁净区安全通道的畅通无阻。

3.空调系统操作人员，上岗前必须由设备工程部进行培训和考核，合格后方可上岗。空调净化流程如图1所示。

（1）操作人员，应严格按空调操作规程进行操作。

（2）熟悉洁净区域对洁净度、温湿度、压差等各种参数的要求。

（3）熟悉净化系统的组成、原理及运行方法。

（4）操作人员，应按维护保养规程对空调系统进行日常维护。

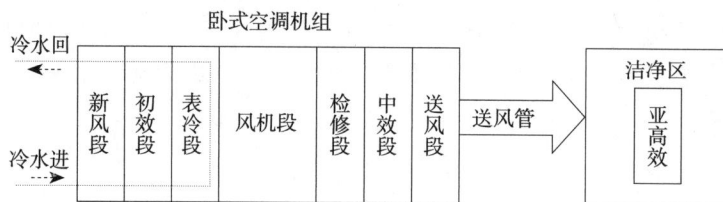

图1 空调净化流程图

4. 根据洁净区域的自净时间及温、湿度的要求，生产前，空调操作人员应提前开启净化空调系统。

（1）春季和秋季，室内外温湿度差别不大时，提前半小时开机。

（2）夏季和冬季，室内外温湿度差别较大时，提前1小时开机。

（3）需对洁净区空间及设备表面消毒时，按《臭氧发生器操作规程》进行消毒灭菌。当洁净区温湿度不符合要求时，应开启制冷或加热设施，使之符合要求。

5. 空调净化系统在开机时，必须先开空调送风系统，后开回风系统。在停机时，则应先关回风系统，然后关小送风系统风量，以保持洁净室正压。

6. 空调操作工应定期对空调净化系统进行清洁。

（1）保持空调机房的环境卫生，每日开机前、关机后清洁一次。

（2）每三个月清洗更换一次初效滤布。拆下的滤布应及时清洗、晾干备用。

（3）当开机时间超过30天时或过滤前后压差超过初装时压差的70%时，应清洗更换中效过滤器材。

（4）亚高效过滤器使用时间超过一年时或当风速小于0.30m/s时，需进行更换。

7. 空调系统发生故障处理

（1）空调系统发生故障时，必须由熟悉空调净化系统结构及工作原理的维修人员进行维修或联系制造厂家来公司维修。

（2）每年由设备工程部负责对空调净化系统的仪器、仪表进行自检或送当地技术监督局检测。

（3）维修人员每季度对制冷机进行检漏，若发现压力低于初压力时应及时添加冷却剂，并检查是否有泄漏的地方。

（4）每季度维修人员对空调机组进行维护保养一次。填写维护保养记录，交设备工程部存档。

8. 空调系统在运行时，空调操作工必须做好运行记录，运行中发现问题时及时报告设备工程部进行处理，确保洁净室正常使用。

9. 严格遵守《中华人民共和国水污染防治法》与国家标准 GB 8978—1996《污水综合排放标准》废水治理工作的监督管理，严防超标准排放，危害人体健康和污染周围环境。

10. 公司要重点加强对生产废水处理工艺、技术和设备运行的管理，切实做到达标排放。

11. 污水处理站负责日常设备运行和维护、维修工作。

12. 废水处理站必须严格废水处理工艺纪律，遵守设备操作规程，对废水进行分步处理，达标排放。同时对水质、水量进行定期（在线）监测，做好监测记录，未经处理或处理未达标的废水不得排入市政管网。

13. 废水处理站的工作人员应按时清理污水池内的垃圾污物，清运垃圾，打扫环境卫生，保持站容站貌整齐清洁，认真做好设备日常维护保养，确保设备正常运行。

14. 各车间严禁任意将废水倒入水池、阴井、厕所、垃圾堆以及其他地面，以免对地表水系造成污染。

15. 公司鼓励各部门对用水设施采取新技术、新工艺进行节约用水技术改造，特别是在生产过程中，应采取循环回用水、一水多用、中水回用、达标排放等措施，提高水的重复利用率，压缩废水排污总量。

16. 公司各部门应当加强对所属员工的环境保护意识与法制教育，增强社会公德观念，养成良好的行为习惯。对违反以上规定造成或有可能造成水污染的部门或员工，将给予责任追究。

案例三　某辅料企业虫鼠防治管理制度

1. 目的
防止昆虫及老鼠进入厂房，以保证厂区的卫生条件符合规范。

2. 范围
适用于厂区内虫鼠害防治。

3. 职责
（1）工程部负责公司厂区虫鼠害的防治工作。
（2）各部门负责所辖区域虫鼠害的防治工作。

4. 内容

（1）建筑物外部环境

1）外围无积水，下水道排水通畅、没有堵塞。

2）垃圾桶每天至少应清理1次，及时消除虫害滋生地，垃圾桶切勿放于正对门口处且须加盖，所有垃圾桶定置于厂区道路与车间通道的交接处。

3）墙边无灌木或草，最好使用硬底减少虫害的栖身之地。

4）厂区绿化：工厂的草坪应定期修剪，短且平，无严重的凹陷处或深沟。

5）外部照明系统：建筑物入口与灯保持一定的距离，因为很多害虫有趋光性，以免招引虫害，应用钠气灯管，减少吸引虫害。

6）厂区内不得饲养动物，也不得让外来猫狗入内。

（2）建筑物本身

1）墙、屋顶无裂缝，有轻微裂缝需小于6mm，穿管处要修补以免老鼠、害虫等进入或藏匿，墙与墙、墙与屋顶的交接处最好做成弧形，以尽量减少死角。

2）通风口或排水管口要安装网孔不大于0.6cm过滤网，以免虫害入侵，下水道排水水口处安装防鼠网（栏栅条间距小于1.2cm）或水封。

（3）窗

1）安装40目以上纱窗（格子0.5mm×0.5mm以下）。

2）要可拆卸，以便定期进行维护清洁。

3）窗的密封性要好（窗扇与窗扇之间、窗扇与窗框之间、窗框与墙之间）。

（4）门

1）进出随手关门（安装闭门器），须保持门处于关闭状态。

2）车间各出入口位置安装用光滑金属板做的挡鼠板，挡鼠板高度不低于40cm。

3）关闭良好，门缝小于0.6cm（一只小家鼠可进出的空间）。

4）如因地面不平而使门缝超过0.6cm时，应加设5cm高水泥或金属门槛，门坎与门之间的缝隙小于0.6cm。

（5）货架离地离墙　离地15cm，可以作为人员检查通道并可部署防鼠设施。贴墙根最好刷30cm宽浅色的油漆（如白色）。物料散落需及时清理。

（6）排风扇应有防虫网并定期清洁（一个季度）。

（7）更衣室不得饮食，衣柜不得藏有食品，定期清洁，衣柜离墙应有一定距离（最好不要靠墙放置）。

（8）车间内部无积水，防止虫害滋生，地面或排水管道排水要顺畅，没有堵塞，车间的下水道口使用带返水弯的地漏。

（9）厕所　定期清洁维护，离车间足够距离，并且门不得与车间相通（设置前室缓冲），厕所需在下风方向，窗户应安装纱窗。

（10）设备设施要求

1）灭蝇灯

• 电源需 24 小时提供，无急速气流。

• 灭蝇灯布放位置必须有效，不能带来更多的安全或者质量风险，例如吸引外界昆虫、玻璃异物、飞虫尸体溅落等。灭蝇灯的位置要不至于直接将光线射向室外而引诱昆虫；灭蝇灯设置高度在 2~2.5m 为宜。

• 清洁周期：30 天清洁一次，夏季（7~9 月）每 15 天清洁一次。

• 清洁方法：将灭蝇灯控制开关置于"关"的位置，用毛刷刷去粘在电极网上的残留蝇虫和灯管上的尘埃，直至刷尽。

2）鼠饵盒：鼠饵盒应是密闭的防水盒，雨水不能淋进盒内。有锁，专用钥匙才能开启。鼠饵盒外涂醒目标识，提示该盒内装物品有毒有害。

3）鼠笼：鼠笼中的诱饵不得使用易变质食物，要求使用无污染的鼠饵球。

（11）虫鼠防治装置的定期检查　各部门应定期对所辖区域虫鼠防治装置进行检查（每月至少一次），及时更换或维护，确保其始终具备良好的虫鼠防治功能，并做好记录，见附件 1 SMP—ME—0002-1《防虫鼠设施检查维护记录》。

（12）虫鼠防治装置编码管理　以建筑为单位，采用字母代码＋序列号（2 位阿拉伯数字）的方式进行编码："M"代表灭蝇灯、"DR"代表鼠饵盒、"D"代表挡鼠板、"Q"代表驱鼠器、"S"代表粘鼠纸、"Y"代表粘蝇纸，具体见各区域虫鼠防治平面布置图。

第四章

药用辅料生产设备的管理

第一节　药用辅料 GMP 法规总体要求

第十八条　辅料生产、包装、检验和储存的设备，其设计、安装应有利于操作、清洁、保养。设备的设计应能将操作人员直接接触所导致的污染降低到最低程度。封闭的设备和管道可安装在室外。

第十九条　生产用设备与物料接触的表面应光滑、平整，不与物料起化学反应、不发生吸附或吸着作用，易于清洗或灭菌。

第二十条　对残留物难以清洗的辅料，应使用专用生产设备。

第二十一条　应采取措施避免设备运行所需的润滑剂或冷却剂与原料、包装材料、中间体或辅料成品直接接触，不可避免时，所用润滑剂或冷却剂至少应符合食用要求。

第二十二条　应标明与设备连接主要固定管道内物料的名称和流向。

第二十三条　企业应有定期校验关键仪器设备的计划和规程。应根据计划和规程对关键的计量、监测设备，包括实验室测试仪器以及中间控制仪器进行校验。达不到设定标准的仪器和设备不得使用。校验标准应能溯源至法定标准。

第二十四条　应建立并执行辅料生产、包装、检验、储存所用关键设备（包括工器具）的维修保养规程。维修保养记录至少应包括以下内容：

1. 维修保养的详细说明及实施维修人员。

2.设备维修保养前后生产的品种和批号。

第二十五条　水处理及其配套系统的设计、安装和维护应能确保供水达到设定的标准。

【要点分析】

1.设备的设计和安装

辅料生产设备的设计、选型、安装需慎重考虑防污染、防交叉污染、防差错并便于清洁及日常维护，合理满足工艺需求因素，根据自身条件（选址面积、厂房结构、生产能力、设备、硬件设施系统等）、环境、用途、使用目的、标准要求等提出用户需求（USR）。考虑的因素主要如下。

（1）根据产品的物理、化学特性，选择合适材质的设备，直接接触物料的材料应不与物料和产品发生反应、吸附或释放等不利影响，并根据产品的工艺特性，考虑耐温、耐蚀、耐磨、强度等特性，进行适当选择。

（2）设备的选型和设计应当满足生产规模及生产工艺的要求，其容量应当与生产的批量相适应，避免设备长期超负荷运转。

（3）设备的结构与设备的清洁有直接关系，与物料直接接触的部位应有利于物料的流动、位移、反应、交换及清洗等，表面应尽量光滑、平整、没有死角、便于清洗。对于不易清理的生产设备做到有效地警戒标识并独立使用。残留物难以清洗的辅料，为避免交叉污染，应使用专用生产设备。

（4）尽可能选择密闭工艺过程结构设计，避免暴露产生污染和交叉污染。洁净室（区）内使用的设备应尽量密闭，并具有防尘、防微生物污染的功能。

（5）设备的设计应考虑人机工程设计，方便工作人员进行生产、清洗、消毒、灭菌及维修等操作，降低发生人员操作错误的风险。应有足够的维修空间拆装零部件，易损的零件应便于拆装。零部件和安装部位应有清晰的标识，以保证零件安装正确。

（6）设备运行所需的润滑剂或冷却剂应避免与原料、包装材料、中间体或辅料成品直接接触，以免污染产品。应对任何偏离这一要求的做法做出评估，以确保润滑剂或冷却剂等对各种物料的适用性无不良影响。若接触不可避免，应当至少使用食品级的润滑剂或冷却剂。

2.设备的维修保养

生产设备的维修主要可分为预防性维修保养和设备故障维修两个方面。

（1）预防性维修保养　设备预防性维修保养是根据设备的运转周期和使用频率，提前确认设备的状况，在未发生故障时有计划地进行一系列维修操作。预防性维修保养的主要目的是使设备经常保持整齐、清洁、润滑、安全，以保证设备的使用性能，防止出现设备污染或故障，影响产品质量和生产进度。

设备预防性维修保养计划内容包括：设备名称、设备编号、负责部门或人员、具体维修内容和每个维修项目的周期。预防性维修保养计划的周期应根据设备的用途、经验、风险评估、设备供应商的建议等来确定，不同的设备、不同的维修项目可以设定不同的维修保养周期。新的设备引进时或在使用设备发生变更时，应当对设备性能分析评估，根据评估结果制定或修改预防性维修保养计划和内容。设备预防性维修保养计划的制定或修订完成后，经质量部批准后实施。

当出现未按照批准的预防性维修保养计划执行的情况时，应根据偏差或异常事件的处理流程进行适当的调查、评估，并在必要时采取适当的纠正或预防措施。

每个生产设备建立维护保养记录，列明设备位置、设备编号、设备名称、型号规格、设备级别（如关键设备、一般设备）、保养的具体项目。应记录保养的人员、日期、用时、保养实施的结果、设备试运行的结果以及发现的问题和建议等。工作结果应及时报质量部审核，同时经过设备拥有部门的认可，由专人验收。

（2）设备故障维修　当设备在运行中出现故障或发现存在故障隐患时采取的纠正性措施，叫作故障维修。主要包括维修或备件更换等活动，故障维修应按照批准的流程执行。关键的生产设备发生故障会对产品质量产生影响，应按照偏差的管理流程上报，经相关部门分析后，确定对产品造成的影响及对产品的处理。设备维修应填写维修申请单或类似文件的申请，经批准后实施。

设备维修时应注意与物料隔离，防止润滑剂和零部件等异物污染物料。维修完成后，应进行必要的清洁，例如清除润滑油残留物、微生物污染等，确保维修活动不会对后续的生产操作及产品质量产生影响。设备经过重大维修后，由于检修、调整、迁移或其他原因，可能对设备的安装状况、主要技术指标和功能有影响，应根据需要，进行再确认，尤其是对设备性能相关的项目，符合要求后方可用于生产。

维修工作完成后，执行人员应按照文件记录管理的要求，清晰、准确、完整、如实地填写维修记录上规定地项目，特别要对发现的问题和实施的维修进行详细的说明。维修记录应包括：故障的原因描述、故障处理内容、备件和材料使用情况、维修工作的执行时间记录，以及系统、设备状况参数。维修历史记录可帮助设备管理部门和使用部门了解设备运行情况，及时调整设备的预防性维修内容及维护周期等，使设备达到更好的状态。

3.设备计量

计量工作是保证产品质量的重要手段。企业应建立计量管理体系，依据体系指导并开展企业内的计量校准工作的实施，应设专门的部门和人员管理并执行计量工作，应建立计量管理规程、校准台账计划、校准操作程序、校准记录表、偏差处理和变更控制流程等。相关计划、记录和偏差处理的记录应予以保存。

根据计量管理的基本原则，参照《中华人民共和国强制检定的工作器具目录》以"直接用于贸易结算、安全防护、医疗卫生、环境监测方面的工作计量器具，以及涉及上述四个方面用于执法监督的工作计量器具必须实行强制检定"。企业应结合实际情况，按照仪器仪表的可靠性和使用设备的重要性确定分类和校验周期，指导企业内计量校验工作的实施，设立建校验管理规程、校验操作规程、校验记录、检验台账等。

校验的操作规程应与国家的相应计量规程要求一致，并按规程进行校验。校验记录应标明所用计量标准器具的名称、编号、校验有效期和计量合格证明编号，确保记录的可追溯性。

企业应对关键的仪表进行严格控制，而不是无差别的对待生产场所的所有仪表。应根据产品的预定用途、工艺特点和质量要求适当地定义关键仪表及其校验要求。

计量仪表的校验周期管理的关键是要保证生产过程的关键参数和控制点得到有效的测量和控制，并应进行回顾。

校验的量程范围应涵盖实际生产和检验的使用范围。应当使用标准计量器具进行校准，且所用标准计量器具应当符合国家有关规定。校验标准应能够溯源到法定标准。

不得使用未经校准、超过校准有效期、失准的衡器、量具、仪表以及用于记录和控制的设备、仪器。应建立程序确保不符合校验标准的计量仪表不被使用。

4.水系统

辅料生产用水应适合其预定用途，工艺用水至少应满足饮用水的质量要求。如果饮用水不足以保证辅料质量，或者需要求更严格的水质规格，如纯化水，则应采取适当的控制措施和制定合适的质量标准，纯化水应符合现行版《中国药典》的质量标准。

（1）纯化水的水处理设备及输送系统的设计、安装和维护应能确保纯化水达到设定的质量标准。水处理设备的运行不得超出其设计能力。

（2）纯化水的储罐和输送管道所用的材料应无毒、耐腐蚀，储罐的通气口应安装不脱落纤维的疏水性除菌滤器，管道的设计和安装应避免死角、盲管；纯化水系统的运行须考虑到管道分配系统的定期清洁和消毒。

（3）纯化水的生产、储存和输送系统应进行适当的设计、安装、试运行、验证和维护，以保证合格纯化水的稳定生产。水的生产应不得超出纯化水系统的设计生产能力。应按照能防止微生物、化学或物理污染（如灰尘）的工艺进行水的生产、储存和输送分配。

（4）纯化水系统的设计、安装、试运行和验证完毕以后，对该系统的使用以及任何计划外的维护或改装工作都需事先得到 QA 部门的批准才能进行。应对纯化水及原水水质进行定期检测，并有相应的记录；同时制水系统的日常管理应包括运行、维修，它对验证及正常使用关系极大，所以应建立监控（包括适用点的检测，取样频次）、预修计划，以确保水系统的运行始终处于受控状态。要定期对水源和处理过的水进行化学、微生物等污染物的质量监测。还应对水的纯化、储存和分配系统的运转情况进行监测。监测结果以及采取的任何措施都要进行记录，并保存一定的期限。

第二节　国内外行业协会颁布的指南审核要点

行业协会名称	对机构与其职责的要求
江苏省医药包装药用辅料协会（SPPEA）	第三十条　辅料生产、加工、包装、检验和储存的设备，其设计、安装应有利于操作、清洁、保养、维护和纠正。设备的设计应能将操作人员直接接触所导致的污染降低到最低程度。生产宜使用密闭设备，管道可以安置于室外；使用敞口设备或开口设备操作时，应当有避免污染的措施。可能影响质量的设备，使用前应经过确认以确保其满足预期要求。关键设备的使用、清洁和维护应予以记录。设备的状态应予以识别 第三十一条　生产用设备与物料接触的表面应光滑、平整，不与物料起化学反应、不发生吸附或吸着作用，易于清洁或灭菌

行业协会名称	对机构与其职责的要求
江苏省医药包装药用辅料协会（SPPEA）	第三十二条　使用同一设备生产多种药用辅料品种的，应当说明设备可以共用的合理性，并有防止交叉污染的措施。对残留物难以清洁的辅料，应使用专用生产设备或部件。含有可移动部件的设备，应该对其密封件的完整性和包装的整体性进行评估，以便控制污染风险 第三十三条　应采取措施避免设备运行所需的润滑剂或冷却剂与原料、包装材料、中间体或辅料成品直接接触，不可避免时，所用润滑剂或冷却剂至少应符合食品级用要求。当任何偏离上述要求的情况发生时，应当进行评估和恰当处理，保证对产品的质量和用途无不良影响 第三十四条　应标明与设备连接的主要固定管道内物料的名称和流向 第三十五条　设备清洁应符合以下要求： 1.同一设备连续生产同一辅料或阶段性生产连续数个批次时，宜间隔适当的时间对设备进行清洁，防止污染物（如降解产物、微生物）的累积。如有影响辅料质量的残留物，更换批次时，必须对设备进行彻底的清洁 2.非专用设备更换品种生产前，必须对设备（特别是从粗品精制开始的非专用设备）进行彻底的清洁，防止交叉污染 3.对残留物的可接受标准、清洁操作规程和清洁剂的选择，应当有明确规定并说明理由 第三十六条　企业应有定期检定关键仪器设备的计划和规程。应根据计划和规程对关键的计量、监测设备，包括实验室测试仪器以及中间控制仪器进行检定。衡器、量具、仪表、用于记录和控制的设备以及仪器应当有明显的标识，标明其检定有效期。不得使用超过检定有效期、达不到设定标准的仪器和设备。检定标准应能溯源至法定标准。校准和检查活动应当有相关记录保存 第三十七条　应建立并执行辅料生产、加工、包装、检验、储存所用关键设备（包括工器具）的维修保养规程。这些记录的形式可以是日志、电脑数据库或者其他适当的文件记录。维修保养记录至少应包括以下内容： 　1.维修保养的详细说明及实施维修人员 　2.设备维修保养前后生产的品种和批号 第三十八条　应对可能影响辅料质量的电脑系统有足够的控制如操作、维护、备份或存档、灾难性恢复建立文件等，并防止对电脑软件、硬件或数据进行未经授权的使用或更改，其中包括：显示设备以及软件按要求运作的系统和程序；在适当时间间隔里检查设备的程序；保留适当的备份或档案系统，比如程序和文件的副本，确保对变更进行验证和书面记录，并且只由授权人员执行 第三十九条　应对使用于物料的生产、储存或传送，并且可能影响辅料质量的公用设施（如氮气、压缩空气以及蒸汽等）进行评估，同

行业协会名称	对机构与其职责的要求
江苏省医药包装药用辅料协会（SPPEA）	时采取适当措施控制污染和交叉污染的风险 第四十条 水处理及其配套系统的设计、安装和维护应能确保供水达到设定的标准，并形成文件，按照其设计用途监控其质量特性。除非另有说明，工艺用水最低限度应该满足饮用水的质量要求。如果饮用水不足以保证辅料质量，或者需要求更严格的水质规格，则应采取适当的控制措施和确定规格标准，如纯化水质量标准
中国药用辅料发展联盟（CPEC）	应有标准操作程序来批准生产和实验设备的变更 应有完善的实验设备来完成必需的测试
国际药用辅料协会（IPEC）	位于外部的设备：对于在洁净区外部设备上的操作，应尽可能使用封闭的系统 多用途设备：如果设备不是专用的，应有一套标准清洗规程，并记录设备清洁和使用状态；应有验证支持，对于非专用的设备，清洁程序是有效的 设备保养：定期检修和保养的记录应保存；设备使用前后的记录应保存 设备构造：设备与产品接触的部分应是惰性的，没有吸附性，并且不会对产品产生不利影响

【指南审核要点】

1. 设备的设计、选型、安装、改造和维护是否符合预定用途，是否便于操作、清洁、维护保养，以及必要时进行的消毒或灭菌。

2. 敞口设备或是打开设备操作，是否制定相应避免污染措施，如清洁、维护保养程序。

3. 设备材质是否易生锈、发霉、产生脱落物，设备内表面是否光滑平整，便于清洁，不得吸附和污染辅料。

4. 设备是否安装在适宜位置，是否遮挡回风口，是否便于设备生产操作、清洗、消毒及灭菌、维护，需清洗和灭菌的零部件是否易于拆装。根据生产工艺要求，查看设备是否具备必要的密封性、空气过滤设施等。

5. 查看生产设备是否在生产工艺规定的参数范围内运行。

6. 检查设备文件是否有关于状态标识的规定

7. 检查现场，生产设备是否有状态标识，标识的内容、样式是否符合规定，标识是否明显。

8. 连接设备的主要规定管道内物料名称和流向是否有标识。

9. 查看设备文件有关设备清洗、消毒或灭菌的方法和周期，不能移动的设备是否有在线清洗的设施。

10. 是否按书面规程对设备进行良好地清洗和清洁。

11. 对残留物难以清洗的辅料，是否配备了专用生产设备。

12. 非专用设备更换品种生产前是否对设备进行彻底的清洁，防止交叉污染。

13. 企业是否根据设备的设计参数、性能、验证结果等制定了设备维修保养操作规程，规定设备的维修保养要求。

14. 设备的维护、保养、清洗是否有书面的时间表。

15. 查看企业预防性维护计划，以及维修保养记录，是否按计划执行。

维护保养记录是否至少包括以下内容：

（1）维修保养的详细说明及实施维修人员。

（2）设备维修保养前后生产的品种和批号。

16. 查看企业是否有设备改造或重大维修，发生的变更是否经过确认，符合要求后再批准用于生产。

17. 设备维护是否使用润滑剂和（或）冷却剂，如使用，润滑剂和（或）冷却剂是否符合食用级要求。

18. 检查设备使用的润滑剂或冷却剂是否有污染产品的风险。

19. 是否建立关键仪器设备的计量和校验规程。

20. 现场检查是否有达不到设定标准的仪器和设备投入使用。

21. 仪器设备的校验标准是否能溯源至法定标准。

22. 设备与计量仪器是否有专人管理，是否建立管理台账。

23. 现场依据校验计划抽样核对仪器设备的校验台账和校验记录。

24. 现场检查仪器设备贴有在有效期内的校验标识，校验标识是否清晰可辨。

25. 水处理及其配套系统的设计、安装和维护是否能达到设定的标准。

26. 辅料工艺用水是否适合产品生产用途，辅料用水至少应采用饮用水。

27. 是否按规定定期进行水质监测，监测周期和项目应与文件相符，并有记录。

28. 是否有水的取样操作规程，规程内容应包括使用点图、取样点、取样频率、取样方法、监测项目及方法、质量标准。

第三节　药用辅料生产企业在具体实施中的案例

生产设备维护管理

案例一　某辅料生产企业设备管理制度

1. 认真执行设备管理的各项制度、规定，保证公司设备管理符合药用辅料 GMP 要求。

2. 保证公司生产设备达到良好的技术状态，为提高产品质量、降低成本、节约能源、保护环境创造条件。

3. 设备备品、备件应与维护保养相结合，合理储备。

4. 坚持修理与改造更新相结合，不断改善设备状况，以获得最高的设备效率。

5. 设备设计购买应符合药用辅料 GMP 要求，其内表面应光滑平整、耐腐蚀、耐清洁消毒，性质稳定，不与物料和产品发生反应。设备应结构简捷，操作维修方便，容易清洁。

6. 设备的安装应按要求进行，其基础应稳固。

7. 设备的维修应防止产生污染，维修应有记录。

8. 设备生产操作应严格按操作规程进行，使用后应及时清洁。

案例二　某辅料生产企业设备维护保养规程

1. 设备的检查、保养、维修，应由设备操作人员和设备维修人员共同协调做好这项工作。每台设备应规定明确的保养管理负责人。

2. 对设备定期进行巡回检查，认真对设备的声音、压力、温度、润滑、冷却系统、仪表灵敏度、紧固件、动静密封点、安全装置等各方面进行检查。

3. 设备维护保养工作

（1）设备紧固件的调整。

（2）安全附件及仪表系统的调整。

（3）传动装置的调整。

（4）磨损及腐蚀零件的修理更换。

（5）及时调整密封件与填料。

（6）定时定量加油，保持运转部位的润滑。

（7）发现电气系统有异常或故障时，立即与电工联系，及时修复。

4.设备的维护保养应记录。

设备设计和建造

案例一 某药用辅料生产企业的设备管理

该企业设备管理包括设备的选型、采购（或设计、加工）、调试、验证、运行、使用等（图1）。

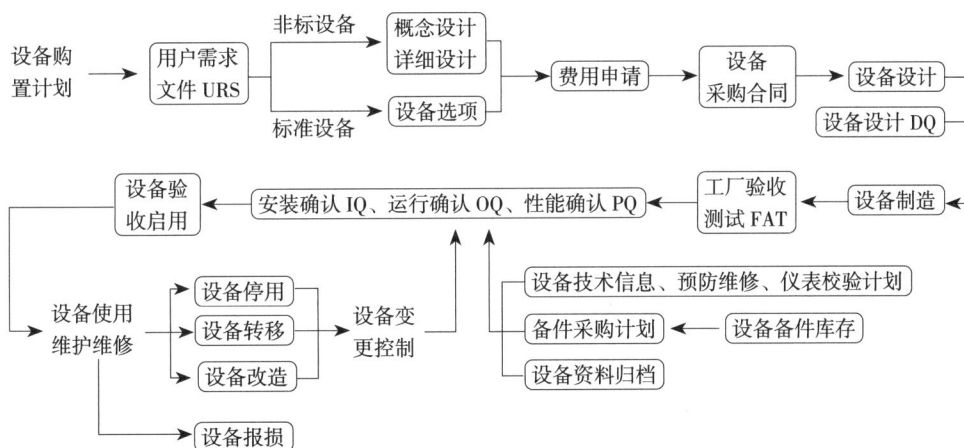

图1 设备生命周期管理流程图示例

案例二 某药用辅料企业的设备润滑管理制度

1.目的

建立设备润滑管理制度。

2.范围

设备润滑管理。

3.责任

生产车间操作人员、设备维修人员负责按照设备润滑管理制度进行操作。

4.内容

（1）为确保设备运行正常，延长设备的使用寿命，由工程设备部设备管理人员负责建立设备润滑油添加台账，并发放至各使用部门。台账内容包括：使用部门、设备名称、设备编号、润滑部位、润滑油规格、润滑方法、用量、润滑日期等。

（2）设备在选择润滑油时应先考虑润滑油是否会接触物料，尽可能使用食用级或级别相当的润滑剂，所选用的润滑油不得对辅料或设备容器造成污染。

（3）对于添加润滑油的量由工程设备部设备管理人员根据设备特性和工艺要求经评估后确定，在不影响润滑性能的情况下，应减少润滑油的品种，以利管理。

（4）使用部门应按设备润滑油台账中规定的部位、规格、用量及添加周期添加润滑油，并及时记录。

（5）新购入油品，应随附质量保证书，不同种类及牌号的润滑油要分别存放，写上标记。对新购买的食品级润滑油要求每次都向供应商索取润滑油的 TSE/BSE 证明，并由工程部门存档保管。

（6）设备（装置）的润滑系统部件应齐全好用，管道畅通，不漏不渗。如发现有跑冒滴漏外渗等不良现象，应及时通知工程设备部检修。

（7）设备润滑油添加台账编码规则　由工程设备部设备管理人员对设备润滑油添加台账进行编码，编码规则为：车间名称加 RH—001，RH 代表润滑，001为版本号第一版。由工程设备部设备管理人员将最新版的设备润滑油添加台账发放至各使用部门，收回过期的老版本，并建立发放记录。

设备维护保养

案例一　某药用辅料生产企业生产用设备及器具清洗规程

1. 目的

建立药用辅料车间生产设备及器具清洗规程，消除残留污染隐患，确保生产安全。

2. 范围

药用辅料车间生产用设备及器具的清洗。

3. 责任

药用辅料车间负责人、生产操作人员、质量监督员。

4. 内容

（1）清洁时间

日常清洁为每次生产完成后 2 小时内完成清洁。

日常清洁一个清洁有效期为三天。

（2）清洁工具　毛刷、毛巾。

（3）清洁剂　饮用水、纯化水。

（4）消毒剂　75%乙醇。

（5）清洗方法　如表1~表4所示。

表1　投料工序（一般生产区）

设备名称	设备编号	清洗方法
投料站	QT0109	内部：清理投料斗至目测无污染物 外部：用洁净的毛巾擦拭投料站外部至无粉尘

表2　胶化工序（一般生产区）

设备名称	设备编号	清洗方法
双螺杆挤出机	QT0309	内部：清理双螺杆挤出机内部及进出料口至目测无污染物 外部：用洁净的毛巾擦拭至目测无残留粉尘
风冷输送带	YS0109	内外部：用洁净的毛巾擦拭至目测无残留粉尘

表3　粉碎工序（一般生产区）

设备名称	设备编号	清洗方法
高效粉碎机组	FS0109	外部：用洁净的毛巾擦拭粉碎机主机、料斗至目测无残留粉尘
吸尘微粉碎机组	FS0209	外部：用洁净的毛巾擦拭粉碎机主机、喂料机、料斗至目测无残留粉尘
暂存罐	CC0209 CC0309	外部：用洁净的毛巾擦拭至目测无残留粉尘

表4　混合、包装工序（D级洁净区）

设备名称	设备编号	清洗方法
单锥混合器	HH0109	内部：开启在线气洗，冲洗15分钟 外部：用洁净的毛巾擦拭至目测无残留粉尘
超声波筛分机	SF0109	内部：启动超声波筛粉机3~5分钟，利用其振动频率排尽筛内的粉体至目视无残留 外部：用洁净的毛巾擦拭盖、圈、底座外部至无粉尘

（6）清洗完毕后，填写设备清洁记录，经 QA 检查员检查合格后挂上"已清洁"状态牌。

（7）清洁效果评价　检查内外表面设备无可见污物黏附。

（8）洁具清洗及存放　按清洁工具清洁管理制度和各类清洁工具清洁、消毒规程将洁具清洗干净后，放入洁具存放室，待下一班使用。

案例二　某药用辅料生产企业状态标志牌管理

1. 目的

建立生产状态牌的管理制度。

2. 范围

生产状态牌的管理。

3. 责任

全体生产人员按此制度进行状态标志牌的管理。

4. 内容

（1）每一生产操作间或生产用设备、容器应有所生产的产品或物料的名称、批号、数量等状态标志。

（2）车间及岗位设备应有明显的状态标志。

1）正在生产的设备应将设备铭牌上的卡牌更换成"运行"和"设备完好"，同时需要悬挂生产工序状态标志，要表明品名、批号、数量、班次、设备编号等内容。

2）生产使用结束后的设备应将设备铭牌上的"运行"卡牌更换成"待清洁"或"清洁待用"，同时需要悬挂卫生状态标志，要表明清场日期、设备编号、有效期、清场人、检查人。

3）对待修设备应将设备铭牌上的"设备完好"卡牌更换成"待检修"，同时需要悬挂维修状态标志，要标明维修设备名称、设备编号、故障情况、故障日期、记录人。

4）不合格或不使用的设备应搬出生产区，未搬出前应有"暂停使用"状态标志，要标明停用设备名称、设备编号、停用原因、停用日期、记录人。

（3）车间中间站的原辅材料应标明品名、批号、数量等内容。

（4）车间各操作室和各岗位清场卫生情况也必须有状态标志，清场合格的由 QA 发放清场合格证，并挂合格牌，相反则发不合格证，挂不合格牌。

案例三 某药用辅料生产企业设备维护、保养与故障管理制度

1. 目的

建立设备维护、保养与故障处理制度。

2. 范围

设备的维护、保养与故障处理。

3. 责任

生产制造部、工程设备部、各车间操作人员、设备维修人员负责按照设备维护、保养与故障管理制度进行操作。

4. 内容

（1）操作人员必须严格遵守设备操作规程，并对设备做到"四懂三会"（即懂结构、懂原理、懂性能、懂用途；会使用、会维护保养、会排除故障）。

（2）设备维护、保养按岗位实行包机负责制，做到每台设备仪器、每只仪表、每个阀门、每条管线都要专人维护保养。工程设备部要做好设备台账和设备档案。

（3）每台设备都有铭牌，并要求写明部门设备名称、型号、规格、设备编号、责任人姓名等。

压力容器按《压力容器的操作制度》执行。

（4）新工人上岗前先必须进行技术培训，经公司统一考试合格后上岗独立操作。精密仪器、锅炉、电工、电焊工等操作人员要保持相对稳定，并有专业操作证。

（5）操作人员必须做好下列主要工作。

1）严格按操作规程进行设备的启动。运行和停车，严禁超温、超压、超负荷运行。

2）必须坚守本职岗位，严格执行巡回检查制度和听、摸、看、擦、比五字操作法，认真填写设备运行记录。

3）按设备润滑制度规定，做好设备润滑工作。

4）保持设备整洁，及时消除跑、冒、滴、漏。

（6）操作人员必须认真把设备运行故障、隐患等情况写在交接班记录上，并与接班人交接清楚。

1）接班人有以下权利：

• 对设备运行状况不清不接；

- 对设备故障及隐患记录不清不接；

- 对岗位工作、器具不全的原因不清不接；

- 对岗位工作、器具堆放不整齐，设备及环境卫生不好不接；

- 对已发生的事故原因不明，又无安全人员签字不接。

2）发现以上情况，接班人必须立即向车间领导反映。

（7）维修工人应做到：

1）随时巡回检查，主动向操作工了解设备运行情况；

2）发现缺陷及时消除，不能立即消除的缺陷，要详细记录、及时上报，并结合设备检修予以消除；

3）设备发生故障时，维修人员需对整体设备进行检查，排除其他生产安全隐患；

4）按质按量完成维修任务。

（8）车间负责人应对设备维护保养制度贯彻执行情况进行监督检查，认真总结操作和维修工人的维护保养经验，改进设备管理工作。

（9）未经工程设备部批准，不得将配套设备拆件使用。

设备计量

案例一　某药用辅料生产企业计量器具管理

1. 目的

建立计量器具管理制度，保证计量器具使用、维护均在校验有效期内。

2. 范围

公司内计量器具的管理。

3. 责任

工程设备负责按照计量器具管理制度进行操作。

4. 内容

（1）公司计量主管负责本公司计量器具的采购、校验等工作。

（2）本公司所有计量器具必须统一编号、入册、建立 G00E2002-P03《计量器具台账》。计量器具需经第三方检定合格后，方可使用。计量器具送第三方检定时，应选择合适的检定项目、测量范围，确保与计量器具实际使用条件相一致；经检定的校准证书应由工程设备部先行确认，核对证书编号与计量器具编号，确认检定项目、测量范围与计量器具实际使用条件相一致，并在证书上签名，然后将证书交质量保证部进行审核并签名。审核完成后由工程设备部在计量器具上贴上合格证，合格证上写明器具编号及有效日期。检定证书由工程设备部存档保管。

（3）新购入的计量器具必须检定合格后方可进库，领用计量器具经计量人员登记后方可使用。领用时需填写G00E2002-P01《计量器具领用登记表》。

（4）计量器具使用过程中需更新、报废时，应及时填写G00E2002-P02《计量设备降级、报废申报表》。

（5）计量器具在检定周期内如怀疑失准，应及时送检。

（6）计量器具在使用过程中要按其性能做好日常维护工作，如防尘、防震、防霉、防潮等。

（7）确保校验范围涵盖日常使用的工艺范围。

案例二 某辅料生产企业计量（仪器、仪表、计量器具）管理制度

1.各部门校验仪器、仪表、计量器具由分管领导审批后，安全环保部负责联系计量单位校准、检定。

2.各部建立计量器具登记台账，确定校验周期，保留检定、校准证书复印件。以保证证书与器物相符。

除另有规定外，各类检验仪器、电子秤、温度表检验周期为1年，压力表强制检定周期为半年。

3.检定、校准证书原件安全环保部收存、备查。

4.操作人员应熟悉相应的操作技能和维护保养知识。非操作人员不准乱动，乱调。

5.计量器具应放在规定位置，不得随便移动，以免损害仪器的准确性。

6.化验室使用的精密仪器应安装在安静、防潮、防震、防尘专用室内，并有护罩。实行专人操作、专人维护、专人保管。

7.用电的计量器具，使用后及时切断计量器具的电源。

8.计量（仪器、仪表、计量器具）有下列情况之一，可批准报废。

（1）计量（仪器、仪表、计量器具）属国家淘汰型号不能使用的。

（2）随主机报废已无使用价值的。

（3）在使用中已不能满足计量监测要求，从经济上、技术上无修理价值的。

（4）因保管不善或违反操作规程使用造成计量器具（仪器、仪表）不可修

复的。

9. 计量器具使用后，及时清洗器具并做好防酸、防碱、防震动、防尘工作，保持设备清洁干燥。

水系统

案例一　某药用辅料生产企业纯化水管理

1. 目的

制定纯化水设施的管理规程，规范纯化水设计、施工及使用维护符合 GMP 要求。

2. 范围

适用于公司生产所用纯化水管理。

3. 职责

（1）工程部　操作人员对本规程的实施负责。

（2）质量部 QA、工程部负责人负责审核监督。

4. 内容

（1）定义　饮用水：以天然水经净化处理所得，并由当地市政供水管网集中供给作为纯化水制备原水的生活用水。

纯化水：以饮用水为水源，经反渗透、电渗析、离子交换等方法处理制得的水。

（2）系统的设计建造要求

1）根据使用需求及药典、GMP 的要求拟定 URS。

2）设备供应商根据 URS 进行系统设计，应符合药典及规范的要求，并响应 URS。

3）建造材料要求

• 纯化水预处理系统可以使用耐蚀材料如 SS304，二级反渗透出水以后均需使用 SS316L 材料。

• 管道、阀门及容器内表面接触产品水的表面应抛光处理，其表面粗糙度 Ra ≤ 0.6μm。

• 除 4.2.3.1 项规定外，其余所有接触纯化水的材料均不得脱落或有水解现象，并可以耐化学清洗和高温消毒灭菌，如采用硅胶或 EPDM、PTFE 制药级材料。

• 纯化水系统应使用卫生隔膜阀。

（3）分配系统要求

1）纯化水分配系统应该是循环的。

2）储罐一般为立式，可排尽余水，配备自动清洗装置，罐顶部安装不脱落纤维的疏水性除菌滤器，储罐呼吸器滤芯应在安装使用前、更换滤芯后和每季度做完整性测试，根据检测结果或使用周期（六个月）来更换滤芯。

3）不锈钢管道安装应采用自动氩弧焊机，并抽取其中的20%做内窥镜检测。

4）分配系统分支安装按3D标准，即长度不得超过3倍支管管径；水平管道安装需有不低于0.5%的斜度，以保证能排尽余水；管道安装后需进行试压检漏、清洗钝化处理。

5）系统具备消毒装置，如纯化水系统可采用80℃以上巴氏消毒1小时以上；换热器需采用双端板结构，以避免水质被二次污染。

（4）系统检测

1）系统有就地仪表显示泵出口压力，回水口安装在线电导仪监测电导率，当回水电导率超过设定值时即不进储罐而排去；安装温度计显示回水温度，可以在消毒时检测温度是否符合规定；安装流量计检测回水流量，并与分配泵联动，以控制回水流速符合规定。

2）操作人员每2小时取样检测一次，具体依据纯化水系统操作规程执行。

3）按SMP—QA—0016《工艺用水监测管理制度》对纯化水质量进行监控，各取样点见附件1。

（5）纯化水系统流程工艺图（图2）

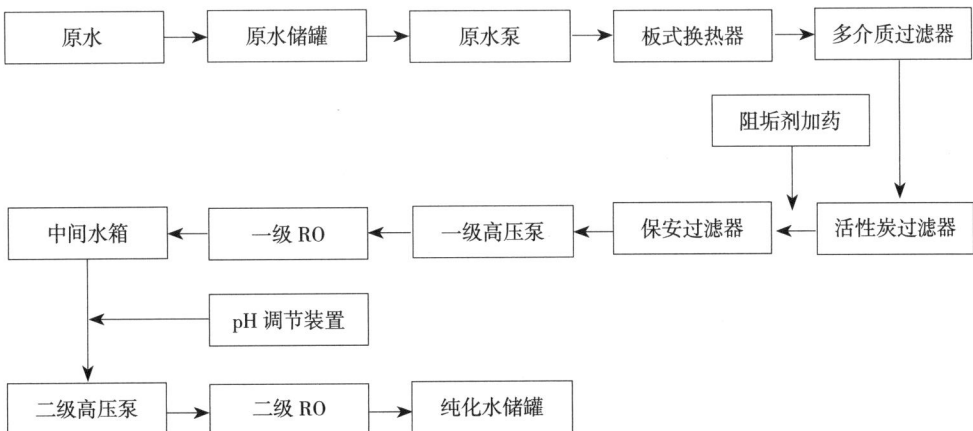

图2　纯化水系统流程工艺图

（6）纯化水制备系统要求

1）原水预处理系统应配备消毒装置，用于活性炭过滤器的巴氏消毒；配备阻垢剂加药装置以降低水的硬度，避免 RO 膜的结垢。

2）反渗透单元配有以下检测仪表：在线电导率仪、现场显示压力表，采用卫生级隔膜压力表，所有与产品水接触的仪表接头盲管均需符合 3D 要求，不对纯水水质产生二次污染。

（7）消毒周期　在下列情况下，须对活性炭过滤器、储罐及分配系统进行消毒。

1）在正常运行状态下，活性炭过滤器 28 天消毒一次，纯化水储罐及分配系统 28 天消毒一次，消毒前应通知车间，以防不合格水进入车间和误开阀门高温水引发烫伤。

2）消毒期间及时填写相对应各纯化水机组记录。

3）工作日保持纯化水在分配系统内 24 小时循环；若分配系统因某些原因（如停电、更换配件等）停止运行在 4 小时之内的，重新启动分配系统，回水流量达到正常设定值后正常用水；若分配系统停止运行时间超过 4 小时不超过 3 天时，排尽储罐中余水，然后重新制水；若分配系统停止运行超过 3 天，重新启用时，则对分配系统进行巴氏消毒后将储罐内水排尽，然后重新制水，对二级 RO、总送和总回取样点连续三天取样检测。

（8）反渗透装置在停用时间较长时，膜组件内应加入保护液，一般聚酰胺复合膜使用的保护液如下。

1）亚硫酸氢钠：浓度为 1% 作为膜组件的保护液，比较常用。

2）保护液需用纯化水配制。

3）加入保护液后系统重新运行前需对反渗透系统进行冲洗，在淡水排放阀打开状态下，运行反渗透系统直至出水清洁、无泡沫或无清洁剂（通常约需 15~30 分钟），出水的电导率和 pH 值与冲洗回水的电导率和 pH 值一致。

4）反渗透装置停用时，一般采用每天低压冲洗或短暂运行方式保护，保护液原则上不适用。

（9）系统运行中，若测得纯化水微生物的数量超过警戒限或纠偏限，按 SMP—QA—0016《工艺用水监测管理制度》规定执行。

（10）系统运行中要加强巡视，检查系统仪表如压力表、流量计、电导仪的显示值是否正常，检查自控情况，做好各纯化水机组运行检测记录。

（11）每班生产结束，用抹布及饮用水擦洗储罐及设备外表面，确保设备外面光洁无水渍、污物，用拖把及饮用水冲洗地面，确保地面无积水、无污物。

（12）纯化水编号的管理　编号原则：PW 厂房 - 楼层＋用点顺序号，如

PW1-21 代表 1 号楼 2 层第一个纯化水监测点。

（13）纯化水过滤器状态标识管理

1）纯化水制备系统保安过滤器滤芯过滤更换后应悬挂 SMP-ME-0005-1《纯化水保安过滤器滤芯使用标识》，以方便到期后及时更换。

2）纯化水储罐呼吸器滤芯更换后应悬挂 SMP-ME-0005-2《纯化水储罐呼吸器滤芯使用标识》，以方便到期后及时更换。

案例二　某辅料生产企业纯化水系统管理制度

1. 在纯化水系统中，应制定排水点、用水点、取样点、清洁点。

2. 制定《纯化水系统操作维护保养规程》《纯化水贮罐及管道灭菌操作规程》《纯化水制备岗位检验操作规程》。

3. 纯化水的储罐及输送管道所用的材料应无毒，应使用耐腐蚀的工程塑料或不锈钢材料制造。

4. 原水的余氯应 ≤ 0.1ppm，pH 值在 6.0~7.5 之间。

5. 微生物学检验，各项理化指标每周检查一次。

6. 做好纯化水操作记录，清洁、消毒记录、维修记录。

7. 制水岗位操作人员应及时添加阻垢剂，定期对制水设备预清洗及反渗透膜清洗。

8. 设备管理员对各项记录、是否添加阻垢剂、是否定期清洗进行监督。

检测设备

案例一　某辅料生产企业检验用仪器、设备管理制度

1. 检验仪器、设备应登记、造册存档，应记录仪器、设备名称、型号、生产厂商名称、出厂日期、启用日期、维护人、校验日期、有效期至、公司内部的固定资产设备编号及安装地点。

2. 所有仪器、设备安装使用前应检查并记录仪器、设备是否符合厂方规定的规格标准；检查并确保该仪器、设备的使用说明书、维修保养手册和备件齐全；检查安装是否恰当，电路及管路连接是否符合要求。

3. 精密分析仪器，必须置于恒温、恒湿、防震、防尘及避光条件或仪器规定条件下安放使用，并由专人负责保管维护。

4. 所有仪器、设备应制定详细完善的仪器操作规程，操作人员应先熟悉仪器、设备性能后才能进行操作，并应严格按照仪器操作规程进行操作。其维护应由专人负责。

5. 仪器、设备出现故障时，应由化验室主管提出维修申请，报请部门经理，经批准后方可进行维修。

6. 在仪器设备操作或实验过程中出现意外停电、供电不稳等紧急情况时，实验人员应采取紧急措施，关闭仪器电源开关，检查仪器是否处于安全状态，并通知化验室主管或者设备维修部门检查。待仪器设备正常运行之后再重新处理样品。稳定性试验箱停电5分钟后应启动偏差调查。

7. 维修人员必须是专业人员，最好是生产厂家的专业技术人员。其他任何人未经批准不可擅动仪器。维修完毕，由维修人员填写维护保养记录，并存入仪器档案。

8. 操作人员使用仪器、设备完毕后，应如实填写使用记录，并进行清场工作后才可离去。

9. 各种仪器、设备，除另有规定外，每年至少应校验一次，校验合格后方可使用。检验仪器、设备在必要时应进行验证，以确定其性能适合检验的需要。

（1）校验要填写详细记录。

（2）容量玻璃仪器应每三年进行校验一次，碱式滴定管应每年校验一次；容量玻璃仪器应备用一套经省计量监督局校验过的；其他玻璃仪器可对照进行校验；校验合格后贴上合格证或刻上合格标志后方可使用。

（3）温度计应备有一套经省计量监督局校验过的标准温度计，其他未校验过的温度计每季度应用标准温度计校验一次，合格后方可使用。

（4）分析天平等精密分析仪器应由省、市级计量部门或有第三方计量公司负责校验，校验周期为计量部门所定周期。

（5）需要省、市计量部门或第三方计量公司帮助校验的，质量保证部应在校验有效期满一个月前向安全环保部提出校验申请，由安全环保部及时联系计量部门进行校验。

（6）干燥器内的无钴变色硅胶每周更换一次，如变色范围超过其1/3，应立即更换。

（7）校验后的检验仪器达不到原始仪器精密度的，可根据校验结果降级为与校验结果相符合的级别，并在相应的仪器上加以标识。

10.定期检查

（1）温湿度计、压差应每天检查两次，并做记录。

（2）灭蝇灯应每月检查两次，并做记录。

（3）有自动定时打印功能的设备应每周至少检查一次打印纸存量，当打印纸存量不足一周的打印量时，应及时添加打印纸。

（4）运行的稳定性试验箱应每周检查一次储水量，低于储水量加水线时，应及时添水并做记录。

（5）每月至少2次对检验仪器进行检查，主要检查内容有：仪器主要部件、通电线路、磨损零件、校验日期等。如发现部件松动、电线断裂或磨损、零件磨损、校验超出限期等，应及时上报化验室主管，严禁擅自处理、拆卸、调整仪器主要部件。

11.设备报警管理

（1）稳定性试验箱　仪器本身自带报警装置，当试验箱温湿度超出设置温度偏差范围时会发出"蜂鸣"报警声，同时向所设置的手机号码发送报警电话或短信。稳定性留样员开、关门放、取样品时开启"消警声"开关，即可消除蜂鸣器报警声和手机短信报警，放、取样品时间不应超过5分钟。结束待试验箱稳定后，必须关闭"消警声"开关，并填写《稳定性试验箱开、关门及报警记录》。

（2）有报警功能的检验仪器，每半年应对报警功能进行一次测试。

（3）没有报警功能的稳定性试验箱和培养箱，应每天早、中、晚观察三次温湿度并做记录。在箱体内放置温湿度计，每次观察时与设备仪表示值进行比对，温度误差不得过 ±2℃，湿度误差不得过5%。温湿度计与设备仪表的示值均不得超过检测要求的温湿度。

12.有温度要求的设备应注明温度要求，并做好标识。标识示例如下：

设备编号：

要求温度：

仪器设置温度：

主要用途：

13.有时间显示的设备，每月对设备的时间以北京时间为准进行校准。

14.有温度设置的设备，使用时的温度应与校验温度保持一致。

案例二　某辅料生产企业检验仪器的常规检查、保养与校正

1. 仪器

化验室的所有仪器必须进行定期检查、保养及校正。

（1）登记　所有仪器均需登记在装订并注明面数的记录本内。

每一仪器均有一登记号，登记内容包括：仪器名称、仪器编号、仪器型号、生产厂家、安放地点、有效期至、日常巡查人、巡查情况。

（2）分类　仪器分下列二类。

1）计量仪器。

2）满足一定要求的计量仪器。

2. 检查范围

每类仪器均须检查下列各项。

（1）仪器功能检查，主要部件的连接，电气接触、地线、旋钮及调节器、面板开关等。

（2）常规测试或按仪器说明书操作仪器。

（3）运转部件的润滑。

（4）清洁。

（5）仪器附件的检查

1）第一类仪器：必须用规定的标准物质对检验仪器进行核对调整。若有可能，须检查试验仪器的重现性和线性。

2）第二类仪器：检查仪器以证实其功能。

3）化验室主任指定专人负责仪器的日常巡查工作。每月巡查一次，巡查的内容按4.2中的常规检查项目进行巡查。巡查内容需记录成册。

案例三　某辅料生产企业药用辅料分析仪器

新建药用辅料分析实验室前，应根据企业所生产的药用辅料所有的检测项目（包括用于药用辅料生产的各原料的检测项目），罗列出分析实验室所需要的分析仪器清单，同时需要考虑公用系统监测以及生产过程控制所需要的分析仪器。

企业是否具备完全的检验能力，是符合性检查过程中重要的环节，在检查之前，监管机构往往也会要求企业提供分析仪器的清单（分析仪器台账），检查的过程中，也往往会依据企业提供的分析仪器清单，随机抽查相关仪器的确认文件、管理规程以及日常使用、维护记录。

仪器清单示例（本台账仅体现部分字段要求，企业可根据实际的需要，增加相关的字段描述）：

仪器编号	仪器名称	仪器用途	负责人	仪器分类	

对于分析仪器，建议企业建立至少两级规程进行管理。

分析仪器管理规程

通用的管理要求，应该体现分析仪器的全生命周期管理（设备识别选型、分类、确认、验证、维护、校准、退役）。对于部分产生电子数据的分析仪器，同时应该考虑电子数据的生命周期管理。

分析仪器管理规程具体的管理要求包括但不限于：

1. 分析仪器编号的要求（确保唯一性），相关的关键仪器编号应体现在后续的检验记录中，形成双向的追溯，确保可以追溯到产生分析结果的仪器信息。

2. 使用日志的要求（检测样品的批次信息、维护和校准）。使用日志通常可内部规定仅针对分类为 B 类及 C 类的设备，分类为 A 类的设备可定义为通用的辅助类的设备，不填写使用日志（表 5）。

备注：对应 SPPEA 药用辅料生产质量管理指南（试行）中第三十条的表述，B 类及 C 类设备可被定义为可能影响质量的设备和关键设备，这类设备也需要考虑对其使用状态进行标识。同时对于仪器产生的数据，也可以进行分类，按照其数据是否会用于关键的质量决策，比如批放行、稳定性、方法验证数据等，来定义仪器的关键程度。

表 5　设备使用日志举例

仪器名称			仪器编号			
使用日期	使用时间	仪器状态	样品名称	批号	测试项目	操作人

3. 通用的仪器安全要求以及厂房设施对仪器的支持（供电、供气、供水、网络等）。分析仪器应当放置于受控的区域，相关的区域应有门禁系统或其他的物

理安全控制措施，以防止无关人员接触分析仪器，影响仪器的确认状态，仪器的公用设施要求通常会在设备的使用手册中体现，在初始的安装确认过程中会对仪器所处的厂房设施条件进行检查。涉及电子数据的，网络基础架构条件允许的情况下，应考虑通过网络方式，将数据备份保存独立于仪器控制电脑之外（比如数据服务器）。在仪器进行安装的时候，也应该同时考虑便于对仪器进行维修和维护，预留维护通道。

4. 清洁要求

应该参考仪器厂家提供的手册中的清洁要求，同时考虑仪器的使用频率以及被测物质的属性，对仪器进行必要的清洁措施，对于部分重复使用的耗材，在使用前应该至少进行目视检查，并通过合理的空白试验消除影响。

5. 变更控制

药用辅料生产企业往往会受到下游药品生产企业的监管，辅料相关的GMP指南对变更的要求适用于分析仪器，同时也可以考虑将仪器变更作为预批准的变更，简化仪器变更的流程，仪器的变更可以分为引入新分析仪器的变更、使用过程中的配置变更以及分析仪器的退役变更（表6）。

6. 超出范围的处理

分析设备从属性上来讲，并不直接与产品生产的工艺相关，但分析设备产生的结果与最终药用辅料产品的检验放行可能会密切相关，所以对于设备产生的结果超出正常范围，应该进行必要的调查。同时，在对设备的定期校准中，如果发现设备超出规定的校准范围，也有必要考虑对历史数据进行回顾，综合设备日常校准的信息，系统适用性检查等信息，评估其产生结果的合理性。

7. 必要的对仪器报警的评估

大型的设备会涉及使用过程中的报警，在操作规程中对于此类异常情况如何进行处理，需要进行定义。

8. 仪器精度和准确度的要求

应根据工艺要求和检测要求，选择恰当精度和准确度的设备，同时企业需要意识到，分析结果的准确是一个系统性的工作，比如《美国药典》〈1058〉分析设备确认中提到，结果的准确程度与以下几个方面密切相关。

9. 仪器分类

分析设备的分类可以从以下几个方面进行考虑（表7、表8）。

表 6　变更示例表

系统信息及影响模块范围	变更编号	

变更分类			
□系统变更	□数据变更	□需求设计变更	□其他变更

变更描述

变更发起人 / 日期	

告知层级

系统负责人是否需要被告知	□需要　□不需要	业务负责人是否需要被告知	□需要　□不需要

变更影响分析

变更行动项及目标完成日期

编号	行动项描述	负责人	目标完成日期

变更协调人审批 / 日期	
QA 审批 / 日期（如需要）	
系统负责人审批 / 日期（如需要）	
业务负责人审批 / 日期（如需要）	
变更协调人关闭变更 / 日期（如需要）	

表7 分析设备分类标准

	A类	B类	C类
数据储存	辅助类的设备，不产生结果	有可能存储校准数据，但不储存最终的结果数据（或储存结果数据，但定义纸质数据为主数据）	分析过程参数存储在设备中，并且产生的分析结果定义电子数据为主数据
数据处理	不涉及数据处理	产生分析结果，但不储存分析结果	产生分析结果，储存分析结果，并有可能涉及分析结果的再处理
配置	没有软件或仅有固件	软件不可修改，仅能进行简单的配置，有可能需要进行校准	软件可进行配置，并且可以保存特定的配置参数，以供反复调用
举例	磁力搅拌器、涡旋振荡器	分析天平、培养箱、熔点仪、马弗炉、pH计、电位滴定仪等	色谱类设备（红外、紫外、HPLC、GC）等

表8 实验室（自动化）仪器及系统分类评估表

实验室（自动化）仪器及系统分类评估表	
仪器|系统名称	
仪器|系统编号	
仪器|系统预期用途	
仪器系统适用区域	□QC □生产 □其他 _____
仪器系统应用范围	□原料、辅料、包材检测 □产品放行 □生产中控 □其他 ___
仪器|系统分类	□A类 □B类 □C类
软件分类	□固件 □仪器控制 □数据采集软件 □数据处理软件 □不适用
仪器（系统）负责人	

10.分析仪器确认的要求

包括设计确认、安装确认、运行确认、性能确认。设计确认的目的是为了提供书面的证明，证明用户需求能够得以满足，或可以通过配置得以满足。

备注：对应SPPEA药用辅料生产质量管理指南（试行）中第五十八条的表述，分析仪器尽管大多数情况下是商用现成的产品，但仍然有必要对可能影响质量的设备和关键设备进行设计确认或简单的设计核实，而设计核实一定需要有对应的标准，这个标准就是用户需求文件。

（1）安装确认　安装确认会对整体的系统架构进行确认，提供必要的设备信息汇总以及描述（包括仪器的厂商、序列号、型号、软件版本等必要的基础信息），确认仪器的交付过程是否有损坏（包括随仪器交付的资料和文件是否齐备），确认设备正常运行所需要的环境、电力、供水、供气、网络等环境是否具备，确认仪器设备是否按标准进行组装，对于仪器进行简单的开机启动自检等非功能性测试，确认仪器安装符合预期的规定。

（2）运行确认　会对仪器的功能进行确认，同时形成追溯文件，证明用户需求中的所有的条款，都已经经过必要的测试，如果涉及数据储存要求的仪器设备，还需要对数据存储进行相关的测试。

（3）性能确认　分析仪器的性能确认某种程度上和运行确认有些类似，采用一些测试物、模拟产品在分析设备上实际运行，以确认系统的性能。需要强调的是，性能确认测试必须和日常测试进行区分。

基于不同的分类结果，可以参考的确认活动如表9所示。

表 9　分析仪器的确认活动分类

活动	类别		
	A	B	C
需求	可能需要	需要	需要
测试追溯	不需要	需要	需要
确认计划	不需要	可能需要	需要
安全管理规程	不需要	可能需要	需要
供应商评估	不需要	可能需要	需要
设计确认	不需要	可能需要	需要
测试计划和报告	不需要	需要	需要
安装确认	可能需要	需要	需要
运行确认	可能需要	需要	需要
性能确认	不需要	可能需要	需要
灾难恢复	不需要	不需要	需要
确认报告	不需要	需要	需要

11. 确认过程中异常情况的处理

确认执行过程中的异常情况，应该区别于质量体系的偏差，因为设备在确认阶段并没有投入实际的使用，也不会产生关键的用于质量决策的数据，具体的异常调查可参见附件。

12. 维护要求

分析仪器应当建立维护相关的操作要求，定期对备件、耗材进行更换，综合考虑设备的使用频率等因素，更换相关的备件、耗材应当有记录，并且更换后对仪器的功能应进行必要的确认。表 10 为某 HPLC 和 GC 设备的维护计划举例。

表 10　设备维护计划举例

名称	内容及频率
气相色谱仪	每周更换进样口隔垫 每周清洗进样针、进样口、卡套 每三天更换 O 型衬管 每三个月更换注射器 每三个月检查取样针 每三个月检查六通阀阀芯 每年更换（顶空）不锈钢接头 每半年更换 GC 分流出口阀 每年更换 GC 分流平板 每年检查传输管线 每三个月清洗 GC 分流平板 每三个月清洗喷嘴、收集板 每六个月检查不锈钢接头 每年清洁分流出口
液相色谱仪	每周更换滤芯 每周清洗主通道，清洁卡套 每三个月更换过滤头 每年更换氘灯 每半年更换转子密封垫 每半年更换定量环 每半年更换主动阀阀芯 每年更换六通阀阀芯 每八年更换比例阀接头 每五年更换进样针底座 每月清洗主动阀阀芯 每六个月清洗清洗六通阀

13. 校准要求

分析设备的定期校准是保证数据准确的重要环节，定义校准计划时应综合考虑仪器的维护计划（比如在更换了关键的部件，进行了定期的维护之后进行校准），除校准之外，诸如天平类的设备也会具备自校的功能，包括在仪器设备使用前，需要关注设备是否有异常情况，以确保设备产生的数据准确。校准可参见相关仪器的说明书或者国标，可以在质量体系中引用外部文件，对校准活动进行指导，并且制订校准是否接收的标准，校准应可以追溯到所用的标准物质，校准之后的设备应该科学制订校准有效期，并且在设备上粘贴校准标识，以防止超过校准期限的设备继续使用。相关的校准记录和文件，应与设备档案共同归档，QA 应该对设备的整个管理流程，包括校准活动进行必要的监管。

14. 退役要求

建议将不再使用的分析设备及时从实验室现场移除，并按照设备退役管理的要求，进行设备退役管理。

分析仪器操作规程

针对特定仪器的操作指导，通常在系统运行确认结束后起草，用于指导分析仪器的性能确认。仪器的操作指导应考虑预期的用途，对于分析仪器而言，功能可能会比较全面，超出企业的实际需求，操作指导中只需要体现企业实际需求的部分内容即可，后续对使用功能的增加，可以通过变更体系引入。

1. 总结 – 分析设备管理的四个层级要求

（1）基于检测要求，对分析仪器和设备进行选型，选型阶段可要求厂家提供具体的性能指标列表，并综合考虑商务因素进行采购。

确定设备型号后，应进一步收集设备制造厂商的信息、代理商的信息、设备的型号和规格等信息，进行设计核实，形成书面的文件，确定设备是否符合预期的用途。

判断的项目包括功能需求和技术参数，比如分析设备采用的技术、数据通信的技术及处理技术（比如 RS32 接口或 USB 接口，是否有数据传输到 Excel 表格，是否与其他的 LIMS 系统有接口），安全性（放射性、防爆性），文件（手册），设备操作（操作语言界面），服务和维护（提供的服务和质保），支持（设备运输周期、安装服务、培训），设备要求的操作系统和环境，成本和效益分析，评估结论等。

（2）设备收货时，应该确认接收时没有物理的损坏，同时需要对整个安装过程进行监督，记录设备名称及类型，设备的序列号，是否和订单吻合，是否有物理损坏，设备要求的公用系统及硬件环境是否达到，安装相应的设备以及控制模块，进行开机检查和自检功能测试，如有必要，应该提供相应的支持原始数据。并对功能进行确认，同时，设备的投入使用也需要经过有资质的人的批准（通过签署 IQ、OQ 报告的形式）。

（3）定期的以及主动的设备检查，通常在设备安装后、移动后需要执行，检查设备的关键性能参数，同时需要基于设备的使用频率以及设备的稳定程度，确定相应的检查要求，当然在设备进行了主要部件的更换或维护后，也需要进行相关的检查。

（4）日常使用时的设备日常检查。

2. 设备确认过程中的角色和职责

企业从组织架构上，应该明确在分析设备确认的过程中不同部门的职责。实验室作为分析设备的主要使用者，应负责 A 类、B 类设备的确认工作，在本文件中被定义为业务负责人及其下属。业务负责人最终对确认活动的有效性负责。

C 类设备，涉及电子数据的全生命周期管理以及计算机化系统，IT 部门往往也会参与其中，承担系统负责人的角色，主要参与系统的管理、用户的管理、系统全局层面的安全配置、数据的备份、系统的备份等工作，保证系统及数据的可用性。

分析设备的确认属于法规要求的活动，所以 QA 整体的监管也是必要的，QA 会涉及建立确认的管理规程，审批相关确认文件以及审批设备操作 SOP 的工作，并对设备运维阶段进行持续性管理，确保设备处于确认的状态。

3. 确认计划的撰写

确认计划对于 A 类和 B 类设备，往往不是必需的，SOP 规定了建立 A 类、B 类设备的确认活动某种程度上也可以认为是确认计划，或者企业可以通过变更引入新的设备，在变更的影响分析中识别出必要的确认活动，并按变更执行确认，应对 C 类设备建立确认计划，确认计划可考虑涵盖以下要素：

1）概述

本确认方案适用于 ×××× 系列液相色谱仪（及其控制软件）。

确认方案对应的仪器编号为：＿＿＿＿＿＿＿＿＿＿＿＿＿＿＿

安装地点为：＿＿＿＿＿＿＿＿＿＿＿＿＿＿＿

主要的部件包括：××× 组件名称

2）确认目的

□首次确认：确认验证对象的参数设置或操作规程，能够符合生产需求。

□周期性再确认：确认验证对象按现有的操作规程或参数设置可以继续使用。

□变更触发的再确认：确认变更的可行性或变更后续措施的确认依据。

□偏差触发的再确认：确认纠正或预防措施的可行性及后续措施的确认依据。

3）确认范围、项目及标准

组件	项目	标准	适用于

I：首次确认 | R：周期性再确认

C：变更触发的再确认 | D：偏差触发的再确认

4）确认参与部门职责

5）计划确认时间

起：_____　止：_____

6）确认前检查

人 | 机 | 料 | 法 | 环

人员需要经过方案的培训

设备需要禁止使用，悬挂"确认中"的状态标识

每个测试附件之前用到的工具和试剂需要准备完全

方案需要经过批准…

7）确认项目测试

8）变更汇总及处理

9）异常情况汇总及分析

10）再确认周期

11）参考文件

12）附件清单

4.用户需求的撰写

基于风险的考虑，对于 A 类设备，企业可在内部管理 SOP 中定义，直接采用供应商的技术说明作为用户需求，并以供应商的设备技术说明为依据，对设备进行简单的接收检查以及功能确认。

A类分析设备接收确认检查单（示例）				
设备名称		设备编号		
设备厂家		设备型号		
设备序列号		设备位置		
编号	检查项		是	否
1	设备技术手册或说明书是否收集并建立清单？			
2	基本技术参数是否符合实验室需求？			
3	设备结构组成部件是否完好？			
4	设备是否与订单保持一致？			
5	设备公用设施是否具备条件？			
6	设备连接是否正确？			
7	设备是否可以正常开机启动？			
8	是否可以按操作说明书进行操作？			
9	…			

对于B类和C类设备，书面的用户需求是推荐的，部分复杂设备的厂家会提供IQ/OQ服务，但厂家的IQ/OQ不能完全证明系统符合预期用途，预期用途通常会以用户需求的形式体现，通常用户需求应该包括功能需求、安全需求以及电子记录和电子签名的需求等几个方面。

对于此类设备，可基于技术标准，形成对硬件的需求，可基于软件的功能，形成对软件的需求描述。

用户需求的撰写应该遵循如下的原则：

1）应该用陈述句描述需求（需求明确、简单粗暴）；

2）应该尽可能用单句描述需求（模块化设计的理念要求功能分开描述，不要混淆）；

3）应该技术上合理（应当基于分析方法的真实要求，不能不切实际）；

4）应该可以被测试和确认（不能测试的需求都不是好需求）；

5）不建议把非设备系统相关的需求体现在用户需求里（商业合同条款，运维要求不必全部列入）。

以某品牌 TOC 为例：

Operating Specifications[1]

Range	0.03 ppb to 50 ppm
Precision	< 1% RSD
Accuracy	± 2% or ± 0.5 ppb, whichever is greater

这是供应商技术指标中的描述节选，对于仪器硬件的需求，可以转化成如下的描述：

URS01	系统支持测量 5ppb~5ppm（*0.03ppb~50ppm*）范围内的 TOC 值
URS02	系统连续测量 TOC 值的精度标准偏差应不大于 2%（*RSD < 1%*）
URS03	系统测量 TOC 值的准确度应该不大于 *x*%

备注：括号内的斜体部分为技术指标，企业的用户需求应根据实际的需求制订，技术指标是新仪器设备理论能够达到的标准。

软件方面的需求以如下截图中的安全需求为例：

用户列表	签名原因	配置		
☑ 自动输入登录 ID。		登录超时（1 - 60 分钟）		15
☑ 需要审计跟踪注释。		登录尝试（2 - 10）		5
		用户 ID 的最小长度（2 - 8）		7
		密码的最小长度（2 - 8）		8
		密码失效期（1 - 360 天）		60
		审计条目的最大数量（1000 - 10000）		10000

URS04	系统支持在 *1~60* 分钟范围内配置自动登出时间
URS05	系统支持配置错误登录锁定次数（在 *2~10* 次的范围内）
URS06	系统支持配置用户 ID 的最小长度（在 *2~8* 位的范围内）
URS07	系统支持配置密码的最小长度（在 *2~8* 位）
URS08	系统支持配置密码的有效期（在 *1~360* 天范围内）
URS09	系统支持配置保留的审计追踪内容（在 *1000~10 000* 条范围内）

5. 配置及测试

以上面的 URS04~URS05 为例，配置文件应定义企业实际的对系统配置的需求。

URS04	根据公司安全政策以及实际的操作要求，将自动登出时间配置为 10 分钟
URS05	根据公司安全政策，将错误登录锁定次数配置为 3 次

相对应的测试脚本：

测试描述	判断标准	结果记录	是否符合规定
将系统自动登出时间配置为 10 分钟，登录系统，不进行任何操作，观察系统是否会在 10 分钟后自动登出	系统应在达到配置的自动登出时间后能自动登出		□符合规定 □不符合规定
将错误登录锁定次数设定为 3 次，并连续三次输入错误的密码，观察系统是否会锁定账号	在达到配置的登录锁定次数后系统应锁定特定的账号		□符合规定 □不符合规定

6. 备份和归档

对于 C 类设备，因涉及产生分析结果，储存分析结果，并有可能涉及分析结果的再处理，所以建议定义电子数据为主数据，需要考虑电子数据的备份。

数据根据其结构，可分为基于数据库的结构化数据以及非结构化的数据。结构化数据库形式的数据，可以通过数据库脚本的方式，实现数据备份。非结构化的数据，也可以通过手动复制或者操作系统脚本的方式，实现数据备份。

同时市面上有专业的备份软件和工具，可以实现数据的自动备份、备份查重，并支持灵活配置备份方式（全量备份、增量备份等），减少日常对数据进行手工备份的工作量。

数据的备份应该基于产生的增量数据，并且备份数据的目的在于系统遇到异常情况时用于数据的恢复，所以备份的数据文件并不需要长时间保存（在新的数据备份文件包括之前产生的数据备份的前提下）。

当数据处于非活跃状态时，应该尽可能将电子数据归档至一个独立的，安全的存储上。

除了数据层面的备份外，还应该考虑对于系统的备份，系统的备份触发的因素应该是对系统的变更，变更之后有必要考虑进行重新的系统备份，以体现最新的配置修改情况。

7. 系统安全及权限矩阵

对于 C 类设备，应该根据业务需求，在系统中划分适当的权限组，以实现不同的权责分离，整体的原则、系统配置方面的权限、用户管理权限应由负责系统管理的部门承担（比如 IT 部门）。业务层面，分析员和主管的权限区分往往在于前者只具有执行层面的权限，后者可以对系统业务方面的配置进行修改和调整（表 11）。

表 11　系统权限矩阵

	IT	主管	分析员
用户管理	Y		
创建角色	Y		
调用方法		Y	Y
编辑方法		Y	
运行序列		Y	Y
处理结果		Y	Y
手动积分			
归档数据	Y		

8.备份及安全关注点

（1）进行备份的频率是怎样的？采用了什么样的备份介质或者备份的数据保存在什么路径？备份是所谓的 On-site 备份还是 Off-Site 备份？如何去检查和保证备份的成功，如何管理备份失败的情况？备份的数据是否做过确认？备份的是哪些文件？备份和归档是否包括了审计追踪等必要的元数据？

（2）归档的数据以及备份的数据（基于风险去判定频率）。

（3）移动硬盘和 CDs 不应该被视为长期保存数据的介质，尤其是当系统是联网状态的时候。如果采用上述介质用于长期存储数据，应该考虑到这些介质是否能够在数据保留的全周期内进行读取。这些存储介质，应该安全、授权访问并且经过批准。

（4）备份和归档应有相应的流程，备份的计划表是如何进行审核的？

（5）在数据被归档前，数据是否会受损（被删除或者被修改）。

（6）数据备份和归档的区域应该安全并且确保基本的环境灾难（比如温度、湿度、防水和防火）

（7）应该有记录或者日志，体现出归档或备份数据的位置。

（8）是否有业务持续计划或者灾难恢复计划，这些计划是否经过了定期测试，如何确保这些计划是可用的，如果没有定期进行测试，是否提供了充分的理由。

（9）DRP 应该基于风险，进行定期测试，包括数据储存系统的安全。

（10）是否有火灾预防系统？

（11）相关区域的温湿度是否有控制并且与 BMS 系统相关联，是否有报警，如何对报警进行响应？

（12）电源是否会被轻易断开？

（13）电子记录是否以人员可读的方式进行保留，数据是否归档，如何保证数据安全？

（14）确保系统可以从历史遗留系统中恢复数据，并且相关的流程经过测试。

（15）数据和元数据的备份是否经过测试，如果发生失败，如何被识别？

第五章

药用辅料生产物料的管理

第一节　药用辅料 GMP 法规总体要求

第二十六条　应检查、评估供应商的综合能力，确保原料、包装材料以及服务满足合同的要求。

第二十七条　应制定辅料生产所用物料购入、储存、发放、使用等管理制度。物料应有质量标准，企业应按质量标准对物料进行检验，并审核供应商的检验报告，以确保物料的规格和质量满足辅料生产的质量要求。

第二十八条　成品和对成品质量有影响的关键物料应有明确的标识，以便通过文件系统对其进行追溯。质量体系应保证辅料产品的双向可追溯性。应能运用批 / 编号系统或其他途径，借助原料的标识（名称、编号）对辅料生产过程中所使用的原料追溯查询。对连续法生产所用的原料，应明确一定数量的原料作为一个批并给定具体批号。难以精确按批号分开的大批量、大容量原料、溶媒等物料入库时应编号，其收、发、存、用应有相应的管理制度。

第二十九条　应建立确定原料、包装材料、中间体和成品等检验状态的管理系统。待验、合格、不合格物料和成品等应合理存放于有明显标志的区域，并有明确标示状态的标记。不合格物料应有效隔离，批准放行前不得使用。

第三十条　成品标签必须符合有关法规的要求，标签应有名称、级别、批号、生产企业等内容。

第三十一条　成品、中间体和原料应在合适的温度、湿度和光线条件下处理和存放。易燃易爆和其他危险品的贮存应严格执行国家有关的规定。

第三十二条　生产药用明胶或其他辅料所用的动物组织或植物，应有文件或记录表明其没有受过有害化学物质的污染，如要求供应商提供卫生检疫部门的动物健康证明或其他检疫、检验证明材料。

第三十三条　使用菌种生产辅料的企业，应建立菌种鉴定、保管、使用、储存、复壮、筛选等管理制度，并有相应记录。

【要点分析】

物料管理是辅料生产全过程中的主要管理系统之一，同时物料亦是保证辅料质量的基本要素之一。辅料生产企业应建立物料采购、接收、待验、入库、发放、退库以及销毁等全生命周期管理流程，确保物料流向清晰且具有可追溯性。

生产用物料应采购自批准的合格供应商，以保证生产产品的质量与安全。企业应通过风险评估的形式，识别关键物料和服务供应商（如委托检验/委托生产合同方），并建立审核程序，对关键物料和服务供应商进行审核。通过对供应商的资质、生产能力、质量管理体系等进行综合评价，选择合格的供应商，签订质量协议，规定双方各自应承担的责任，确保物料的规格和质量满足辅料生产的要求，审核记录以及质量协议应得到保存，并建立相应的供应商档案。供应商审核程序中应规定供应商等级、分类、审核频次、审核方式（现场审核、文件审核等）等内容，其中关键物料供应商应进行现场审核，审核结论最终由质量部批准。批准的供应商纳入合格供应商名单，合格供应商名单由质量部批准并以文件的形式受控发放，及时更新，作为物料采购、接收时核对供应商的依据。

物料到货后应首先进行接收确认，核对相关信息（如厂家、规格、品名、外包装情况等）符合要求后移入指定区域（指定区域应符合物料的储存条件要求），关键物料在接收后应进行隔离存放，可通过适当的标识标签、分区及（或）其他手工记录系统建立有效的隔离。当计算机化系统取代人工管理时，系统控制应能够防止未放行物料被使用。如有通过管道供应的物料，可能无法到场后进行隔离待验。在这样的情况下，辅料生产商应与供应商达成协议，当物料不符合标准时及时通知辅料生产商。

接收合格后，企业按照内部批号管理要求为物料制定内部批号，便于内部追溯管理。关键物料应该在接收后按照质量标准进行取样检测或确认。确认应该包括可用性和对供应商检验报告的检查，在可行的情况下，如对首次采购的最初三批物料全检合格并经有效评估后，可对后续批次进行部分项目的检验，但应当定期进行全检，并与供应商的检验报告比较。定期评估供应商检验报告的可靠性、准确性。企业的检测计划应对常规检测和较少进行的或只对新供应商进行的检测进行区分。接收与检测合格后的物料应经过质量部的审核，最终由质量部放行后，才可投入使用。

物料的状态可通过粘贴状态标识的方式管理，也可通过计算机化系统（如WMS）进行状态切换，常规包括待验、合格和不合格三种状态，并进行有效隔离。

成品标签必须符合有关法规要求，包括印刷质量、发放、保存、销毁等的管理要求，成品标签的信息包括但不限于名称、级别、批号、规格、生产企业、有效期等信息。

生产辅料所用的原料应确认其来源，所用的动物组织或植物，应有文件或记录表明其没有受过有害化学物质的污染，如要求供应商提供卫生检疫部门的动物健康证明或其他检疫、检验证明材料（如 TSE/BSE/GMO 声明）。使用菌种生产辅料的企业，应从有资质的机构进行采购，采购后建立菌种库用于生产，同时建立菌种鉴定、保管、使用、储存、复壮、筛选等管理制度，并有相应记录，记录应得到保存。

第二节　国内外行业协会颁布的指南审核要点

行业协会名称	对机构与其职责的要求
江苏省医药包装药用辅料协会（SPPEA）	第四十一条　生产所用物料供应渠道（供应商）应具备合法资质，并检查、评估供应商的综合能力，确保原料、包装材料以及服务满足合同的要求 第四十二条　应制定辅料生产所用物料购入、储存、发放、使用等管理制度。物料应有质量标准，企业应按质量标准对物料进行检验，对关键质量物料和服务供应商应完成供应商审计，至少对其质量体系进行书面评估，以确保物料的规格和质量满足辅料生产的质量要求

行业协会名称	对机构与其职责的要求
江苏省医药包装药用辅料协会（SPPEA）	第四十三条　应编制内包装材料标准，并根据辅料性能和稳定性编制形成文件程序明确每个辅料内包装材料的特性。应在使用前检测或确认辅料生产中使用的物料，用于辅料生产的关键物料应在使用前进行检测或以其他方式进行确认。要求供应商告知分包情况，或对辅料质量造成影响的重大变更。应当对首次采购的最初三批物料全检合格并经有效评估后，方可对后续批次进行部分项目的检验，但应当定期进行全检，并与供应商的检验报告比较。应定期评估供应商检验报告的可靠性、准确性 第四十四条　成品和对成品质量有影响的关键物料应有明确的标识，以便通过文件系统对其进行追溯。质量体系应保证辅料产品的双向可追溯性。应能运用批/编号系统或其他途径，借助原料的标识（名称、编号）对辅料生产过程中所使用的原料追溯查询。对连续法生产所用的原料，应明确一定数量的原料作为一个批并给定具体批号。难以精确按批号分开的大批量、大容量原料、溶媒等物料入库时应编号，其收、发、存、用应有相应的管理制度 第四十五条　应建立确定原料、包装材料、中间体和成品等检验状态的管理系统。待验、合格、不合格物料和成品等应合理存放于有明显标志的区域，并有明确标示状态的标记。不合格物料应有效隔离，批准放行前不得使用。取样活动应在明确规定的条件下进行，并且按照明确规定的取样方法和采取针对防止污染和交叉污染而设计的程序。工艺助剂、有害或有剧毒的原料、其他特殊物料或转移到本企业另一生产场地的物料可以免检，但必须取得供应商的检验报告，且检验报告显示这些物料符合规定的质量标准，还应当对其容器、标签和批号进行目检予以确认。免检应当说明理由并有正式记录 第四十六条　成品标签必须符合有关法规的要求，标签应有名称、级别、批号、生产企业等内容 第四十七条　成品、中间体和原料应在合适的温度、湿度和光线条件下处理和存放。易燃易爆和其他危险品的贮存应严格执行国家有关的规定。可在室外存放的物料，应存放在适当容器中，有清晰的标识，并在开启和使用前应当进行适当清洁 第四十八条　生产辅料所用的原料应确认其来源，所用的动物组织或植物，应有文件或记录表明其没有受过有害化学物质的污染，如要求供应商提供卫生检疫部门的动物健康证明或其他检疫、检验证明材料 第四十九条　使用菌种生产辅料的企业，应建立菌种鉴定、保管、使用、储存、复壮、筛选等管理制度，并有相应记录 第五十条　质量管理部门批准的合格供应商名单应以文件的形式受控发放，及时更新，作为物料采购、库房验收时核对供应商的依据

行业协会名称	对机构与其职责的要求
中国药用辅料发展联盟（CPEC）	应有一项适当的程序来审核可能影响质量的原材料、供应商的资格，并且核实他们有能力持续满足要求 应建立合格供应商清单；对于原材料的审查要按照这份清单进行 原材料和包装材料的标准应提供给供应商用于审查和许可；应有供应商审计程序，确保供应商被定期审计 应有项制度来追踪供应商和次承包商审计结果的纠正措施；应有一个适当的系统来确保及时地提供供应商校订标准 应有一个适当的系统来确保供应商通知公司其重大变更 仓储的物料应有明显的标签来识别内容物，并且如果有必要的话，标明生产状态 所有原材料应建立有关的标识码，使其在制造过程中能够可追溯 原材料取样和测试应有适当的书面方法及标准；原材料在生产使用前是被批准放行的 物料存储仓库应控制适当的温度和湿度；物料如果需要特别的存储条件储存，应有相适应的设施 原材料应遵守先进先出原则，或者应有理由不使用先进先出
国际药用辅料协会（IPEC）	某些原料，尤其是植物类，可能含有某些不可避免的污染，如啮齿动物或其他动物的污物或者寄生虫侵扰。生产商应该在置放区域采取有效的控制手段防止这类污染或侵扰的加剧以及扩散到工厂的其他区域 对关键质量物料包括中间体和辅料成品的书面测试计划，包括标准、抽样计划、检测和放行程序 可以使用风险评估以确定关键质量物料和服务供应商（如合同生产商和实验室）。辅料生产商应对选择和审批供应商建立文件化体系。质量部门对供应商审批时应对供应商的质量管理体系进行书面的评估，包括证明其可持续满足议定要求的充分证据。这可能需要对供应商的生产场所进行定期审计。这些活动的记录应该得到保存。物料应该按照议定标准从经过批准的供应商处采购 辅料质量的关键物料或服务的采购协议应包括以下描述： 名称、类型、类别、等级、物料编号或者其他可追溯至原料和包装规格的明确标识，图样、工艺要求、查验说明以及其他相关技术数据，包括对产品验收或合格认定、程序、工艺设备和人员的要求，相关分包生产商或实验室需对本指南适用章节的遵循，将关键质量原料的重大变更通知辅料生产商的声明 应该制定描述质量关键物料的批准和放行的入库控制程序。关键质量物料在接收后应该隔离存放，并且未经放行不可使用。可以通过适当的标示标签、符号及（或）其他手工记录系统建立有效的隔离。当电脑系统取代物理库存控制对隔离和库存控制进行管理时，系统控制应能够防止未放行物料被使用

行业协会名称	对机构与其职责的要求
国际药用辅料协会（IPEC）	对通过管道供应的物料，隔离可能不可行。在这样的情况下，辅料生产商应与供应商达成协议，将不符合标准的物料情况通知他们 取样活动应该在明确规定的条件下进行，按照明确规定的取样方法并采取针对防止污染和交叉污染而设计的程序和取样工具 用于辅料生产的关键质量物料应该在使用前进行检测或确认。确认应该包括可用性和对供应商检验报告的检查，在可行的情况下，应至少进行一个鉴别实验 检测计划应对常规检测和较少进行的或只对新供应商进行的检测进行区分 对散装交付的物料应该采取额外的控制措施，以确保物料的纯度和防止污染［如专用槽车、防拆密封、清洁证书、分析测试及（或）对供应商的审计］ 应该以书面形式记录这些程序、活动和结果

【指南审核要点】

1. 是否对所有生产用物料的供应商均进行质量评估及检查，以此评估供应商的综合能力，确保原料、包装材料以及服务满足合同的要求。

2. 是否已经建立供应商选择程序、审核程序、物料采购、接受、储存、发放和使用程序，是否与合格供应商签订质量协议。

3. 是否建立批次编号管理，实现物料的双向追溯管理程序。

第三节　药用辅料生产企业在具体实施中的案例

案例一　供应商审核流程

辅料生产企业需要建立完整的供应商审核流程，对审核人员的资质要求以及流程的复杂程度可能因企业人员配置情况会有区别，图1是一个常见的审核流程，供参考。

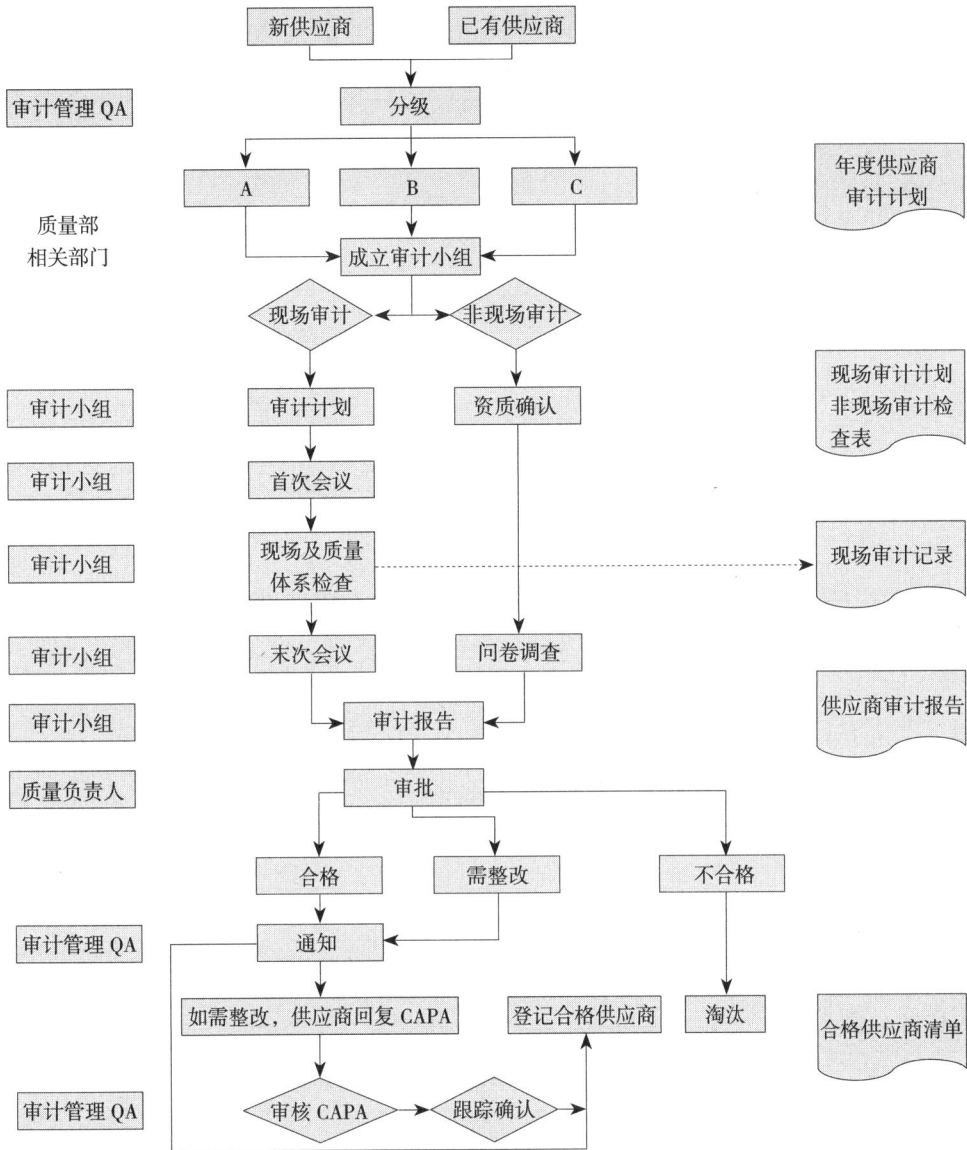

图 1 供应商审核流程图

对不用种类的供应商进行审核后形成审核报告，审核报告的样式可以根据企业要求进行设计，以下是某企业的供应商审核记录 / 报告样板（表 1）。

表 1 供应商审核记录 / 报告样板

企业名称	地址	
联系人	联系方式	
物料名称	供应商级别	☐ A ☐ B ☐ C

第一部分　资质审核

审核时间	
检查项目	检查结果
企业法人营业执照	☐有，有效期： ☐无

经销商	经销商经营许可证	☐有，有效期： ☐无
	生产厂家的相关资质证明文件	☐有，有效期： ☐无
	生产厂家的授权书	☐有，有效期： ☐无

其他资质：	

质量标准：	

审核结论	
审核员／日期	

现场审核（不适用时 N/A）

审核时间	
检查项目	评价
企业情况（企业的性质、机构和人员数量及年生产能力）	
厂房设施与设备情况	
物料管理情况	
生产过程情况	

质量管理情况	
产品的包装、储存与运输	
供货能力	
审核结论	
审核组全体人员签字	
整改追踪	□整改合格　　□整改不合格
质量部 / 日期	
审核报告	
根据上述审核结论，此物料供应商为：□合格供应商　　□不合格供应商	
质量部 / 日期	
物流部 / 日期	
质量负责人 / 日期	

案例二　物料管理流程

物料需求的提出物料在企业流转的起点，物料在仓库内的管理流程基本会分为两大类，一种是人工标签、标识、出入库台账等的管理，一种是通过计算机化系统进行管理，将条形码或其他暗码贴在物料包装上后，后面的取样、物料状态切换、出入库等均通过计算机化系统进行管理。下面分享一下物料管理主流程作为企业参考。

物料管理整体流程、责任人及相应的派生记录示例如图 2 所示。

使用部门		物料需求		采购申请
采购		物料采购		
物料库管		物料接收		
		入库待验		出入库台账、货位卡
物料库管		请验		请验单
QC		取样、检验		检验记录
质量部		放行		COA
使用部门、物料库管		发放使用		出入库台账
指定部门		销毁		销毁记录

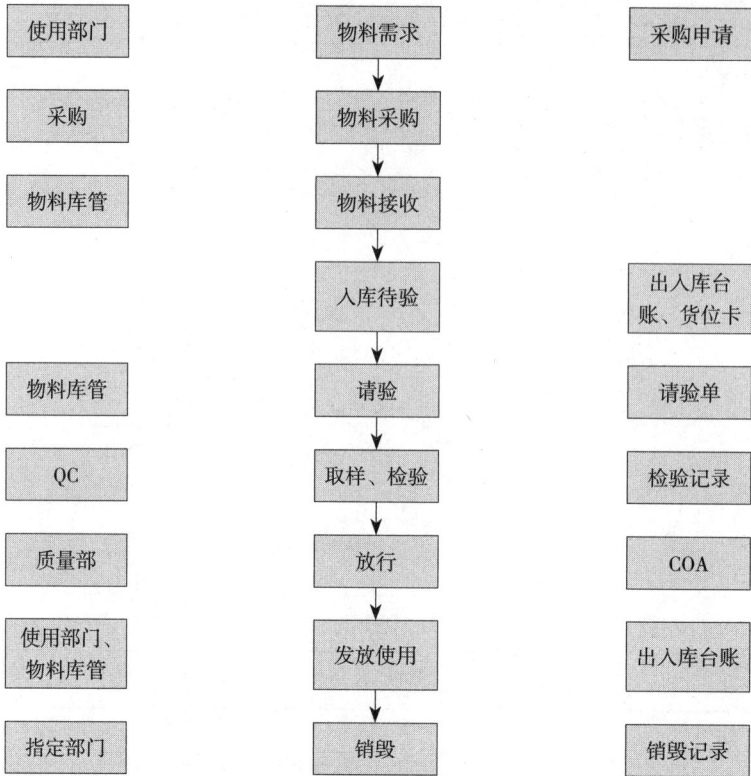

图 2　物料管理整体流程、责任人及相应的派生记录图

若企业采用计算机化系统进行相应的管理，需要进行详细的流程设计，并对系统进行相应的验证工作，如图 3、图 4 所示。

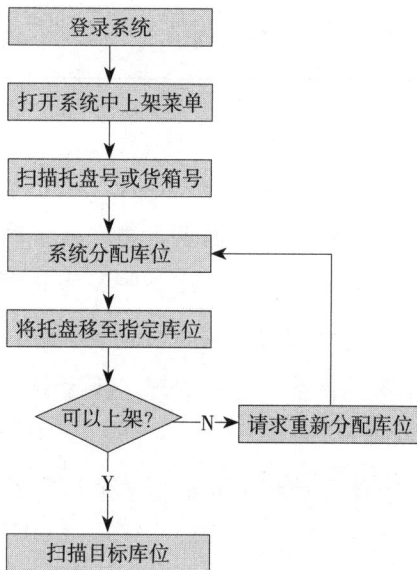

登录系统 → 打开系统中上架菜单 → 扫描托盘号或货箱号 → 系统分配库位 → 将托盘移至指定库位 → 可以上架？ —N→ 请求重新分配库位；Y → 扫描目标库位

图 3　物料入库流程图

```
          ┌──────────┐
          │ 登录系统 │
          └────┬─────┘
               ▼
        ┌────────────┐
        │创建部门领料单│
        └─────┬──────┘
              ▼
        ┌────────────┐
        │审核部门领料单│
        └─────┬──────┘
              ▼
        ┌────────────┐
        │ 打印领料单 │
        └─────┬──────┘
              ▼
        ┌────────────┐
        │ 释放任务 │
        └─────┬──────┘
              ▼
        ┌────────────┐
        │执行拣货流程│
        └─────┬──────┘
              ▼
           ◇拣货完成◇
              │Y
              ▼
        ┌────────────┐      ┌──────────┐
        │ 移至交接区 │─────▶│ 交换签收 │
        └─────┬──────┘      └──────────┘
              ▼
        ┌────────────┐
        │ 出库确认 │
        └────────────┘
```

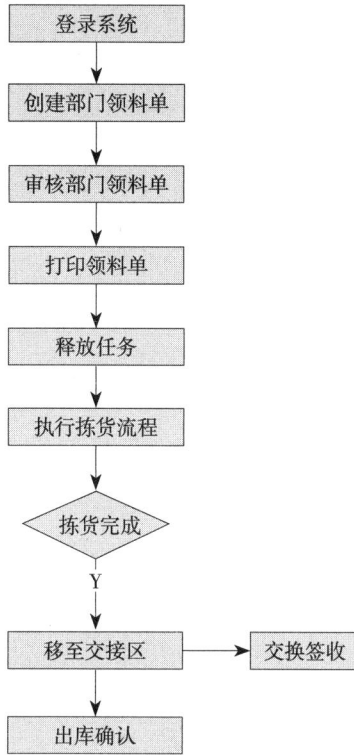

图 4 领料流程设计示例图

物料标签需要实现双向追溯，常见的物料标签如图 5 所示。

物料标签			
物料名称			
物料代码		物料规格	
厂家批号		内部批号	
毛重		净重	
件数		有效期至	
储存条件			
填写人		填写日期	
复核人		复核日期	

图 5 物料标签示例

物料状态标识包括待验、合格、不合格，可设计如图 6 所示。

待验	
批号：	
签名：	
日期：	
标签编号： 生效日期：	
合格	
批号：	
签名：	
日期：	
标签编号： 生效日期：	
不合格	
批号：	
签名：	
日期：	
标签编号： 生效日期：	

图 6　物料状态标识图

案例三　某辅料生产企业物料验收、入库、贮存和发放管理制度

1. 入库验收

物料入库时，采购员应向仓库保管员提供物料的有关书面资料内容，如出厂检验报告（无供应商的出厂检验报告必须说明理由）或出厂合格证，并填写好《入库申请单》，凭单入库。

（1）仓库保管员接到《入库申请单》后，根据《合格供应商目录》及原料外标签对物料进行初验，检查包装是否受潮、污染、破损，标签是否完好，与货物是否一致等。凡不符合要求的应予拒收，并填写拒收单发给供应部及质量保证部。

（2）初验合格的物料，仓库保管员应按照供应商原始批号分批堆放，及时进行计数，做好《物料验收记录》，并按照要求填写好进厂日期、物料名称、型号、

进厂编号、供应商批号、生产单位、数量、外观及验收人等信息。

（3）将计数后的物料放入指定的库位上，码放整齐，并在物料上挂上待检状态标志（黄色），仓库保管员应及时填写《请验单》交质量保证部门抽样检验。

（4）质量保证部接到物料《请验单》后，派专人按取样管理制度规定的取样方法取样，取样后应重新封好口，贴上取样证。

（5）根据检验结果，质量保证部向仓库递交《检验报告单》并附检验结论。

（6）仓库保管员按检验结果在物料货位上挂上相应的状态标志，并记录好货位卡及分类账等记录。填写货位卡、分类账及《请验单》时必须将供应商原始批号注明，需做到原料使用的可追溯性。

（7）不合格物料应专区存放，悬挂不合格标志，按不合格物料管理规定管理，及时填写相关记录。

（8）暂放在车间原料暂存间的大宗原料应纳入仓库统一管理。存放时需参照上述要求执行。

2. 贮存

按物料的储藏条件储藏，按品名、规格、批号分别堆放，固体与液体物料应分区堆放，危险品应放入危险品库专门储存。

（1）物料贮存必须放在货架或货物垫仓板（或托盘）上，物料堆放要离墙离地，离墙不小于30cm，离地不小于10cm，跺与跺之间不小于50cm，以能保证存放有序，便于通风和近期先出。

（2）应有照明、通风、干燥、除湿等设施。相对湿度或温度超过规定时应采取措施，以保证物料安全。

（3）原辅材料仓库要有防晒、防昆虫、防鼠等措施。

（4）仓库内严禁烟火，并应配备合适的灭火器和消防栓。

（5）仓库保管员应经常检查物料贮存条件情况，保证物料贮存时不受潮、变质、污染或发生差错，如有问题，应及时处理、纠正。

（6）存放在车间原料暂存间的原料需参照贮存相关要求执行。

3. 发放

（1）生产车间应根据生产批量开《领料单》，到仓库领取原辅材料。《领料单》上必须注明物料品名、规格、数量，并在用途中注明用于某品种某批号的生产中，便于产品质量追踪。

（2）仓库保管员按《领料单》内容，认真核对需发物料品名、物料编码、产品型号、供应商原始批号及数量后发料，发料时应严格坚持"近期先出"原则，按规定要求称重计量发料，并在货位卡及分类账上做好相关记录。

（3）仓库发料时应复核存量，如有差错应及时查明原因并纠正。

（4）不合格的原辅材料不得发放使用，按公司有关规定及时处理，并记录备查。

（5）在车间暂放的原料由仓库保管员及各车间共同管理，在做好以上记录的同时，现场应建立原料领用台账，并由仓库保管员及车间人员共同签字确认。

案例四　某辅料生产企业成品验收、入库、请验、贮存和发放的管理制度

1. 成品管理基本原则

成品仓库实行"寄入库制"管理，实行"先进先出、近期先出"的发放原则。

2. 验收

（1）搬运工按《寄库单》信息入库，在车间将成品堆码清点完毕后，应做相应防护后再入库。如使用带围栏的托盘、薄膜包裹、遮盖雨布等措施，防止成品在运输至成品仓库的过程中出现破损、掉落、淋雨等情况。

（2）成品进库前，仓库保管员应先检查《寄库单》，在清点的同时需对成品外观进行检查验收。如发现入库凭证有不齐全、涂改、填写错误、自己不清楚不易辨认，或者成品有破损、污染、受潮、涨袋、打印错误、粉尘、数量与《寄库单》不符等情况时，一律拒收。

（3）成品入库后应按序摆放并堆码整齐、易于清点，及时填写货位卡和入库台账。

3. 寄库制

（1）仓库保管员必须保证寄库的成品符合仓库卫生等相应要求。

（2）对不符合寄库卫生要求的，不准寄库，已经收进仓库的则仓库负责按寄库产品管理。

（3）仓库与入库人员在检查完毕符合要求后，必须当即在《寄库单》上签收，一联存根，一联交生产部。

（4）验收合格的产品可以入库待验，按定置管理要求放置指定区域，按品种、型号分类、分批堆放，建立货位卡并在货位卡上张贴黄色待检标签。待验状态下不得发货。

4. 请验

（1）正常生产的成品由生产车间及时填写《请验单》。

（2）生产车间应及时将《请验单》送交质量保证部。

（3）质量保证部应及时根据生产车间请验，由专职人员到生产车间按有关质量抽样检验规程进行取样检验。质量保证部专职人员到生产车间取样后，对被抽样的成品包装生产车间必须及时恢复正常产品包装，应尽可能保持原样。所抽样的数量必须标明记录。《抽样证》填写完整规范，盖章有效。

（4）质量保证部负责取样工具使用和管理。有洁净要求的在开包取样时，应该在相应洁净等级的区域内进行。

5. 入库

（1）仓库接到质量保证部《检验合格报告单》或《入库证》后，方可以办理入库手续。合格品在货位卡上将黄色的待检标志更换为绿色合格状态标志。不合格品移入不合格区，按不合格品管理。

（2）不合格区内所有品种、规格、批号的产品均应挂有红色不合格状态、卡标志。

（3）合格成品应有绿色合格状态卡标志。

（4）不同品种、同一品种不同批号、同一品种不同型号的成品堆放应留有一定的距离，不得存放于一个货档，发货量较小的品种或型号应尽量存放至货架较高处，避免出现混淆。

（5）成品仓库设立成品入库台账、货位卡、状态标志卡、仓库温湿度记录、进库验收量检记录、仓库成品月盘存报表、仓库成品盘存年报表、不合格成品台账、成品退货台账和其他物品分类台账等账卡凭证，仓库必须保证随时的账、卡、物正确相符。

（6）仓库应保持通风、干燥、整洁。

6. 保管

（1）成品存放区应保持清洁卫生。

（2）成品存放区尽可能每天保持通风、干燥、避免阳光长时间照射。

（3）成品存放区必须有防鼠、防蚊蝇等措施。

（4）无关人员不得进入仓库。

（5）根据需要设置的温度、湿度调节设施。

（6）成品仓库的每个库房区至少配备2支温湿度计。仓库保管员必须每天检查仓房间内的温湿度，上下午各1次。并做好记录。

（7）仓库在每天的常规例行保管检查中或每月的专门检查中，若发现和发生意外情况，或成品存在不确定因素时，必须及时向上级领导和质量保证部汇报，由质量保证部协同有关部门进行研究，提出结论后经过公司总经理批准，落实措施。

（8）成品库内门口附近明显处设有成品仓库平面图。

7. 成品发放

（1）成品发放应执行公司成品发放规定。

（2）由质量保证部负责成品的审核与放行。

（3）仓库在接到《发货单》后，应仔细核对产品名称、型号、规格、数量以及其他备注要求，按"近期先出"原则合理分配批号后到库区内提货，并对出库数量和剩余数量分别清点核对，确定无误修改账、卡等凭证后方可出库。

（4）按要求填写产品销售记录。销售记录内容包括：收货单位、地址、发货日期、品名、规格、数量、批号、提货人和发货人签字等。销售记录应完整、账目清楚。

第六章

药用辅料生产验证管理

第一节 药用辅料 GMP 法规总体要求

第四十一条 应根据被验证对象制定验证方案，明确验证的项目、方法和合格标准，并按验证计划实施验证。验证完成后应写出验证报告，由验证负责人审核、批准。

第四十二条 应对生产厂房、设施及设备进行设计确认、安装确认、运行确认、性能确认。

第四十三条 工艺验证是实现质量保证目标的关键。应在工艺验证文件中阐明反应过程、工艺控制参数、取样以及中间测试要求，为工艺验证的顺利进行奠定基础。当影响产品质量的主要因素，如工艺、质量控制方法、主要原辅料、主要生产设备等发生改变时，应进行再验证。

第四十四条 清洁验证应能以数据资料证明主要设备、容器清洁消毒规程的有效性。如采用具有代表性产品的清洁模式制定清洁消毒规程，应保证清洁消毒满足产品和工艺的特定要求。

第四十五条 验证过程中获得的数据和资料应以文件形式归档保存。验证文件应包括验证总计划、验证方案、验证报告和验证总结。验证方案或报告中应清楚阐述被验证的对象 / 系统、需验证的项目、合格标准、结果评价、参考文献、建议、偏差和漏项、方案、结果审批等方面的内容。

第五十七条 生产过程中的工艺用水应符合产品工艺要求……如由企业自行处理工艺用水使其达到标准，应对水处理工艺进行验证，并对系统的运行进行监控。

第八十八条　定义

验证（Validation）：一个能确保某项特定工艺、方法，或系统始终如一产生满足预定标准的书面计划和规程。

验证负责人（the person in charge of validation）：　由企业指定负责验证工作的人员。验证负责人可以是项目中负责验证的人员，也可以是企业质量部门中主管验证的人员或质量部门的负责人。

【要点分析】

辅料生产用的洁净厂房、生产设备、检验仪器、洁净空调系统、工艺用水（自制）、工艺用气（自制或管道输送）的确认/验证，以及产品工艺验证，都为生产出安全且合格的辅料提供保证。

检验仪器确认、检验方法验证/确认的目的是保证物料及中间体、成品检验结果的准确性，确保辅料生产使用合格的物料。只有合格的产品才能出厂销售。

清洁验证是为证明辅料生产后所用清洁方法能有效去除上批产品的残留，并将微生物污染水平降到可接标准以下，是防止共线生产辅料相互间的交叉污染，以及产品生产无微生物污染风险的一种重要方法。

1. 验证评估要点

验证评估应明确哪些要验证/确认，应将重点放在对产品有直接影响的系统上。

（1）生产厂房设施和设备　一般情况，洁净厂房及洁净空调系统要进行验证，用于产品生产及清洗的工艺用水系统（纯化水、注射用水、对饮用水进行处理的工艺用水系统如去离子水系统）要进行验证，自制工艺用气系统（如压缩空气系统、氮气系统等），如与产品接触或与产品直接接触的包材容器设备直接接触，则需要验证。

主要生产设备，一般指直接参与产品生产及包装的设备，可统称为直接影响系统设备，需要进行确认。

参与产品检验，包括中间体、中控、成品，以及辅料生产用的原材料、工艺助剂、催化剂等检验的仪器均需进行确认。部分简单的仪器可以只进行校准。

对于生产厂房设施及设备，验证流程比较长且复杂，还需确定验证项目是否合理。一般成熟的商业化设备／仪器，其市售设备／仪器的基本功能满足使用要求，不需要进行设计确认；对于根据使用公司要求设计的一些设备、系统，则需要进行设计确认。如洁净空调系统、工艺用水系统、压缩空气系统等。

（2）对于分析方法　也应关心哪些需要验证，防止重要的方法或项目无有验证／确认，影响检验结果的准备性。

辅料是药品生产的上游物料，对 GMP 的要求没药品生产那么严格，但在检验结果的准确性要求方面与药品要求相同，所以必须确认其要求的检验方法。检验方法验证／确认应参考药品 GMP 的要求。

（3）工艺验证　每一产品的生产工艺、包装工艺均要进行验证。对于包装及生产工艺，如几个产品有包装、生产工艺相同或相似，可根据评估结果适当豁免验证。重点关注是否有充分理由支持豁免。对于辅料，一般在商业批生产前进行工艺性能确认，连续 3 个批次的成功验证；商业化生产过程中根据产品工艺的成熟、稳定性程序，确认是否要采取持续工艺确认。

（4）清洁验证　通常情况下共线生产设备、共用容器，需要进行清洁验证，专用设备、容器根据风险评估确认是否需要进行清洁确认。如几个产品的清洁工艺相同，在首个产品生产时进行清洁验证，其余产品首次生产时进行一次清洁确认。如同一产品的不同规格，清洁工艺相同，可只选择一个代表性规格进行清洁验证。重点关注代表性产品、规格的选择，验证项目及可接受标准是否合理。

清洁验证项目及标准需根据产品类型、生产工序对质量的影响程度等确定。一般验证项目如下。

①目视可见残留：目视检查是否清洗干净；必要时可辅助擦拭，确认是否有颜色；或检查冲洗水，确认颜色异物等。

②微生物限度：在洁净区的与产品直接接触的生产设备需进行微生物限度确认，如是无菌生产辅料，应在设备清洁消毒后进行无菌检查，并增加内毒素检查；标准与生产区或产品的微生物要求相关或更严格。

③化学残留：对可以确定目标成分的且有检验方法的辅料，建议选择有代表性的目标成分进行残留检测。如目标成分无法确定的，可以不用进行化学残留检测。但需要辅助非专属性的方法检查清洗效果，如 TOC 检测、pH、电导检查等。

④清洁消毒剂残留：如使用了清洁消毒剂，应对清洁消毒剂的残留进行检测。除非清洁消毒剂为易挥发物质，挥发后无残留，如酒精。

2.验证流程及公司内部验证体系的建立

确定了验证对象的验证，验证流程可参照药品验证相关法规及指南进行。验证顺序及流程非常重要，辅料生产公司需在建立公司内的验证管理体系时规定清楚。

（1）对于厂房设施及公用系统一般验证流程及简要说明如下：

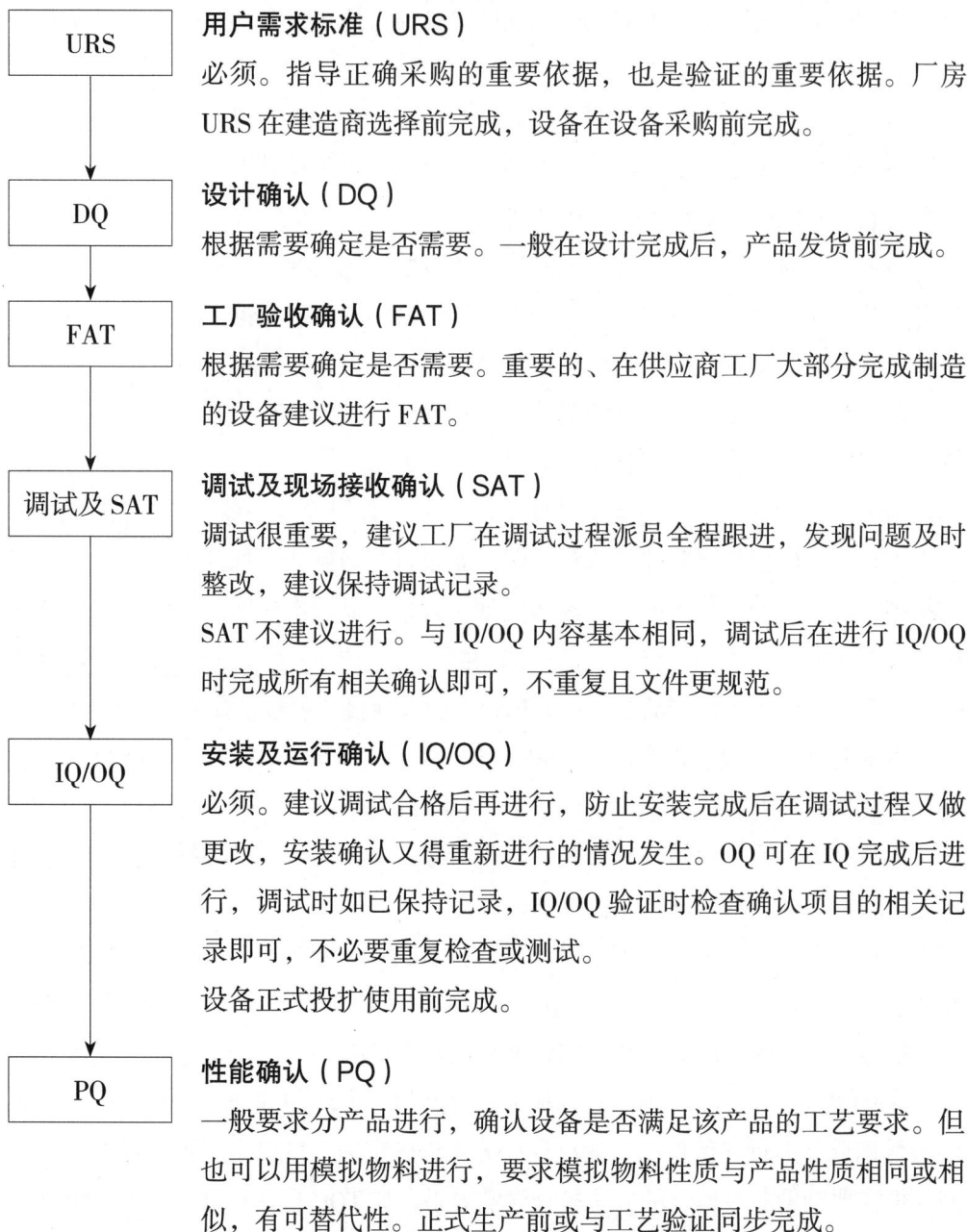

用户需求标准（URS）

必须。指导正确采购的重要依据，也是验证的重要依据。厂房URS在建造商选择前完成，设备在设备采购前完成。

设计确认（DQ）

根据需要确定是否需要。一般在设计完成后，产品发货前完成。

工厂验收确认（FAT）

根据需要确定是否需要。重要的、在供应商工厂大部分完成制造的设备建议进行FAT。

调试及现场接收确认（SAT）

调试很重要，建议工厂在调试过程派员全程跟进，发现问题及时整改，建议保持调试记录。

SAT不建议进行。与IQ/OQ内容基本相同，调试后在进行IQ/OQ时完成所有相关确认即可，不重复且文件更规范。

安装及运行确认（IQ/OQ）

必须。建议调试合格后再进行，防止安装完成后在调试过程又做更改，安装确认又得重新进行的情况发生。OQ可在IQ完成后进行，调试时如已保持记录，IQ/OQ验证时检查确认项目的相关记录即可，不必要重复检查或测试。

设备正式投扩使用前完成。

性能确认（PQ）

一般要求分产品进行，确认设备是否满足该产品的工艺要求。但也可以用模拟物料进行，要求模拟物料性质与产品性质相同或相似，有可替代性。正式生产前或与工艺验证同步完成。

（2）辅料生产中，最重要及最后一步是工艺验证，因此，工艺验证前影响工艺的主要项目均应经过验证且验证合格。影响产品生产工艺验证的一般验证顺序及流程如图6-1所示。

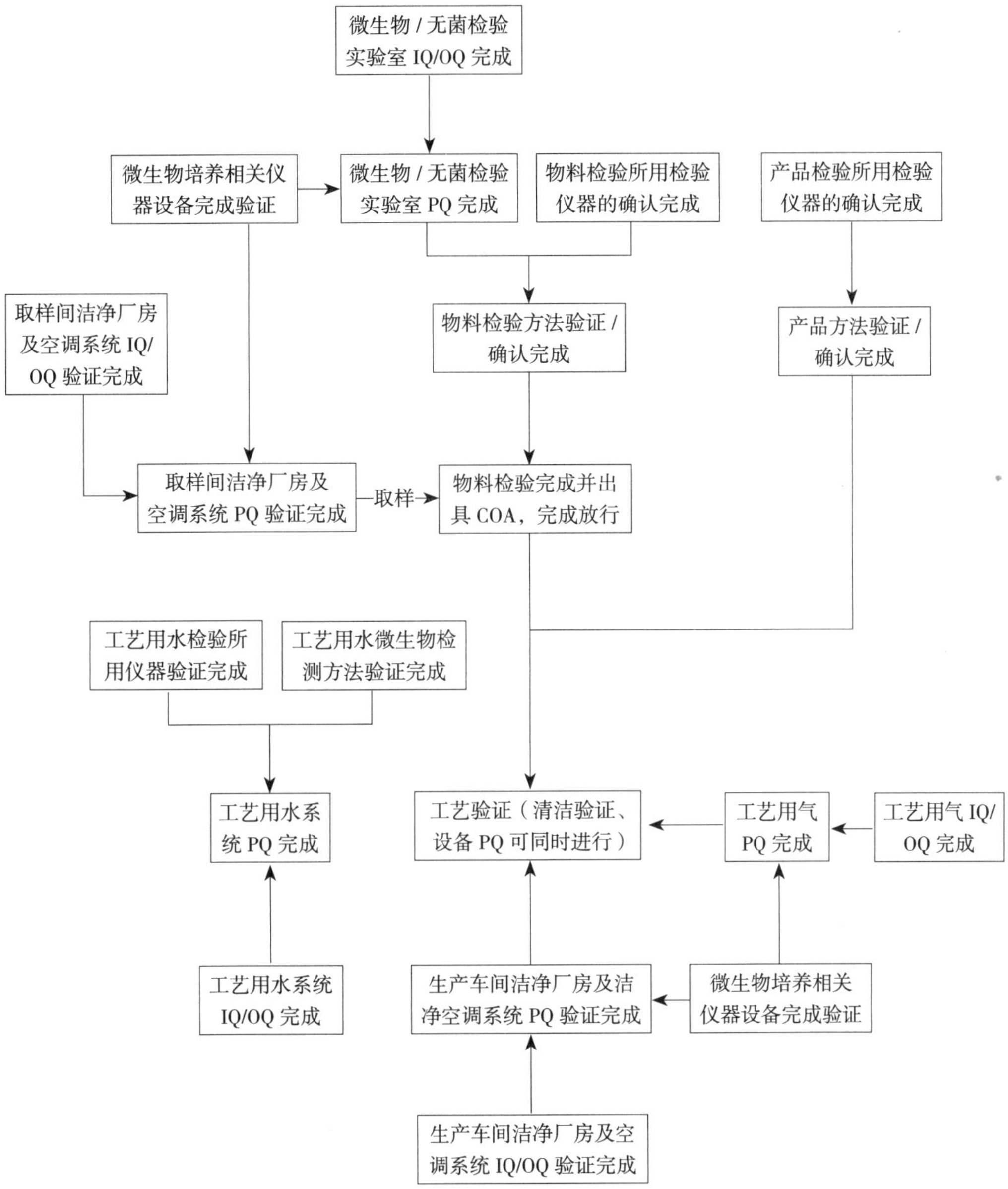

图 6-1　产品生产工艺验证顺序及流程图

（3）验证是基于风险、知识及技术支持、科学数据支持基础上的一种多部门协作的活动，比较复杂。所以，公司内是否建立一个有效的验证管理体系，有效识别所有需要验证的内容，指导各项验证合理、有序、正确的开展，确保验证结果非常重要。

验证管理体系是否合理的重点，在于是否能识别出所有需验证的内容；是否明确各验证的组织机构、总体管理部门、主要负责部门、实施小组成员；是否明确各验证的基本流程、验证阶段，是否明确验证的主要内容，能够有效指导验证开展；是否对验证文件（方案、记录、报告）做出规范及流程性说明等。

3. 验证文件

验证是提供文件证明程序、方法、厂房设施、设备的符合性。总体了解一个公司的验证实施情况，除查看总体的验证管理文件外，验证台账及验证计划也是一个很好的依据。确认是否有组织的管理并实施了验证。

抽查某项验证时，验证文件的完整性及逻辑顺序非常重要。一般流程为：

（1）方案（含验证实施所用记录）起草、审核、批准；

（2）验证前参与验证的相关人员培训；

（3）按已批准验证方案及记录实施验证，并填写已批准的验证记录，收集验证数据；

（4）验证结束后，完成验证报告的编写及审核批准。

验证实施是否使用了经批准的文件是关注重点。验证的项目、方法和合格标准，是验证的重中之重。每类验证，国际均有较多验证指南，规定主要验证内容。验证总计划、年度验证计划等不是辅料生产企业的要求，如有更好。

4. 人员的验证技术及水平

验证是一门技术工作。验证管理人员、验证方案的编写人员、主要审核人员对各类型验证知识的了解、熟悉、掌握程度，直接决定了某项验证乃至公司的验证效果及水平。验证审核时与相关验证人员交流，了解项目实施情况，能很好地以点带面了解清楚公司的整个验证水平。

5. 验证状态的维持

验证不是一次性的活动，是持续性活动。每类验证在前验证后，如设备设施正常投入使用、商业化生产过程中验证状态的维持方法/策略很重要。验证状态的维持不限于哪种方式：如定期再验证、定期质量回顾分析、变更偏差后的再验证、定期取样监测结果等。只要是合理有效的，都是可以的。

6. 计算机化系统确认

随着中国计算机化行业的飞速发展和国家关于可追溯性的要求，以及公司减少人力成力、节能降耗降低成本，提高竞争力的要求，设备自动化程度越来越普遍，且越来越高端。这就涉及较多的设备设施涉及计算机化系统验证，以确保程序控制功能的正确性，用户登录及数据安全。

直接参与产品生产、包装的生产设备，用于库存收发等管理的计算机化系统，用于文件管理的文档系统，产生、管理分析数据的计算机化系统等需经过验证。

重点关注是否有计算机化系统的验证管理文件，用以指导计算机化系统的验证正常进行。计算机化系统的验证内容是审核的重点，计算机化系统的别类不同，验证内容也不尽相同。详细验证要求建议参照药品 GMP 相关验证要求及指南进行。

第二节　国内外行业协会颁布的指南审核要点

行业协会名称	对机构与其职责的要求
江苏省医药包装药用辅料协会（SPPEA）	第五十七条　应根据被验证对象制定验证方案，明确验证的项目、方法和合格标准，并按验证计划实施验证。验证完成后应写出验证报告，由验证负责人审核、批准 第五十八条　应对生产厂房、设施及设备进行设计确认、安装确认、运行确认、性能确认 第五十九条　工艺验证是实现质量保证目标的关键。应在工艺验证文件中阐明反应过程、工艺控制参数、取样以及中间测试要求，为工艺验证的顺利进行奠定基础。当影响产品质量的主要因素，如工艺、质量控制方法、主要原辅料、主要生产设备等发生改变时，应进行再验证。当验证结果出现偏差的时候，应该采取纠正行动以保证辅料达到要求。对质量属性和流程控制的关键指标，应进行定期复查以便评估改进 第六十条　清洁验证应能以数据资料证明主要设备、容器清洁消毒规程的有效性。如采用具有代表性产品的清洁模式制定清洁消毒规程，应保证清洁消毒满足产品和工艺的特定要求 第六十一条　验证过程中获得的数据和资料应以文件形式归档保存。验证文件应包括验证总计划、验证方案、验证报告和验证总结。验证方案或报告中应清楚阐述被验证的对象/系统、需验证的项目、合格标准、结果评价、参考文献、建议、偏差和漏项、方案、结果审批等方面的内容
中国药用辅料发展联盟（CPEC）	对于审计的产品应提供工艺流程，流程应对关键工艺参数进行充分描述，应进行工艺验证，证明工艺的稳定，生产出来的产品符合质量标准，并且批次间稳定 应有返工的管理流程；返工的工艺要经过验证 变更后应进行必要的再评估和再验证

行业协会名称	对机构与其职责的要求
国际药用辅料协会（IPEC）	辅料生产商应根据对工艺参数、产品性质以及它们相互的关联关系的了解来论证其生产过程的持续稳定。对过程的了解应基于比如过程能力研究、研发、放大生产报告以及定期产品回顾等 在重大变更后，应对其对过程能力的影响加以评估和记录

【指南审核要点】

1. 厂房设施及设备验证

（1）是否对产品质量有直接影响的生产厂房、设施及设备在使用前进行了合适的确认，如 DQ、IQ、OQ、PQ？确认结果如何？

（2）各类验证 / 确认的验证状态是否得到有产维持？确保验证状态持续有效的方法有哪些？

（3）计算机化系统的直接影响系统是否进行了计算机化系统确认？确认项目是否完整，能否有效保证用户安全、数据安全及控制功能的有效性？

（4）是否有 URS？URS 内容是否合理？确认是否以 URS 为依据？

（5）设计确认是否能证明厂房、设施、设备的设计符合 URS 要求？

（6）安装确认是否能证明厂房、设施、设备的建造和安装符合设计标准及 URS 要求？

（7）运行确认是否能证明厂房、设施、设备的运行符合设计标准及 URS 要求？

（8）性能确认是否能证明厂房、设施、设备在正常操作方法和工艺条件下能够持续符合产品工艺要求？

2. 工艺验证

（1）是否在商业化生产前，至少进行了连续三批成功的工艺性能确认？

（2）工艺性能确认文件是否能够阐明反应过程、工艺控制参数、取样测试项目及结果（包括中控测试、中间体、成品及额外的测试）、产品关键质量属性？验证数据分析是否充分，能否证明工艺的稳定性？

（3）是否对产品进行了持续工艺确认？包括但不限于定期再验证、定期数据的分析评估，额外取样测试并分析数据，年度产品质量回顾等。

（4）当影响产品质量的主要因素，如工艺、质量控制方法、主要原辅料、主要生产设备等发生变更，是否对受影响部分进行再验证？

3. 清洁验证

（1）是否每一产品均进行了清洁验证？验证项目及标准设置是否合理？清洁验证是否能证明主要设备、容器清洁消毒程序的有效性？如选择代表性产品，代表性产品选择是否合理？

（2）如采用具有代表性产品的清洁模式制定清洁消毒规程，是否经过验证保证清洁消毒程序满足产品和工艺的特定要求？

（3）是否进行了定期再确认？或有定期取样检测以监测清洁效果的持续清洁确认的方法？

4. 验证文件要求

（1）是否制定了验证管理规程，明确了验证范围、验证的组织机构、验证流程、验证文件、验证实施、验证状态维护等管理内容？

（2）是否有根据药品相关的验证法规及指南，制定的关于厂房设施、设备、分析仪器、计算机化系统、工艺验证、清洁验证等验证的 SOP？明确规定了各类验证的主要验证项目、流程及方法等？是否能有效指导各类验证的开展？

（3）对于大型的项目，如新建厂房、新产品引入等，是否有验证总计划？系统规范相关验证工作的有序开展？验证总计划的执行情况如何？

（4）是否在年度验证计划中详细列出每年应开展的验证？有效指导验证开展？

（5）是否有完整的验证方案、验证记录和报告，验证方案是否经过相关人员的审核批准，尤其是质量部门？是否包含验证项目、方法和合格标准，验证项目是否合理，有无遗漏？验证实施是否依据批准的有效文件执行？验证数据及证据是否真实、完整、充分、可追溯，能持续验证结果？验证报告是否有验证结论，必要时对数据进行了充分分析？验证报告是否由验证负责人审核、批准？验证是否合格？验证过程产生的偏差、变更是否在报告批准前已完成并可接受？

（6）验证文件是否有唯一的文件编号？是否归档保存，易于查找？

第三节 药用辅料生产企业在具体实施中的案例

案例一 某辅料生产企业验证管理制度

1.定义

验证：证明任何程序、生产过程、设备、物料、活动或系统确实能达到预期结果的有文件证明的一系列活动。

2.验证的范围

生产工艺、分析方法、关键设施、关键设备、关键仪器等。

生产验证：应包括厂房、设施及设备安装确认、运行确认、性能确认和产品验证。

3.验证程序

（1）成立验证领导小组和验证小组

验证领导小组：组长由质量受权人担任，成员为生产部、设备工程部、质量保证部等部门的负责人或技术人员。

验证小组：有生产验证小组、设备设施验证小组、质量控制验证小组。验证小组的组长由各部门经理或技术负责人担任，成员为本部门技术人员和验证相关的其他部门人员。

（2）提出验证计划

制定：公司验证总计划由验证领导小组制定，验证小组制定与本小组相关的验证计划。应说明是前验证、同步验证、回顾性验证或再验证等。

计划内容：验证项目、验证方案、验证实施开始结束、验证报告等的时间，需要的物质、人员等。

批准：公司验证总计划由验证领导小组组长批准，部门验证计划由公司验证领导小组批准。

（3）验证方案

起草：由各验证小组组长组织起草。

内容：简介、背景、验证范围、实施验证的人员、试验项目、验证实施步骤、合格标准、漏项与偏差表及附录。

审核与批准：由质量保证部审核或由其会同相关部门进行审核。以保证验证方法、有关试验标准、验证实施过程及结果符合 GMP 规范和企业内控标准的要求，保证实施的可行性。审核后由验证领导小组组长进行批准。

验证方案必须经审核批准方可实施。

（4）组织实施

准备：根据验证方案进行人员准备、文件资料准备、物料准备。

培训：根据验证方案对参加人员进行培训，包括目的说明、方案学习解说、注意事项、实际操作培训等。

实施与记录：按方案计划规定的时间进行实施工作，同时对实施过程的现象与结果进行及时记录。并对验证过程中出现的没有预计到的问题、偏差进行记录。记录还有设备仪器的自动记录。参加验证的人员应签名，记录验证时间。

（5）验证报告

验证报告内容：验证项目完成后，应对所有相关的验证进行总结报告。

内容包括：简介、系统描述、相关的验证文件（计划、方案及相关资料）、人员及职责、验证合格的标准、验证的实施情况、验证实施的结果、偏差及措施、验证结论再验证的周期等。

验证报告批准：验证报告完成后，交验证领导小组组长签字批准后生效。

4. 建立验证档案

（1）验证过程中的数据和分析内容应以文件形式归档保存。验证文件应包括验证计划、验证方案、验证报告、评价和建议、批准人等。

（2）质量保证部负责验证主管负责验证文件的文档管理。验证完成后，有关文件的复印件应交付有关的使用部门作为设备、产品档案的重要组成部分。

（3）验证档案属企业技术机密，严禁外传。

5. 对任何新处方、新工艺、新产品投产前，都要验证其确实能适合常规生产，并证明使用其规定的原辅材料、设备、生产工艺、质量控制方法，能够始终如一的生产出符合质量要求的产品。

6. 对已生产、销售的产品，应以积累的生产、检验和控制的资料为依据再验证或回顾性验证，验证其生产过程及其产品，能始终如一地符合质量要求。再验证采用的方法必须和首次验证时使用的方法相同。

7. 再验证

当影响产品质量的主要因素，如工艺、质量控制方法、主要原辅料、主要生产设备等发生改变、生产一定周期后及其他情况下，应进行再验证。

8. 强制性再验证

（1）计量仪器、衡器的校验。

（2）压力容器的检查，压力表的校验。

9. 改变性再验证

（1）原料、包装材料的改变。

（2）工艺方法的改变。

（3）设备的改变。

（4）生产处方或批量的改变。

（5）常规检测表明系统存在着变迁现象。

10. 定期再验证

由于有些关键设备和关键工艺对产品的质量和安全性起着决定性作用，即使在设备和规程没有变更的情况下也应定期再验证，验证周期如下。

（1）工艺验证周期：3年。

（2）设备验证周期：3年。

（3）纯化水系统验证周期：2年。

（4）空调净化系统验证周期：2年。

（5）检验仪器验证周期：3年。

（6）清洁验证周期：3年。

（7）检验方法学验证周期：5年。

（8）灭菌设备，如高压灭菌锅等验证周期：1年

11. 再验证的实施

再验证按10执行。

案例二　某辅料生产企业验证文件管理制度

1. 验证文件的内容

验证文件包括验证计划、验证方案、验证记录、验证报告、验证总结及其他相关的文件或资料。

2. 文件的起草、审核及批准

（1）所有验证方面文件必须由起草人、审核人、批准人签名和注明日期。

（2）文件的起草人一般是验证小组领导成员，他将对文件的准确与否承担直接责任，包括文件的数据、结论、陈述及参考标准。

（3）文件的审核人员可以是生产部、设备工程部、质量保证部等部门的专业

技术人员，主要为验证领导小组成员，审核人员签字确保文件准确可靠，并同意验证方案的制定。

（4）文件的批准由验证领导小组组长来完成，因为文件的批准直接关系到验证活动的科学有效性以及将来产品的质量水平。

3. 验证计划内容

（1）简介　概述系统验证计划的内容。

（2）背景　对验证的系统进行描述，并结合图文说明系统的关键功能及操作步骤。

（3）目的　阐述系统要达到的总体验证要求，如符合 GMP 要求，设备的材质、结构、功能、安装应达到的各种标准。

（4）验证各部门职责。

（5）验证进度计划。

4. 验证方案内容

包括检查项目、检测方法、合格标准。

5. 验证报告封面内容

包括验证日期、参加部门、验证结果和最终评价。报告应由验证领导小组组长审查批准。

6. 验证报告内容

验证项目完成后，应对所有相关的验证进行总结报告。

内容包括：简介、系统描述、相关的验证文件（计划、方案及相关资料）、人员及职责、验证合格的标准、验证的实施情况、验证实施的结果、偏差及措施、验证结论、再验证的周期等。

7. 建立验证档案

（1）验证过程中的数据和分析内容应以文件形式归档保存。验证文件应包括验证计划、验证方案、验证报告、评价和建议、批准人等。

（2）质量保证部负责验证，主管负责验证文件的文档管理。验证完成后，有关文件的复印件应交付有关的使用部门作为设备、产品档案的重要组成部分。

（3）验证档案属企业技术机密，严禁外传。

8. 验证文件的编号管理

编号形式：XXXX—XX—XX—XX—XX—XX

　　　　　　　Ⅰ　　Ⅱ　　Ⅲ　　Ⅳ　　Ⅴ　　Ⅵ

Ⅰ 公司代号：SHYF。

Ⅱ 验证代号：YZ

Ⅲ 部门代号：见 GMP 文件编号管理规定。

Ⅳ 方案 / 报告 / 合格证代号：FA/BG/HGZ

Ⅴ 流水号：按各部门排列，从 01 开始。

Ⅵ 年号：取公元纪年的后两位。

验证文件的编号由质量保证部统一编制管理。

案例三　某辅料生产企业的验证管理规程

1. 验证的基本原则

（1）直接接触产品或对产品质量有直接影响的厂房设施、设备、仪器应进行确认；产品工艺、分析方法、系统等均要求进行验证。

（2）应根据验证与确认的结果确认工艺规程和操作规程。应当采用经过验证的生产工艺、操作规程和检验方法进行生产、操作和检验，并保持持续的验证状态。

（3）验证与确认工作应有计划、有组织、有控制的进行。

（4）应根据风险评估来确定验证与确认的范围和程度。

2. 验证与确认类型

（1）厂房设施的确认　凡新竣工的洁净厂房及关键的设施必须经确认，符合要求后方可投入使用。洁净厂房及关键的设施经过使用后，还应根据年度质量回顾情况及日常使用情况确认是否进行再确认。洁净厂房及关键的设施的确认应当编写 URS 并对其进行 DQ、IQ、OQ、PQ。

（2）公用系统确认　需进行确认的公用系统包括纯化水系统、洁净空调系统、压缩空气系统。应当编写 URS 并对其进行 DQ、FAT、SAT、IQ、OQ、PQ。

（3）设备 / 仪器确认　所有直接接触产品的设备及对产品质量有直接影响，直接参与产品生产包装的生产设备在投入使用前，应对其进行确认并形成文件，确保设备符合生产工艺要求和相关 GMP 要求，一般包括 URS、DQ、IQ、OQ、PQ，必要时进行 FAT、SAT。

分析仪器应根据其复杂程度和实际使用目的进行分类，判断其确认的程度。部分分析仪器可以只校准，不确认。

（4）计算机化系统验证　所有 GMP 相关的公用系统、工艺设备、实验室检测设备、物料管理的计算机系统均需要进行验证，以确定其能满足用户需求的功能并能稳定、安全、持续的工作后才能正式开始使用。设备上的计算机系统可以与设备验证一起进行，也可以单独进行验证。

（5）工艺验证　工艺验证是指用以证明某一特定工艺，能持续生产出符合预定标准和质量要求的产品的，有文件证明的一系列行为。

（6）清洁验证　清洁验证为证明用规定的清洁方法对设备进行清洁后可达到清洁要求，不会对下批产品产生不良影响。公司生产设备为多产品共用，引入新的产品时，必须对该产品使用到的设备的清洁方法和残留限度等进行确认和评估，如果评估结果表明需要再次进行验证时，需重新进行清洁验证。

3. 验证与确认程序

（1）制定验证/确认计划　QA结合再验证要求、变更、偏差要求，以及公司新增设备、生产计划的要求、上一年未完成的验证等，制定年度验证计划。由主要部门负责人审核，质量负责人批准。

当公司要开展一项较大项目（如新建/改建一个车间/厂房、新增一种剂型、新引入一种产品）时，验证工作较多，为了有效完成各项验证工作，故需起草一个验证主计划，将整个项目中引入需要开展的所有验证工作按一定的顺序详细列出，保证项目的验证工作的顺利开展。

（2）成立验证实施小组　各部门应根据验证计划及验证对象成立验证实施小组，并指定小组组长及主要成员。

（3）验证/确认方案起草及审批　验证/确认方案的起草责任如下：

生产部：负责起草工艺性能确认、生产设备的性能确认、清洁验证的方案；

设备部：负责起草厂房、设施、公用工程系统及其设备的验证；

QC部：负责起草分析仪器确认、分析方法确认、分析方法验证的方案。

设备的URS、FAT、SAT、安装和运行确认方案主要由使用部门负责起草，设备部协助起草，其他项目的验证由被验证对象的负责部门起草。

验证/确认方案起草并经过验证对象的部门负责人审核后，提交验证小组相关人员进行审核，最后由质量负责人批准。

（4）验证与确认实施　验证方案批准后实施方案前，应对相关人员进行验证方案的培训，然后组织力量实施。验证小组负责收集、整理验证数据，起草阶段性和最终结论文件，上报验证相关人员审批。

（5）验证/确认报告的审批　验证/确认报告起草完成，并经验证/确认实施小组组长审核签字后，再提交验证/确认对象的部门负责人及其他验证小组成员进行审核，最后由质量负责人批准。

4.验证与确认状态的维持

（1）应建立对于已验证/确认状态下的设施、设备和工艺的维持方法，以保证其验证/确认状态没有发生漂移。包括但不限于：仪器设备、计量器具的定期校准，变更后的再验证，持续监控及数据分析，定期质量回顾，定期再确认/验证等。

（2）定期再验证的周期　一般设备验证周期为3年，设备清洗验证周期和厂房、仓库温湿度等验证周期均为5年，计算机化系统验证周期为3年，QC检测仪器和计量器具每年进行验证，空调系统、水系统除有变更时进行再验证，只需每年进行年度回顾，除上述规定外其他验证的再验证周期最长不超过5年。

案例四　某辅料企业产品工艺验证方案内容示例

1.目的

说明工艺性能确认的目的。

2.范围

明确验证的产品的名称、代码、工序等信息。

3.介绍

（1）工艺性能确认的背景。

（2）产品基本信息简述（名称、代号、规格、用途、包装方式、储存条件和有效期、批量）。

（3）产品处方及包装材料简介。

（4）产品工艺流程及各工序验证项目、关键工艺参数质量控制参数简介。

（5）其他有助于产品工艺性能确认的介绍内容。

4.验证组织及其职责

（略）

5.风险分析

由生产部组织相关人员对产品工艺及生产过程涉及的人、机、料、法、环等可能对产品质量产生影响的相关方面进行分析评估，针对中高风险，制定措施避免或降低风险。

6.验证时间安排

（略）

7.验证前提条件

列出工艺性能确认实施前必须做好的准备工作，包括相关文件，人员分工及培训，各物料的准备及合格状态，厂房设施、仪器设备、检验方法的校验或确认情况，生产环境的符合性等，逐项检查，确认符合工艺性能确认的条件。

8.验证程序

工艺工序描述：按工序顺序分项描述工艺性能确认的具体实施步骤，包括各工序生产环境要求、生产设备、工艺步骤、工艺参数及质量控制参数要求。

取样计划：各工序及中间体成品等的取样点、取样频率/时间节点、样品编号方式、取样量、检验项目及可接受标准等。

相关文件：如涉及文件的引用，应明确引用的文件名称，如工艺规程、取样程序、各中间体及成品检验的检验方法等。

数据记录及分析要求：应明确每一项确认应填写的记录，及数据收集、汇总分析的方式、统计分析工具等要求。

9.偏差和变更情况

（略）

10.参考文件

（略）

11.附件

（略）

案例五　某辅料企业纯化水系统 DQ 确认示例

表1　纯化水系统 DQ 确认示例表

| URS 编号 | URS 条款内容 | 设计文件 | | 备注 | 是否符合 |
		名称及编号	章节/页码		
URS38	具有电导率、温度、压力等数据超限自动报警功能，监控过程状态	功能设计说明（FDS）2020067（PW）-1ED4-00	/	NA	√是 □否
URS39	预处理带前级水低压保护	功能设计说明（FDS）2020067（PW）-1ED4-00	/	NA	√是 □否
URS40	RO 带低流量或高压力保护，保护膜管和高压水泵	功能设计说明（FDS）2020067（PW）-1ED4-00	报警	NA	√是 □否

URS 编号	URS 条款内容	设计文件		备注	是否符合
		名称及编号	章节 / 页码		
URS41	PLC 控制总量预留 20%，作为后期设备自控改造位点	/	/	在 IQ 时确认	NA
URS42	允许用户使用登录名和密码进行登录，应至少设置三级权限等级：操作员、工程师 / 维修人员、系统管理员，每个等级拥有相应的可设置安全权限，用于修改参数及使用屏幕数据。进入各个等级的权限人员由系统管理员设置	软件设计说明 2020067（PW）-1ED3-00 纯化水系统操作维护保养手册 2020067（PW）-1EM1-00 功能设计说明（FDS）2020067（PW）-1ED4-00	P20 P26-27 P37	NA	√是 □否
URS43	在任何情况下，操作员和维修人员需进行授权方能进行程序查询与修改				

第七章

药用辅料生产文件与记录管理

第一节　文件

一、药用辅料 GMP 法规总体要求

第四十六条　应建立符合质量管理要求的文件管理系统，并制定、执行有关受控文件的标识、起草、复核、发放、归档、变更、过期文件收回处理的规程。

第四十七条　应建立并执行生产和质量控制的书面规程。规程的批准、修改和分发应加以控制，以确保生产全过程所使用的规程均为现行版本。所有文件的制订及修改须经指定人员审核、批准后按规定的范围发放。应有制度以确保文件正确发放并收回以前的版本。

第四十八条　受控文件应具有专一性的编号，注明发放日期，并标明版本号。应由指定的部门发放文件，所有文件的变更以及变更原因应有记录。

【要点分析】

1. 文件管理的目的与意义

文件管理是质量管理系统的基本组成部分，可以保证企业的各项 GMP 活动的执行有章可循、照章办事以及有案可查，使行之有效的质量管理手段和方法制度化、体系化。通过质量系统文件的实施来保证质量体系的有效运行。

建立一个完善的文件系统的主要目的如下。

（1）提供质量标准　物料和成品应有经过批准的现行质量标准。

（2）明确管理职责　建立质量管理系统，并以完整的文件形式明确规定不同岗位的工作职责和操作规程。

（3）规范生产操作　企业应当将生产过程中所涉及的一切操作程序用书面文件加以规定，规范化、程序化、标准化。

（4）跟踪产品情况　生产全过程应当有仪器和手工的记录，并妥善保存，以便于查询和追溯。

2.文件生命周期管理

对于文件管理，也应基于生命周期的管理原则，应该包含如下周期。

（1）需求评估　应基于风险评估的理念考虑是否应新建或修订质量文件，以解决现有质量文件不能满足质量需求的差距；同时需要确保新建文件或修订文件不能与其他文件规定不一致或重复。

（2）文件创建和修订　遵循"谁使用谁起草／修订"的原则，文字应确切、清晰、易懂，不能模棱两可；文件应标明题目、种类和目的；需要规定相应文件的修订周期。

（3）审核　审核需要包含形式审核和内容审核两个部分。形式审核由指定部门的指定人员完成，确保文件具有统一的格式（例如文件编号、版本号、字体、字号等等）；内容审核应由相关部门的主题专家或管理负责人完成，从法规、技术和管理的角度确保文件内容的适用性。

（4）批准　批准人应当是相关部门或领域的负责人；一般来说，与质量体系相关的文件，需要由质量管理相关领域负责人审核并批准。

（5）培训和执行　当新建或修订文件后，需要确保使用该文件的人员已经进行了自学或接受了培训，确保相应人员切实掌握该文件的要求；培训活动应采用合适的方式进行记录。

（6）发放　文件发放可以分为纸质文件发放或者电子文件发放，需要明确规定各种文件类型的发放形式，并具有相应的文件发放记录，在此过程中需要确保工作现场中不能同时有两个版本的文件存在。

（7）失效　文件失效后，要及时撤销失效文件，应记录该撤销和销毁过程，防止错误使用失效版本的文件。

（8）存档　文件需要分类存放、条理分明、便于查阅；同时质量相关纸质文件需要存储于防水、防火、防虫害的房间，并且只有授权人员可以进入文档室；

电子文件存储在电子系统中，需要有合适的备份，确保数据的可恢复性。

关于文件记录的保存，需要特别注意与批相关的文件和非批相关的文件有不同的要求，具体如下：

（1）批相关的文件（例如批生产记录、批检验记录、批销售记录）需要至少保存至产品有效期后一年或首次复验期后一年，如生产商未规定辅料的有效期或复验期，记录应自生产日期起至少保留五年；其他非批相关记录，辅料生产企业需要依据产品、工艺特点等因素，制定相应的保存年限，保证产品生产、质量控制和质量保证等活动可以追溯。

（2）定期回顾　根据规定时限，定期对文件进行审核，以确保文件持续符合法规、实际管理、操作等要求。

3.文件种类

为了确保质量管理系统的有效性，企业要根据自己质量系统的范围，建立相应的质量管理文件；为了方便有效的管理数量庞大的文件，按其属性可分为"指令/执行性文件"和"记录"两大类，如表7-1所示。

表7-1　文件种类分类表

文件类型		文件举例
指令/执行性文件	技术标准（STP）	××成品质量标准 ××原材料质量标准
	管理标准（SMP）	偏差管理规程 变更管理规程 投诉管理规程
	操作标准（SOP）	××成品分析方法 ××设备维护保养
记录	记录（RD）	批生产记录 批检验记录 培训记录 清场记录

辅料生产企业要根据风险管理的理念设定其相应的文件种类和内容，表7-2列出了质量管理系统中可能包括的文件。不同企业之间的文件名称或责任部门或许有差异，但只要根据其所生产的辅料的风险管理结论设定相应文件即可。

表 7-2　质量管理系统中可能包括的文件

	文件类型	QA	生产	QC	工程	供应链
质量管理总体要求	质量方针	√	—	—	—	—
	质量目标	√	—	—	—	—
	质量风险管理	√	—	—	—	—
机构、人员、职责	组织机构图	√	—	—	—	—
	工作职责管理	√	√	√	√	√
	培训	√	√	√	√	√
	人员卫生管理	√	√	√	√	√
厂房、环境和设施	环境监测管理（如需要）	√	—	—	√	—
	空气处理系统管理（如需要）	√	—	—	√	—
	水系统监测管理（如需要）	√	—	—	√	—
	环境清洁程序	—	√	—	—	—
	虫害控制程序	√				
设备	设施和设备的校准和确认	√	—	—	√	—
	设备操作指南	—	√	—	√	—
	设备清洁规程	—	√	—	—	—
	设备使用、清洁和维护记录	—	√	—	√	—
物料	物料管理程序	√	—	√	—	—
	供应商管理程序	√	—	—	—	—
	取样程序	—	—	√	—	—
	成品包装和标签管理程序	√	—	—	—	√
药用辅料的生产工艺验证	生产工艺验证	√	√	√	—	—
	清洁验证	√	√	√	—	—
文件与记录管理	文件管理程序	√	—	—	—	—
	记录填写规范程序	√	√	√	√	√
生产管理	生产工艺规程	√	√	—	—	—
	包装管理程序	√	√	—	—	—
	返工/重新加工管理程序	√	√	—	—	—
	生产指令管理程序	√	√	—	—	—

文件类型		QA	生产	QC	工程	供应链
生产管理	不合格品处理程序	√	√	—	—	—
	物料 / 溶剂回收管理程序	√	√	—	—	—
	清场记录	—	√	—	—	—
质量保证和质量控制	分析方法确认和验证管理程序	—	—	√	—	—
	检验程序	—	—	√	—	—
	标准品和试剂管理程序	—	—	√	—	—
	原料、中间体、成品质量标准	√	—	√	—	—
质量保证和质量控制	物料和成品放行批准程序	√	—	—	—	—
	留样	—	—	√	—	—
	超标结果的处理	√	—	√	—	—
	产品稳定性	—	—	√	—	—
	变更控制	√	√	√	√	√
	偏差管理	√	√	√	—	√
销售和客户管理	销售记录	—	—	—	—	√
	投诉程序	√	—	—	—	—
	召回程序	√	—	—	—	√
	退货程序	√	—	—	—	—
	质量协议	√	—	—	—	√
自检和改进	自检指南和记录	√	—	—	—	—
	产品质量回顾	√	—	—	—	—
委托生产、委托检验	委托生产、检验质量协议	√	—	—	—	—
	委托生产、检验服务商审计报告	√	—	—	—	—

二、国内外行业协会颁布的指南审核要点

行业协会名称	对机构与其职责的要求
江苏省医药包装药用辅料协会（SPPEA）	第六十二条 应建立符合质量管理要求的文件管理系统，并制定、执行有关受控文件的标识、起草、复核、发放、归档、变更、过期文件收回处理的规程 第六十三条 应建立并执行生产和质量控制的书面规程。规程的批准、修改和分发应加以控制，以确保生产全过程所使用的规程均为现行版本。所有文件的制定及修改须经指定人员审核、批准后按规定的范围发放。应有制度以确保文件正确发放并收回以前的版本。电子文件同应符合上述要求。如果文件中使用了电子签名，应如同手写签名控制其安全性。电子签名应符合当地法规要求 第六十四条 受控文件应具有专一性的编号，注明发放日期，并标明版本号。应由指定的部门发放文件，所有文件的变更以及变更原因应有记录
中国药用辅料发展联盟（CPEC）	应有书面程序来描述文件的变更控制程序 应有一个适当的系统来追踪、控制所有涉及质量体系要求的文件和记录
国际药用辅料协会（IPEC）	应该编制描述如何生产辅料的受控文件（例如主生产指令文件、主生产和控制记录、工艺描述等） 对批次生产过程，应该准确复制一份相应的主生产指令文件并发送到生产区域。对连续生产过程，应该编制一份当前加工日志

【指南审核要点】

综合各指南要求，审核过程中建议关注以下内容。

1. 是否建立文件的起草、修订、审核、批准、废除、发放、存档的管理制度？

（1）如何进行文件的起草、修订、审核、批准、废除、发放、存档？

（2）是否规定文件分类、编号管理原则？文件编号是否唯一且可追溯？

（3）是否规定文件/记录的保存期限，相关文件/记录至少应保存至产品有效期后的一年或首次复验期后的一年？

（4）文件生效执行前是否进行了员工培训？

（5）是否允许电子签名的使用？电子签名是否真实、安全？

（6）是否明确规定了各类文件的复核周期？质量标准和生产指令性文件的复

核周期如何？

2. 是否制定了记录填写规则？

（1）记录填写是否清晰易读、不易擦除？

（2）关键数据录入是否有复核？

（3）记录修改是否可追溯？

（4）是否采用电子数据录入系统？若采用电子数据录入系统，权限控制是如何进行的？

3. 是否有对人员进行培训的制度和记录？

（1）培训管理制度。

（2）培训的执行情况及记录。

4. 文件的格式和内容是否符合规范？

（1）文件编制是否有统一的格式？

（2）文件是否具有专一性的编号？

（3）文件是否标明发放日期或生效日期，并标明版本号？

（4）文件是否由指定的部门发放？

（5）文件内容是否包含文件变更历史，描述文件变更原因？

（6）文件起草、审核和批准的责任是否明确，并有责任人签名？

5. 是否制定了起始物料、中间体和成品的质量标准及其检验操作规程？

（1）起始物料的质量标准是否包含鉴别项目？

（2）成品的质量标准若按照药典标准执行，是否符合最新药典标准要求？是否有定期确认药典版本更新机制？

6. 是否制定批生产指令？

（1）批生产指令是否包含完整的原材料清单？

（2）批生产指令是否包含使用数量或计算数量的准确说明？

（3）批生产指令是否由质量部门复核过？

7. 是否制定主批生产记录？

（1）批生产记录使用是否受控？

（2）发放批生产记录之前，是否检查版本的正确性？

（3）是否定义批次和批量概念？

（4）批生产记录编号是否唯一且可追溯？

8. 是否制定了重要操作步骤的标准操作规程？

（1）内容是否具体、可操作并符合生产实际情况？

（2）内容是否包含了生产操作方法和要点？

9. 是否对批生产、包装或暂存等重要操作步骤进行了记录？

（1）批记录是否使用独一无二的批号（连续生产不适用）？

（2）记录中是否包含各步骤完成的日期／时间？

（3）关键操作步骤是否有操作者和复核者签名？

（4）是否包含所用主要设备和生产线的编号？

（5）是否包含生产所使用的物料或中间体的品名、编号或批号？

（6）是否包含生产过程中所使用的物料的数量？

（7）是否包含包装前后清场记录？

（8）是否包含某些加工步骤的实际收率或产量的说明以及理论收率的百分数？

（9）是否包含标签控制记录？批包装记录中是否包含标签样稿？批包装过程中是否确认标签为批准版本？

（10）批包装记录中是否有具体的包装材料要求记录？

（11）记录是否具有可追溯性？

10. 是否对批检验记录中的关键步骤进行了记录？

（1）是否包含产品取样描述 品名、批号或代号、取样日期、数量？

（2）所使用标准品、试剂、标准溶液是否具有可追溯性？

（3）所有原始数据是否完整？

11. 现场使用的文件是否为批准的现行版本？

（1）现场是否可以及时获取现场活动相关的文件？

（2）过期文件的收回情况；

（3）现场文件是否经过批准或过时作废？

（4）过期文件的存档情况？

12. 是否对批记录进行复核？

（1）是否建立了批生产（检验）记录的审核规程？

（2）质量部门是否审核了关键的批生产（检验）记录？

（3）批记录审核时，是否审核了所有的偏差调查和 OOS 结果调查？

（4）批记录审核时，是否审核了相关变更执行情况？

（5）批记录审核时，是否确认了相应的验证文件已经批准？

（6）批处置决定是否由质量部门做出？

三、药用辅料生产企业在具体实施中的案例

某辅料生产企业文件管理制度

1. 内容

本公司文件系统可分为 SMP、SOP、记录（凭证）三类。记录是文件的一部分，记录应严格按照文件的起草、修订、审核、批准、替换或撤销、复制、复审、保管、发放和销毁程序管理。

（1）起草　各部门的管理文件由各文件使用部门负责人起草或负责组织起草。

文件的内容一定要符合现行 GMP 规范的要求，并结合实际做到切实可行。

文字精简易懂，便于培训、学习、执行。

起草或修订的文件由起草人（修订人）签名后送交审核人审核。

（2）审核　工艺规程、质量标准等文件由部门负责人或部门技术人员初审，由质量保证部进行审核。管理文件及操作规程等文件由使用部门负责人审核。

审核的要点：①是否符合现行 GMP、质量标准、法律法规等。②文字应简练、确切、易懂，不得有两种以上的解释和错别字。③同企业已生效的其他文件没有相悖的含义。④与生产质量管理实际是否相符。⑤文件的格式是否为现行统一格式。

文件经审核如需修改，应交回原起草修订部门进行修改。经审核符合要求，审核人签字后送交批准人批准。

（3）批准　工艺规程、质量标准等文件由质量受权人批准，管理文件及操作规程等文件由使用部门分管公司领导批准。

批准人应对文件进行审查。审查通过，批准人签字，签注批准日期和执行日期。审查未通过，返回起草人（修订人）重新修改审核，上报批准。

用于生产管理及质量管理的记录、表格等的印刷，必须经批准，否则不得印刷。

（4）文件的发放与收回　QA 在实施日期前将批准的文件按分发份数复印，并根据《文件受控号表》（附件一）逐页加盖红色受控号章，分发给相关的各有关部门。原稿由 QA 归档保存。

发放文件应填写《文件发放登记表 SHYF-WJ-R-002》（附件二），部门签收

人为部门的负责人，签收人应核对所收文件。发放记录一律使用黑色或蓝黑色墨水，以利长期保存。

当受控文件使用人将文件遗失时，遗失部门应调查原因，并详细填写调查情况，确认是否涉及泄密，应提交补发申请表，并经部门负责人批准，才可补发。当文件破损影响使用时，应提交补发申请表，涉及部门须交回破损文件，领补新文件，新文件受控编号仍沿用原编号，破损文件销毁按规定执行。

收文部门对文件的执行、检查、保管和保密负责，并按规定填写《文件收回登记表 SHYF—WJ—R—003》（附件三）。

QA 分发文件时应送交一份文件到公司档案室存档。

如属于修订的文件，发放新文件的同时按原发放记录收回旧文件，除档案室存档的一份外，其他文件应全部收回，工作现场不得出现原文件。长期保存一套旧版的标准类文件（包括质量标准、工艺规程、操作规程、稳定性考察、确认、验证、变更等），并加盖"旧版保留"章，做到与有效文件分开存档。

撤销的文件按原发放记录及时收回。

批生产记录有质量保证部一次性分发至部门管理人员，部门管理人员在下达当班生产任务时，同时将该批记录发放至相关岗位，每批产品发放一份空白记录。其他二级记录及电子版记录由各部门管理人员进行受控管理，按照使用进行发放。

（5）文件的培训　文件起草或修订后，应进行培训，以利顺利执行。培训应在执行前进行，并视需要进行执行过程中的培训。

人事行政部负责公司级文件培训，各部门负责部门级培训。

各部门负责人有配合人事行政部编写培训教材的责任和义务。

各部门应制订部门的培训计划并组织实施。各操作规程类文件应进行实际操作培训。

培训应有记录有考核，记录和考核资料归档保存 3 年。

（6）文件的执行与检查　各部门收到文件，在实施日期前完成培训并作好相关的准备工作，从执行日期开始执行。

各部门负责人及相关责任者对文件的贯彻执行负责，并应经常检查和反馈该文件的执行情况。

QA 组织有关部门人员对生产质量管理文件的执行情况定期检查并做好记录，对发现的违规问题要及时纠正处理。

文件在执行过程中，发现存在问题需要修订或撤销时，相关部门应及时提出修订或撤销废止申请上报批准。

（7）文件的归档与保管　文件的保管与归档应符合国家、地方的文件、档案管理规定。

所有涉及生产、质量的管理文件都应由 QA 文件管理员统一管理，应保留一份现行文件原件，并根据文件变更情况随时更新修订情况并记录在案。各种记录完成后，整理分类归档保管。

文件形成后，QA 文件管理员将正式文本的最后一份及有效软盘文件一起交档案室归类登记存档。

文件管理部门应对保管的文件采取严密措施，防止泄密。需借阅的，应规定办理借阅手续。

（8）修订　文件的题目不变，不论内容改变多少均称修订。

文件一旦制定，未经批准不得随意更改。

组织机构职能变动前；文件执行过程（包括日常运行及自检、质量大检查或 GMP 认证检查后）发现问题时；药典、法定标准或其他依据的文件更新导致标准有所改变时；新厂房、新设备、新工艺投入使用时，新产品投产时；物料供应商变更，导致有必要修订标准文件；产品质量回顾或回顾性验证的结果表明需修订文件；对文件整体进行质量改进时。由文件的使用部门提出变更申请，交该文件的批准人，批准人评价修订可行性后签署意见。

修订文件按原批准程序执行。

文件修订后，需在文件结尾处注明文件历史变更记载，包括版本号、生效日期及修订原因。此项要求自本文件生效期开始执行。

（9）文件的复审　根据《中国药典》制定的质量标准复审期一般情况为 5 年，如中途有药典增补本收载的品种，应及时修订质量标准，工艺规程复审期为 5 年，其他文件复审期为 3 年，在复审期到之前一个月，由文件主要使用部门召集相关部门人员对文件进行复审，如无须修改，则由质量保证部在原件右上角及该文件每份复印件右上角加盖"已复审"红章，有效期延长 3 年后文件换版。

（10）文件的撤销　因法律法规改变、实际生产质量情况变化等各种原因，文件需要撤销时，应办理相关手续进行撤销。

文件题目改变，不论内容改变与否都视为撤销。改题后的文件应按新文件程序进行审批，并重新编号。

文件的撤销由相关部门填写《文件撤销申请表》报交 QA 审核，相关人员审核批准。

经批准撤销的文件，应由 QA 书面通知有关部门，在分发通知的同时，收回被撤销的文件，使其不在现场出现。

撤销文件的编号同时作废，不得再使用。

销毁：因修订或撤销而收回的文件，除存档的一份外，其他全部销毁，原文件不得在工作现场出现。

文件销毁前应进行整理，对有保存价值的可留一份存档。

需要销毁的文件由质量保证部审查，质量受权人批准后方可执行。

销毁应及时填写《文件销毁登记表 SHYF-WJ-R-004》(附件四)，如实记录，销毁人、监销人签名。

(11) GMP 文件的发放、收回、存档、销毁由质量保证部负责。

第二节　记录

一、药用辅料 GMP 法规总体要求

第四十九条　产品的所有记录应清晰易读。批相关的所有记录至少应保留至产品有效期后的一年。记录档案应便于追溯查询，其存档环境应符合有关规定。

第五十条　连续工艺生产或按批生产的产品均应有生产和质量控制记录，以记录每批产品生产和质量控制相关的所有信息。记录可存放在不同的场所，但应方便查询。记录通常包括以下二类：

1.指令性文件，即发至生产车间的批生产指令或控制文件原稿的复印件。

2.记录性文件，即完成批生产、包装或暂存等重要操作步骤获得的记录。文件的内容应包括：

(1) 各操作步骤完成的日期 / 时间；

(2) 所用主要设备和生产线的编号；

（3）每批原料或中间体的品名、编号或批号；

（4）生产过程中所用原料的数量（重量或其他计量单位）；

（5）中间控制或实验室控制的结果；

（6）包装和贴签区使用前后的清场记录；

（7）某些加工步骤实际收率或产量的说明以及理论收率的百分数；

（8）标签控制记录，并尽可能附上所有使用标签的实样；

（9）包装材料、容器或密封件的详细说明；

（10）对取样过程的详细描述；

（11）生产重要步骤操作、复核、监督人员的签名；

（12）偏差查处记录；

（13）最终产品检验记录；

（14）以无菌操作方式生产药用辅料时，应有无菌操作区关键点环境监测的记录。

第五十一条 批生产记录应字迹清晰、内容真实、数据完整，并有操作人和复核人签名。记录应保持整洁，不得撕毁和任意涂改，如需更改，应在更改处签名，并保持原数据仍可辨认。

【要点分析】

1. 记录要求

记录可以反映生产过程中的实际情况，记录的真实、可靠、可追溯可以帮助更好地进行产品质量管理，保证产品的安全性、可靠性、有效性。因此记录需要做到真实、完整、可靠。总的来说，记录需要遵循如下原则。

（1）可归属性 数据不仅仅是归属至数据产生的人，还必须追溯至数据产生时在生产检验过程中所用到的仪器设备、计算过程、具体操作等。

对于纸质记录，在记录过程中要确保人员签名，并且需要记录生产检验过程中所使用的生产设备、物料、检验仪器等信息。

对于电子记录，则需要设计合适的账号权限系统，确保人员具有独立受控权限账号。

（2）清晰可辨性 是否可在整个生命周期内读取数据文件。

对于纸质记录，必须使用非水溶性不易轻易擦除的墨水；出现错误需要采用划线签字的方式进行修改，并注明修改原因；不得使用不透明修正液或其他方法使记录不可读。

对于电子记录，则需要使用安全的有时间戳的审计追踪，毒理记录操作员的行为；限制访问高级安全权限（如可以关闭审计追踪或允许改写、删除数据的系统管理员角色）；备份电子数据可以顺利恢复，对电子记录进行安全可控的存档。

（3）同步性　在执行活动的同时进行记录。

对于纸质记录，需要加强员工培训，强调需要记录活动发生的日期和时间。

对于电子记录，需要确保系统时间/日期戳安全，不会被人员篡改。

（4）原始性　对原始数据的要求包括，应当检查原始数据，应当保存原始数据和（或）认证的真实、准确副本，副本保存了原始数据的内容及含义；同样地，在记录保存期间，原始记录应当完整、持久并且容易获得并读取。

（5）准确性　为保证记录准确性，对于关键可能影响产品质量的数据记录，需要采用双人复核的形式确保数据准确性；包括但不限于关键生产工艺参数的记录、检验结果的计算记录等。

2. 批记录审核

批记录包括批生产记录和批检验记录，一般由生产部门和质量控制部门分别对批生产记录和批检验记录做第一轮审核，由质量保证部门汇总生产部门和质量控制部门的审核意见，并进行关键信息审核后，对批处置做出最后的决定。

（1）生产部门对批生产记录进行审核，应该关注但不局限于以下几点审核要求。

1）确保文件完整性和技术信息的准确性。

2）确保数据录入符合规范要求。

3）确保批记录中的每一页均包含产品批号。

4）确保已经对相关偏差在批记录中进行了记录总结。

5）确保物料平衡。

6）确保规定的失效期正确。

7）确保生产过程正确。

8）确保计算结果正确。

9）关键工艺参数、过程控制参数的数据符合控制要求。

（2）质量控制部门对批检验记录进行审核，应该关注但不局限于以下几点审核要求。

1）原始数据的准确性和完整性。

2）分析相关偏差的审核。

3）OOS 和 OOT 的审核。

4）确保所有计算结果正确性。

（3）汇总生产部门和质量控制部门对于批记录的审核意见后，质量保证部门开展批记录审核工作，包括但不局限于如下内容。

1）确保数据录入正确。

2）复核关键工艺参数。

3）确保生产所使用的物料均为已放行状态。

4）影响到产品质量的偏差已经关闭。

5）影响到产品质量的变更应该被充分评估并执行。

6）确认相关验证已经完成，验证文件已经批准。

7）产品根据正确的质量标准进行了相应的取样并检测，且检测结果符合各项质量标准的要求。

8）复核标签内容的准确性，以及所使用的标签数量的物料平衡。

9）质量保证部门在完成了上述复核后，做出最终批处置决定。

二、国内外行业协会颁布的指南审核要点

行业协会名称	对机构与其职责的要求
江苏省医药包装药用辅料协会（SPPEA）	第六十五条　产品的所有记录应清晰易读，不可擦除，记录应该与所涉及的产品清晰对应。在完成活动后应按顺序立即填写，有录入人签署的姓名或缩写、日期。涂改记录后应签署姓名或缩写、注明日期，并保留清晰的涂改前内容。相关的所有记录至少应保留至产品有效期后的一年或首次复验期后一年。如生产商未规定有效期或复验期，记录应自生产日期起至少保留五年。记录档案应便于追溯查询，其存档环境应符合有关规定 第六十六条　连续工艺生产或按批生产的产品均应有生产和质量控制记录，以记录每批产品生产和质量控制相关的所有信息。记录可存放在不同的场所，但应方便查询。记录通常包括以下二类： 　1.指令性文件，即发至生产车间的批生产指令或控制文件原稿的复印件 　2.记录性文件，即完成批生产、包装或暂存等重要操作步骤获得的记录。文件的内容应包括： 　（1）各操作步骤完成的日期／时间 　（2）所用主要设备和生产线的编号 　（3）每批原料或中间体的品名、编号或批号

行业协会名称	对机构与其职责的要求
江苏省医药包装药用辅料协会（SPPEA）	（4）生产过程中所用原料的数量（重量或其他计量单位） （5）中间控制或实验室控制的结果 （6）包装和贴签区使用前后的清场记录 （7）某些加工步骤实际收率或产量的说明以及理论收率的百分数 （8）标签控制记录，并尽可能附上所有使用标签的实样 （9）包装材料、容器或密封件的详细说明 （10）对取样过程的详细描述 （11）生产重要步骤操作、复核、监督人员的签名 （12）偏差查处记录 （13）最终产品检验记录 （14）以无菌操作方式生产药用辅料时，应有无菌操作区关键点环境监测的记录 第六十七条 批生产记录应字迹清晰、内容真实、数据完整，并有操作人和复核人签名。记录应保持整洁，不得撕毁和任意涂改，如需更改，应在更改处签名，并保持原数据仍可辨认
中国药用辅料发展联盟（CPEC）	应有一个批记录管理程序，明确批记录的生成、审核、批准、分发、记录、存档等控制过程 批记录的设计应符合工艺要求；批记录的填写应符合要求、规范
国际药用辅料协会（IPEC）	应该保留每批辅料生产情况的记录，包括与每批生产和控制相关的完整信息。对连续生产过程，应对其批次和记录情况进行规定（如基于时间或规定的量） 记录可以存放于不同地点，但应该方便取用 在对辅料质量起关键作用处，批次生产和连续生产的记录均应该包括：每个步骤完成的日期／时间 包括关键参数及其对于具体操作范围的符合性检查的日志 在每个重要步骤、操作或控制参数进行操作以及进行直接监督或检查的人员身份（例如姓名首字母大写可追溯至签名日志） 标示所采用的主要设备和生产线 为了实现可追踪性而输入的物料信息，例如批号以及原料／中间体的数量，加入的时间等 过程中间控制和实验室控制结果 规定的批次产量以及对理论产量百分比的陈述，除非不可量化（例如在某些连续流程中） 包装和贴签区域使用前后的检查 标签控制记录 对辅料产品容器和密封情况的描述 取样描述

行业协会名称	对机构与其职责的要求
国际药用辅料协会（IPEC）	失效、偏差及其调查情况 最终产品检验结果

三、药用辅料生产企业在具体实施中的案例

案例一　某辅料生产企业记录、凭证填写规程

1. 内容

（1）记录、凭证类文件范围

生产管理记录：批生产记录、批包装记录、物料管理记录等。

质量管理记录：批检验记录（包括标定记录、留样观察记录）和质量投诉记录、用户访问记录、退货记录、稳定性试验记录、自检记录、质量分析会议记录等。

厂房、设备（包括仪器、仪表）、设施的监测记录、维修保养记录、校验使用记录等。

销售记录。

原辅料、包装材料、标签等采购记录、入库、发放记录。

验证记录。

工程建设、技术改造记录等。

其他记录凭证。

（2）记录（凭证）类文件的填写

1）记录（凭证）类文件的填写必须真实、及时、准确、完整，不得超前记录或回忆性记录。

2）记录（凭证）类文件的填写必须字迹清晰，使用黑色或蓝色水笔。需要更正时应用横线划去需要修改的文字或数字，但必须保持经修改的文字或数字仍然可以辨认；在其旁边填写修改内容，然后签名并注明日期。

3）记录（凭证）类文件不得撕毁或任意涂改。

4）记录（凭证）类文件的填写必须填写齐全无空格，无内容时填写一律

用"/"线或"N/A"在空格内划记表示；遇到重复的内容必须重复填写，不得以"同上"等文字或符号说明表示。

5）记录（凭证）类文件填写产品、物料等名称时，必须填写通用名称的全称，不得用简称略写等。

6）记录（凭证）类文件填写姓名时，必须填写齐全姓与名，不得只写姓或只写名。

7）记录（凭证）类文件的日期填写必须以公元纪年的年月日填写，如2002年6月22日，不得简写或其他格式，并一律横写。

数据的修约应采用舍进机会相同的修约原则，即"4"舍，"6"入，"5"考虑。当所拟修约的数字中，其右面第一个数字小于或等于4时舍去；其右面第一数字大于或等于6则进1；其右面第一个数字等于5时，5后非0应进1，5后皆0看奇偶，5前偶数应舍去，5前奇数则进1。

案例二　某辅料生产企业生产记录管理制度

1. 内容

（1）岗位操作记录的管理

1）公司各生产岗位应有完整的岗位操作记录。记录应根据工艺程序、操作要点和技术参数等内容设计并编写。

2）岗位操作记录由岗位操作人员填写，岗位负责人或技术员审核并签字。

3）岗位操作记录应及时填写、字迹清晰、内容真实、数据完整，并由操作人及复核人签字。填写有差错时用一条横线划掉，填写正确的内容，在更改处签名并写明更改日期。生产记录不得随意涂改或撕毁。

4）复核岗位操作记录的注意事项：

5）必须按生产工艺进行串联复核。

6）必须将记录内容与工艺规程对照复核。

7）上下工序、成品记录中的数量、批号必须一致、正确。如有偏差应调查原因并确认无质量隐患。

8）对记录中不符合要求的填写方法，必须由填写人更正签名并签署日期。

（2）批生产记录的管理

1）批生产记录是该批成品生产全过程（包括中间产品检验）的完整记录，它由生产指令、各工序的生产原始记录、清场记录、偏差调查处理情况、检验报告单等汇总而成。此记录应具有质量的可追踪性。

2）批生产记录由各岗位操作人员按工序填写，由生产车间技术员审核汇总后，送质量保证部审核。

3）批生产记录要保持整洁，不得撕毁和任意涂改。若发现填写错误，应按规定更改。

4）批生产记录应按批号归档，保存至成品有效期后一年。

（3）批包装记录的管理　批包装记录是该批产品包装全过程的完整记录。是批生产记录的一个组成部分，其内容及管理要求与4.2批生产记录的管理相同。

案例三　某辅料生产企业检验原始记录及检验报告书的管理制度

1.内容

（1）检验原始记录为检验所得数据的记录及运算等原始记录资料。

（2）检验原始记录书写及时，必须真实反映检验数据，字迹清晰。

（3）记录应保持整洁，不得撕毁和随意更改；更改时，用单线或双线划去错误的数据，使原数据仍可辨认，于旁边写入正确的数据，并签全名。

（4）检验结果由检验人签字，检验负责人或指定的人员复核，复核后签名。检验人对检验结果负责，复核人对计算结果负责。如数据有偏差或检验不合格时，应按相关规定执行。

（5）根据检验结果由检验人出具检验报告书，检验报告书由检验人签名后按检验报告书、请验单、检验原始记录顺序贴牢后交质量保证部负责人或其委托的人签字，盖质检专用章，发出检验报告书，并建立检验台账。

（6）检验报告　成品检验报告书一式两份，一份发给仓库，一份与检验记录一起存档。

原辅料包装材料检验报告书一式三份，一份发车间，一份发给仓库，一份与检验记录一起存档；工艺用水的检测报告一式两份，一份发给车间，一份与检验记录仪器存档。

（7）检验应编制检验单号。编制方法：

××-×××××××

Ⅰ　Ⅱ

Ⅰ为原辅料或成品代号

Ⅱ为年月加流水号。

（8）检验原始记录，检验报告书按品种、规格存档，保存至成品有效期后一年。未规定有效期的成品，至少保存三年。

（9）检验记录中如有图谱需打印成纸质附在检验记录中，电子版图谱需保存在文件夹中，并每月备份一次。

（10）原辅料来厂进行检验时，检验数据需和厂家的检验报告单对比，是否存在检验差异较大的情况；如果有，要及时汇报领导，并与厂家及时进行沟通反馈，找出原因。检验完成后，要将厂家报告书上交质量保证部存档。

第八章

药用辅料生产管理

第一节　药用辅料 GMP 法规总体要求

第五十二条　企业应确保重要的生产过程能够连续稳定地运行。

第五十三条　每批产品生产应进行物料平衡检查。如有显著差异，必须查明原因。在得出合理解释、确认无潜在质量偏差后，方可按正常产品处理。

第五十四条　如在同一厂房或用同一台设备生产不同级别的同种产品，在不改变质量、安全的情况下，允许前一批的少量产品带至下一批中。

第五十五条　生产过程中需要暴露的产品应置于清洁的环境中，必要时应对生产环境进行监测，以避免微生物污染或因产品暴露在热、空气和光等条件下引起质量变化。直接接触产品的惰性气体应按原料要求管理。

第五十六条　无菌药品用辅料的生产环境应与制剂的生产环境相似，并制定相应的环境监测规程。无菌辅料灭菌后的操作必须使用无菌操作技术，无菌生产过程中有关灭菌及无菌操作区环境监控的结果，应纳入批生产记录中，并作为最终产品质量评估的重要依据。

第五十七条　生产过程中的工艺用水应符合产品工艺要求。一般情况下，工艺用水应符合饮用水质量标准。当产品工艺对水质有更高要求时，企业应建立包括理化特性、细菌总数、不可检出微生物等的标准。

如由企业自行处理工艺用水使其达到标准，应对水处理工艺进行验证，并对系统的运行进行监控。如企业生产的非无菌辅料用于生产无菌药品，应对辅料最终分离和精制的工艺用水进行监测，同时应控制细菌总数及内毒素。

第五十八条　如企业采用加热或辐射的方式来减少非无菌辅料微生物污染时，辅料在灭菌前应达到规定的微生物限度标准，且灭菌工艺处于受控状态。应对采用的灭菌方法进行验证，以证明达到设定的要求。不应将辅料产品的最终灭菌替代工艺过程的微生物控制。

第五十九条　对储存条件有特殊要求（如避光和隔热等）的辅料，应在其包装上注明。

第六十条　回收溶剂在同一或不同的工艺步骤中使用时，必须符合回收使用或与其他溶剂混用的标准。

第六十一条　需反复使用的母液以及含有可回收辅料、反应物或中间体的滤液，应符合投料的标准。批生产记录中应有符合回收规程的回收记录。

第六十二条　应根据工艺监控的需要进行中间检查和检测，或在指定操作点及规定的时间对实际样品进行检测，检测结果应符合设定的工艺参数或在规定限度以内。应根据中间体检测的结果来判断工艺过程是否正常运行。不合格的中间产品不得流入下道工序。

第六十三条　每批辅料都应编制生产批号。批的划分原则如下：

1.连续生产的辅料，指在一定时间间隔内生产的质量和特性符合规定限度的均质产品。

2.间歇生产的辅料，由一定数量的产品经最后的混合所得的质量和特性符合规定限度的均质产品。

第六十四条　为确保批的均一性或方便加工，可以进行中间混合，应对混合过程进行适当的控制并有记录。批与批之间应有重现性。不合格批号与合格批号的辅料不得相互混合。

第六十五条　更换品种时，必须对设备进行彻底的清洁。同品种生产中更换批次时，应清场并有记录。可允许批生产中物料零头的结转。在残留物影响产品质量情况下，应在更换批次时，对设备进行彻底的清洁。

第六十六条　应规定辅料生产各工艺步骤的完成时间和间隔时间。此外，还应规定直接接触产品的设备、容器、包装材料和其他物品的清洗、干燥、灭菌到使用的最长间隔时间。

第六十七条　包装过程应确保辅料的质量和纯度不受影响，并确保所有包装容器贴签正确无误。应有防止包装和贴签操作发生差错的措施。如辅料容器可回收并重复使用，原标签必须清除或涂销。同一辅料生产中使用的周转容器上所有以前的批号或标签也应清除或涂销。

第六十八条　辅料的包装系统应具备下列条件：

1. 包装相关的规格/标准的文件、检查或测试方法以及清洁规程（如有此要求时）。

2. 封签或其他识别包装是否被开启的安全措施。

3. 容器封口性能作过评估，证明封口系统能保护辅料不变质、不受污染。

4. 已建立储运和处理规程，能保护容器及封口，减少污染、减少损坏和变质、避免混批。

第六十九条　应制订并执行有关规程，以确保印制、发放的标签数量正确，标签内容准确无误。应有书面规程规定多余的标签及时得到销毁或退还专用标签储存区。已打印批号的多余标签应予销毁。包装和贴签设备在使用前应进行检查，以确保与下一批号无关的所有物料均已清除。无论是在辅料包装线上贴签，还是使用事先印制好的包装袋包装，或用槽车运送，均应建立完整的文件和记录系统，以满足上述有关要求。

第七十条　应对所有不合格批进行调查，查明原因并有调查记录。应采取措施防止类似问题再次发生。应建立不合格品的评估及处理规程，并按规程对不合格产品审查，并确定不合格品的最终处理方案。处理方案通常包括：

1. 通过返工达到标准。

2. 改变其使用级别。

3. 销毁。

第七十一条　辅料产品可以进行返工或再加工，但须遵循返工和再加工的规程。不允许只依靠最终检验来判断返工产品是否符合标准，应对返工或再加工过程进行调查和评估。

为保证返工产品符合设定的标准、规格和特性，应对返工后物料的质量进行评估并有完整记录。应有充分的调查、评估及记录证明返工后产品的质量至少等同于其他合格产品，且造成返工辅料不合格的原因并非工艺缺陷。

返工或再加工过程不属正常生产过程，因此，未经质量部门审批准，不得进行返工。

第七十二条　使用自动化控制系统或其他复杂设备时，应符合下列要求：

1. 系统与规程能证明设备及软件性能达到设定要求。

2. 已建立并遵循定期检查、校验设备的规程。

3. 有适当的保留程序和记录的备份系统。

4. 确保只有被授权人员才能修改控制程序；程序的修改应通过验证并有记录。

【要点分析】

1. 生产过程控制

（1）辅料的复杂性　生产（production）过程是辅料制造（manufacturing）全过程中决定产品质量的最关键和最复杂的环节之一。辅料的来源及其工艺众多且复杂，和原料药有很明显的区别。表 8-1 简单列举了两者间的区别。

表 8-1　原料药与辅料的区别

基本属性	API	辅料
使用者	医药和化妆品	工业、化妆品、食品、医药
生产	通常批次生产，小批量（低于 1000kg）	批次或连续化生产，大量生产（年产量达 100 000 吨）
合成	特定分子的合成或发酵	主要分子实体的合成（包括聚合）天然原料的提取、加工和（或）纯化

基本属性	API	辅料
原材料	定义良好的化学中间体、发酵	成熟植物、动物、矿物、发酵
组成	典型的处理方法可以减少或消除大部分杂质。API= 标签实体 + 杂质 =100% 定量含量	典型的原料药纯化技术（如结晶、沉淀）可能不适用 赋形剂 = 名义标记实体 + 伴随成分 + 添加剂 + 残留加工助剂 + 杂质 =100% 可变的组成档案，取决于来源 / 工艺 含量可能不适用

　　许多常见的辅料应用领域广泛，如工业、食品、化妆品和医药等，因此都是连续大量生产的。不同来源的辅料，工艺也大不相同，包括但不限于化学合成，植物提取 + 合成工艺、微生物发酵、矿物粉碎、动物提取、单纯的精制 / 纯化、重新分装等。不同的工艺类型，有着不同的工艺控制要求。辅料的组成也相对复杂，可以分为如下 3 类。

　　1）标准辅料：药典或非药典物质，它们既不是预混辅料，也不是共处理辅料。标准辅料可能含有其他成分，包括伴随成分、残留加工助剂和（或）添加剂。

　　2）预混辅料：是指两种或两种以上辅料通过低至中等剪切力进行混合，这是一种简单的物理混合物。各组分混合后仍保持为独立的化学实体，各成分的化学特性并未变化。预混辅料可以是固态或液态，单纯的物理混合时间较短。

　　3）共处理辅料：是两种或两种以上辅料的结合物，该结合物的物理特性发生了改变但化学特性无明显变化。这种物理特性的改变无法通过单纯的物理混合而获得，在某些情况下，有可能以成盐形式存在。

　　（2）间歇生产与连续化生产　辅料生产企业，在生产操作中涉及物料的准备、称量、分装、投料、中间控制、物料平衡（收率核算）、偏差处理、关键操作的复核、状态标识控制等环节，这些都是生产控制的一部分。每批产品是否进行物料平衡检查，如因工艺需要不具备物料平衡检查意义的，是否提供相关评估理由。

　　辅料因性质和工艺特点的不同，可能会采用间歇生产（批次生产）或使用自动化过程控制进行连续化大规模的生产。其生产设备和过程随辅料的类型、生产规模以及操作类型（例如批流程相对于连续流程）的不同而改变（表 8-2）。

　　批次生产是指由一系列一个或多个步骤组成的过程，这些步骤应按定义的顺序执行，在系列步骤结束时能够生产出有限数量的产品。生产另一个产品批次时可以重复该过程。通常，批次生产是通过使用一个或多个设备在相当长的一段时间内对一定数量的原材料进行一系列加工活动，从而导致生产数量有限的产品的过程。连续批次的处理必须在当前批次完成之后进行。

连续生产是指在每个生产步骤之间一次移动单个工作单元的过程，而不会在时间、物质、顺序或扩展上出现任何中断，产品或物料的流动是连续的。每台设备都在稳定状态下运行并执行一定的处理功能。对于大多数应用，连续流动可以节省成本、能源和时间。如果正确实施连续化生产工艺，可以减少浪费，通过更容易识别和纠正错误来提高质量，提高生产力并比批处理更有效地适应客户的需求。

表 8-2　连续化生产和批次生产间的特点对比

	批次生产	连续生产
定义	间歇生产是指按照特定的顺序执行一系列步骤的过程	连续生产是指单个产品单元在工艺的每一步之间的流动，在时间、物质或延伸上没有任何中断
协调	需要进行批次生产的计划调度	每台机器都执行一定的处理功能，并且在稳定状态下运行
生产数量	一定批次数量的产品	大批量产品
污染	累积污染较低	可能造成累积污染
生产线寿命	相对较短	长于批次生产线
厂房设施费用	低	高
工艺控制	容易控制	需要先进的系统控制
关闭次数	经常	很少
自动化程度	相对较低	在完全自动化工厂中，往往采用连续化生产

IPEC-PQG GMP 中特意指出与连续生产相关的内容主要如表 8-3 所示。

表 8-3　连续生产相关内容

小节	具体内容
辅料 GMP 的实施起点	在决定哪个生产步骤应该实施 GMP 的时候，需要在风险评估以及彻底了解工艺流程的基础上做出判断。这通常是在最终产品完成以前实施，例如可以通过采用类似危害分析和关键控制点（HACCP）、失效模式和后果分析（FMEA）或者详细流程图的方法进行鉴别。其他因素也应该考虑，比如批量生产相对于连续生产，专用设备相对于多用途设备以及开放式流程相对于封闭式流程
防止污染和交叉污染	在评估是否采取足够措施防止加工物料受到污染以及交叉污染的时候，应该适当地考虑以下风险因素： 系统类型（例如开放式还是封闭式）。化工厂的封闭系统在投料及（或）放出成品时往往不是封闭的。而且，同一个反应容器有时用于不同的反应物料形态（例如湿的还是干的） 加工阶段以及设备及（或）区域的使用（例如共用还是专用），连续生产相对于批次生产
设备	用于辅料生产、加工、包装、检验或者储存的设备应该保持在良好的维护状态，其适当的大小、结构以及地点应该便于进行与其加工类型相适应的（如批次生产相对于连续生产）的清洁、维护和纠正操作
生产指令和记录	生产指令和记录是必需的，但它们会根据操作类型而有不同，例如，批次生产相对于连续生产。对批次生产过程，应该准确复制一份相应的主生产指令文件并发送到生产区域。对连续生产过程，应该编制一份当前加工日志。应该保留每批辅料生产情况的记录，包括与每批生产和控制相关的完整信息。对连续生产过程，应对其批次和记录情况进行规定（如基于时间或规定的量）。记录可以存放于不同地点，但应该方便取用
可追溯性	关键质量物料应可清晰识别并可通过记录进行追溯。通过这些记录可对辅料进行向上以及向下追溯。批次生产过程中所使用原料的识别应可通过批次编号系统或其他相应系统进行追溯。在连续生产过程中用于辅料生产的原料的识别应显示特定批次原料在工厂内进行加工的时间段
物料的检查和检验	应建立关键质量物料，包括原料、包装材料、中间体和成品辅料的检验状态的识别系统。最好是在已识别地点储存物料，但任何可以清晰识别检验状态的方法也都可以。对连续投料的物料需进行特殊考虑以满足这些要求
成品辅料的检验和放行	对于连续生产的辅料，可以通过生产过程中检测的结果或其他过程控制记录来保证辅料符合书面规定的标准要求

（3）混合　辅料生产企业为了增加批量，经常会增加混合操作步骤。这里所指的混合，对于化学和物理性质方面的规格都适用，旨在表明每一个独立的批次

都应确保符合其化学和物理性质方面的规格。只有合格的单批才能用于混批，不合格批号与合格批号的辅料不得相互混合。混合记录应完整，可追溯至每个被混合的单批。

混合过程需要进行验证，以确认在预定的混合工艺下能够得到质量均一的辅料。可根据物料用途选择合适的项目进行混合工艺评估，一般应选择单批结果差异性较大，检验误差小的关键特性，比如残留溶剂、杂质、水分、粒径分布、松密度和堆密度等。有些企业还会选择含量项目。一般来说，含量项目不是表征混合是否均匀的指标。比如某辅料含量要求 98%~102%，而投料用的单批结果都约为 99%，混合后的波动很可能是检测方法本身带来的，而不是样品未被混匀。另外，混合验证时，需要根据不同形状的混合设备选择多个不同的取样点，取样点应考虑到最坏情况（即最难混合的部位）。

（4）溶剂回收　辅料生产企业出于成本节约和环保安全的原因，常常需要回收利用或套用工艺中的各种物料，比如溶剂、助剂（例如活性炭、干燥剂等）、母液等。辅料企业应证明回收工艺的合理性，如套用次数，使用的回收物料的数量等，证明不会给产品带来负面影响。

回收溶剂如果只用于同一工艺，即循环使用，所需检测项目少于那些同样是回收但随后有可能用于完全不同的工艺的溶剂。前者可能只需测折光率或比重并保持在一个可接受的范围就足够了。然而后者的回收溶剂甚至可能需要完成色谱或其他检测。

需反复使用的母液以及含有可回收辅料、反应物或中间体的滤液，应达到恰当的投料标准。一般来说，回收的物料不需要达到原始物料的质量标准。然而，虽然多数时候回收物料的质量标准松于原始物料，但这种情况并不是任何情况下都"合适"的，有时也可能需要更严格的质量标准，防止出现生产工艺中杂质富集，难以去除的情况。

回收记录应追溯至各回收物料的批次、使用量以及回收是来自相同或是不同的工艺等信息。

（5）中间控制　中间控制也称过程控制，指为了确保产品符合有关标准，在生产中对工艺过程加以监控，可以基于流程监视或在规定的时间地点进行实际样本分析的方式来进行。

为了尽快地得到检验结果，缩短生产等待的时间，许多企业设立隶属于生产部门的中控实验室，来进行中控检验。中控检验室（IPC）应实施同 QC 实验室相同的 GMP 规范要求。常见的中间过程控制情况如 pH 控制、反应终点检查、中间体检验、结晶过程检查、干燥过程检查等。这些情况下，中控数据往往用来监控过程。控制项目除非与产品质量有直接关系，才需要设定标准。

中间过程的检查、取样和检验应依照书面规定的程序来进行。过程样品的检验在某种意义上来讲，比成品检验更重要，因为该检测结果是用来确定下一步如何处理正在加工的物料。样品的完整性预先决定了检测的完整性。所以，取样过程是极为重要的一环。过程样品的取样应遵循与成品取样同样的规则。只不过有时候过程样品取样的复杂程度和困难程度要高。取样需要遵循以下几个原则。

1）由经受取样操作培训的，有资质的人员来完成。

2）取样量要适当，比如指定的关键检测需要 OOS 调查，那么样品至少足够用来完成检验以及可能的调查。

3）取样方法要适当：应该能够证明所取样品在整批中具有代表性。

4）取样程序：应有充分的管理制度来保证取得真正具有代表性的样品。应包括对取样设备的要求以及清洁等细节，还应确保取样设备不会对物料带来污染。

5）中控样品应贴上清晰的标签并不得返回到生产中合并进入最终批次。

6）中间控制的结果应被记录，并确认其结果是否符合设定的工艺参数范围或在规定限度以内。当中控检验结果超出规定范围时，应有文件说明所需采取的行动。当由生产部门批准是否继续加工时，应该由经过培训的人员实行规定的测试，并记录结果。不合格的中间产品不得流入下道工序。

（6）设备清洁　同品种辅料生产中更换批次时，应进行清场并有记录。清场是将与本批生产无关的物料和文件清理出现场的活动，目的是防止发生混淆。清场的细节应在文件中规定。对于同一辅料品种在连续生产更换批次时，可允许前批次物料零头的结转。但应在适当的间隔时间对设备进行清洁，以防止污染物（如降解产物和微生物）的积累和带入下一生产中。

辅料设备的清洁周期应依据连续生产对产品质量标准和杂质状况（例如反复烘干导致透光率下降和降解产物增加的风险）、（必要时）微生物水平和对产品稳定性的影响研究来确定。确定此类时间间隔的理由应予以记录。

对于在同一厂房或用同一台设备生产不同级别的同种产品，在不改变质量、安全的情况下，允许前一批的少量产品带至下一批中。比如医药级和化妆品级别的同种辅料在换批次生产时，可以允许医药级的少量产品附带残留至化妆品级别批次中。

设备和器具应当清洁，必要时进行消毒或灭菌，妥善存放，以防止污染或残留物质影响中间体或辅料的质量导致其超出法定或其他质量标准的限度。清洁一般有拆洗和在线清洗两种手段。无论哪种方式，辅料生产商都应设计一套清洁和消毒程序并证实其合理性，同时提供基于预设可接受的标准的有效性证明。清洁规程应当足够详细，使操作者能以有效、重复性好的方式对各类设备进行清洁。规程的内容应包括：

1）设备清洁的分工及职责；

2）清洁计划（周期），必要时包括消毒计划；

3）对清洁方法和清洁剂的详细描述，包括清洁时间、流量等参数，清洁剂的成分、浓度、稀释方法等；

4）必要时，对于多用途设备，应对残留物标准应有明确规定；

5）必要时，每个设备拆卸和重新装配的方法，以确保清洁效果；

6）移除或涂掉上一批标识的具体方法；

7）保护已清洁的设备在再次使用前免遭污染的方法；

8）如果可行，在使用前对设备的清洁情况进行检查的方法；

9）确定生产结束至设备清洁允许的最长时间间隔。

对多用途工厂，在证明清洁程序的合理性时可采用"模型产品方法"（相似类型的多组产品）。对残留物不能被有效清除的产品应该使用专用设备生产。对于专用设备的清洗程序，不强制要求需要清洗验证。

针对连续生产或是阶段性生产的辅料（campaign-based production），一种常见的方式是使用预先设计的状态标志牌，在批与批之间或不同状态之间进行切换时仅修改状态标志牌上的部分对应信息（例如批号、状态、日期、操作者等）。

无论采取何种方式，其关键点都是通过适当的状态信息，使操作者和管理人员在现场随时都能很容易地获得清晰准确的设备、物料、清洁和（必要时）消毒状态，防止辅料生产过程中的差错和混淆。

每次清洗都必须有相应的记录和签名，以证明按照预定的方法进行了有关的清洁。

（7）自动化控制　工业控制自动化主要包含三个层次，从下往上依次是基础自动化、过程自动化和管理自动化，其核心部分是基础自动化和过程自动化。工业企业的自动化一般分为三个层次：现场层（基础自动化）包括现场仪表与DCS、PLC、FCS［现场总线控制系统（fieldbus control system）］等；MES层（制造执行系统或过程控制）包括优化控制、先进过程控制（advanced process control，APC）、人工智能、生产调度等；ERP层（资源管理决策层）等。

许多辅料是在为各种市场（例如制药、食品、化妆品和工业）生产产品的设施中生产的。生产控制和仪器可能是：

1）专为除辅料以外的产品而设计；

2）设计和构造了一些开放访问组件；

3）内置复杂的自动化系统，旨在处理高度危险的材料；

4）主要设计用于提高生产效率并符合环境、职业健康和工艺安全法规；

5）在明确定义数据完整性期望之前安装。

由于关键数据、GMP合规性和对辅料质量的信心是基于数据的完整性，因此对辅料生产商应制定和实施适当的策略对可能影响辅料质量的关键系统实施足够的控制如操作、维护、备份或存档、灾难性恢复建立文件等，并防止对电脑软件、硬件或数据进行未经授权的使用或更改，其中包括：显示设备以及软件按要求运作的系统和程序；在适当时间间隔里检查设备的程序；保留适当的备份或档案系统，比如程序和文件的副本，确保对变更进行验证和书面记录，并且只由授权人员执行。

不同类别的自动化系统，应有不同的验证和控制策略。对于普通的系统，可能只需要确认其按照批准的程序进行正确的安装；对于复杂的系统，可能需要完整的验证过程。表8-4总结了一些可能在辅料生产和检验过程中使用的计算机系统以及验证主要内容。

类型	用途	GMP相关性	验证主要内容
系统软件	Win、Office	—	版本确认
自动化类	工艺设备、工艺控制、楼宇系统	*	IQ：系统、软件安装过程、版本控制 OQ：用户管理、数据备份、恢复
自动检测仪器	检测仪器	***	IQ：软件安装过程与系统设置、系统测试、校准 OQ：仪器控制、数据管理 PQ：方法确认
电子表格类	产品检测结果计算	***	电子表格的计算结果 电子表格功能不可更改 电子表格功能

类型	用途	GMP 相关性	验证主要内容
信息化与 数据库	物料与产品放行 物料与产品质量 信息追溯 电子批记录 质量信息系统	***	系统安装过程与系统设置 流程功能确认 电子签名控制 电子记录系统管理与技术确认 数据库备份、紧急灾难恢复
数据库	电子数据备份	***	备份功能、系统设置、数据恢复、系统安全、 灾难恢复

2. 环境控制

用于输送辅料的空气或当辅料暴露于外部环境空气中都可能造成污染风险。如空气中可能存在灰尘、污垢、昆虫、微生物，或者因机器故障而产生的异物，甚至有可能因周边环境污染导致的化学物质。因此需要对于物料直接接触的空气进行适当的控制以避免潜在的污染风险。对于输送辅料的空气，风险缓解措施主要是使用高效空气过滤器或活性炭过滤去除；对于保护辅料暴露于环境的区域，一般采用空调净化系统使其处于正压状态。

目前在国际上，并未有法规明确规定辅料应满足的洁净环境级别要求。辅料企业应通过书面的风险评估确认所需要的空气质量要求。常见的风险识别问题可能如下。

1）是否过滤且需要过滤？

2）需要什么级别的过滤器和（或）需要哪些控制？

3）如果空气未经过滤，辅料暴露的区域是否有可见和显微镜可见颗粒？是否有异味或烟雾？是否有潜在的微生物污染？

4）如果过滤器出现故障，会产生什么后果？

5）空气的温度或湿度是否会影响辅料的质量？

6）对与空气接触而可能受影响的辅料的微生物质量是否有要求？

在书面的风险评估中已经确认需要有受控环境需求的情况下，应该对相应的受控环境进行定期监测以确保控制的有效性及产品质量（例如惰性气体或避光）。当需求惰性气体时，其气体应按照原料的处理方式进行处理。如果特殊环境出现偏离时，应以书面形式记录足够的证据和适当的理由以证明干扰情况没有影响辅料的质量。加工阶段越接近最终成品，对环境条件的重视就愈加重要。

3. 工艺用水

在《中国药典》（2020 年版）通则 0261 制药用水中，有以下几种制药用水的定义和应用范围。

（1）饮用水　为天然水经净化处理所得的水，其质量必须符合现行中华人民共和国国家标准《生活饮用水卫生标准》。

（2）纯化水　为饮用水经蒸馏法、离子交换法、反渗透法或其他适宜的方法制备的制药用水。不含任何附加剂，其质量应符合纯化水项下的规定。

（3）注射用水　为纯化水经蒸馏所得的水，应符合细菌内毒素试验要求。注射用水必须在防止细菌内毒素产生的设计条件下生产、贮藏及分装。其质量应符合注射用水项下的规定。

一般情况下，用于辅料生产的水应符合饮用水质量标准。水的适宜性取决于辅料的生产阶段、相关制剂的给药途径（例如注射、口服、外用等）和辅料的性质。企业应能证明，辅料生产中使用的水适合预定的用途和工艺的要求，且对辅料质量没有负面影响。

纯化水是辅料生产中常用的一种工艺用水，常用于非无菌辅料的溶液制备和试验用水。当非无菌辅料生产厂打算或者声称该辅料适用于生产无菌药品时，则最终分离和精制阶段的用水应作细菌总数、控制菌和内毒素的监测和控制。对于无菌辅料，水的最低质量应符合注射用水的要求。

如果企业使用除了饮用水和纯化水等 GMP 和药典直接定义的生产用水（例如去离子水），应明确定义其名称、制备工艺和质量标准，避免发生误解和混淆。去离子水的生产工艺一般能对水中的离子进行有效的控制，但对微生物和内毒素无特殊控制要求。此类无微生物和内毒素要求的工艺用水，可在适合具体工艺步骤要求的条件下使用。

当制水工艺由生产企业承担时，为达到规定的质量，水处理工艺应予以验证，并用适当的限度标准加以监测。辅料生产商应制定工艺用水监控计划（包括使用点的检测、取样频次等）。若在对水系统进行适当在线监测〔例如电导率 + 总有机碳（TOC）在线监测〕的条件下，可以考虑适当延长其他项目的离线检验周期。如果工艺用水的质量是由供应商检测的，其检测结果应定期报告给辅料生产商。

如果发生工艺用水供应中断或者产生质量偏差，工艺用水质量恢复需经确认后才能重新进行供给。需要有书面的适当证据和理由，以便证明这种中断并没有影响辅料质量。

4. 包装与贴签

（1）包装材料及规格的选择　辅料的包装材料主要分为直接接触辅料的内包装材料和外包装材料。一般来讲，内包装对产品质量保证是有绝对贡献的，应不与辅料发生反应，不吸附或污染辅料。第二层包装和（或）外包装通常是在运输以及按建议储存过程中提供充分的保护以防止辅料变质或污染的容器。应基于辅料性质或者稳定性研究结果，综合确定对产品质量影响关键的包装要求，并在书面文件中说明。如果产品包装中有用到干燥剂之类的物品，要有防止污染产品和容易使客户辨识的措施。

辅料包装容器的封口性能应经过评估，证明封口系统能保护辅料不变质、不受污染。储运和处理过程应能确保保护容器及封口，减少污染、减少损坏和变质、避免混批。对于外观相似但规格不同的容器之间，应有措施防止发生混淆。必要时，辅料包装要使用有封签或其他识别包装是否被开启的安全措施。

对于直接接触产品的内包装材料，要进行红外鉴别测试和其他的一些测试，要有可追踪性（可以根据供应商的 COA 确定检测指标）。

包装容器的装量要根据包装容器和产品的特点设定合适的接受范围，这个范围往往来自客户的要求。针对外部包装容器大小的选择，要以不对产品内包装材料造成挤压破损，不使物料装入取出造成困难为宜。

（2）包装和贴签操作　包装过程应确保辅料的质量和纯度不受影响，并确保所有包装容器贴签正确无误。应有防止包装和贴签操作发生差错的措施。

辅料的包装和贴签操作分为外部销售和内部周转使用两个用途。不论是内部周转用或是用来销售使用，都需要有明确标识。重复使用的包装容器必须根据已批准的程序清洁后才能重复使用。如辅料容器可回收并重复使用，原标签必须清除或涂销。同一辅料生产中使用的周转容器上所有以前的批号或标签也应清除或涂销。

辅料企业的贴签操作大多是按需在辅料包装线上贴签，也有使用事先印制好的包装袋包装或用槽车运送的情况。无论哪种方式，均应制定并执行有关规程，以确保印制、发放的标签数量正确，标签内容准确无误。应有书面规程规定多余的标签及时得到销毁或退还专用标签储存区，已打印批号的多余标签应予销毁。包装和贴签设备在使用前应进行检查，以确保与下一批号无关的所有物料均已清除。

若企业在线打印标签，标签模版应有书面的管理程序。标签模板设计要满足销售国法规要求或销售客户的质量协议要求，可根据客户要求增加其他信息，如唛头等。应控制电子标签模版，模版变更按变更管理程序处理。若一个产品不同规格、不同客户、不同市场存在不同的标签模版，在信息传递过程要有版本信息便于追踪。

若企业是外部预先印制标签，则需要建立相关的书面管理程序对这些标签的接收、检查、发放和储存等要求进行规定。

5. 辅料储存

辅料应该在适当的温度、湿度和光照条件下进行处理和储存，使其质量不受影响。储存中要确保包装物完好、标识清晰、密封，防止交叉污染。

（1）如何确定储存条件　通常情况下应基于稳定性数据并结合使用目的的适用性，选择存储条件。稳定性数据可以来自辅料稳定性考察实验；可以是基于科学的常识、产品历史测试数据或公开发表的文献中的数据；也可以是对存储了一定时间的物料的复检数据。

一般情况下很少需要特殊的存储条件。只有当稳定性明显受到温度、湿度等条件的影响，和（或）在标准包装下会吸收水分而发生质量变化的物料，才需要特殊的存储条件。

由于地理位置及气候的差异，各国药典定义的温度各不相同，表8-5是各国药典储存温度的比对表。由于各国药典要求的差异，辅料企业可根据其产品销售目的地国家的不同法规要求区别执行。无论是出口企业还是国内销售的辅料企业，较合适的做法是预先同客户就标识的内容和术语达成一致，避免误解。

表 8-5　各国药典定义的温度

项目	USP41 < 659 > 包装和储存要求	EP10 通则	ChP2020 凡例	JP17 通则
冷冻	–25~–10℃	–15℃以下 In deep-freezer	/	/
冷藏	2~8℃	2~8℃	/	/
冷处	不超过 8℃	8~15℃	2~10℃	1~15℃
凉处	8~15℃	8~15℃	不超过 20℃（阴凉处）	
普通温度	/	/	/	15~25℃
室温	/	15~25℃	10~30℃	1~30℃
受控室温	20~25℃或平均动力学温度值不超过 25℃			
暖处	30~40℃			

项目	USP41 ＜ 659 ＞ 包装和储存要求	EP10 通则	ChP2020 凡例	JP17 通则
过热	大于 40℃			
干处	20℃时，平均相对湿度 不超过 40%			

（2）储存条件的控制、监测和记录 常温储存时，通常情况下不需要记录储存条件，但如果物料长时间在超限温度或湿度条件下储存，或储存期间可能会出现超限情况，如梅雨季节、高温的南方地区夏天气温会达到 40℃以上，并且这种情况可能会对产品质量产生负面影响时，最好对整个储存过程的条件进行记录。

如果储存条件对保证辅料持续符合质量标准具有关键影响作用，满足储存条件所需要的控制和监测装置应该被确认和被校准，并应保留对储存条件的记录。当储存过程中储存条件发生偏差时，企业可根据实际情况、辅料特性等并基于其对质量影响的风险进行评估，如果需要，也应采取相应的措施。

在室外储存辅料是可以接受的，只要其容器可以恰当地防止其内容物变质或污染，标识标签保持清晰可辨，而且容器在打开使用前经过充分清洁。

合成辅料所涉及的危险化学品、溶剂、易制毒品等，应符合国家有关的储存和运输方面的法律和法规的要求。如甲类危险品、乙类危险品、剧毒品、易制毒品等的管理应依据专门的法律法规执行。包括防爆级别、运输资质要求等。

6. 不合格控制

原料，包装材料，中间体和成品辅料不符合预设的质量标准，通常需要根据书面规定的流程进行调查，并需要评估对其他批次或产品以及生产过程和活动的潜在影响。查明原因得出调查结论后经内部审核确定处置方案，并采取必要的措施防止重复发生。

不合格物料在确定处置方案前应隔离存放，并进行标识。可以在计算机化的物料管理系统中使用特殊地符号来标识等待调查的物料。如无计算机化系统，也可以通过简单的管理工具实现，如在标签或标识卡等，注明物料处于"冻结"状态。

不合格（non-conformance）通常不一定意味着必须拒收（reject）。不合格产品的评估及后续处理方法通常有：

（1）返工／重新加工以便达到规定要求；

（2）改变其使用级别，用于其他用途；

（3）销毁。

由于检验不合格或使用中出现其他异常情况而确认不适用的原料，经过调查后通常是退回原供应商。还应与供应商约定：供应商不得简单将"退回"的不适用物料用合格批次稀释混匀后再次供货。

不合格的成品辅料及其中间产品通常是可以返工和重新加工的。这里需要注意的是，某些中间控制检测是为了监控工艺和对工艺进行必要调整，中间控制某次取样不符合中间控制质量标准并不被认为是不合格，只需要遵照工艺规程调整到合规就可以。例如，取样检测 pH 并与中间控制标准进行比较，如果没有达到中间控制 pH 标准，是否需停止反应调查原因？回答是不需要，如 pH 没有达到标准，则应进行调整到 pH 达标为止。这不是返工，只是进行正常的工艺操作来满足质量标准的要求。因此需要在工艺控制文件中明确说明什么情况下的中间控制调整属于正常的工艺操作。

辅料的用途比较广泛，同一种辅料可能在化工、食品、化妆品、医药产品中都有应用。当高规格的辅料某项特殊的控制指标不符合客户质量标准时，可以降级用于其他用途。但是降级的辅料在销售之前，应经过内部的审批流程，并有记录追溯辅料的流向。

对于明确不合格的物料，应在指定区域隔离存放，需要明确标识为"不合格"（如用物理的方式或在计算机化的仓储系统里标注），以防止无意中被使用或者流入市场销售。如果做出销毁决定，通常物料的销毁行为都需要监督。

7. 返工和重新加工

《药用辅料生产质量管理规范》中返工（reprocessing）的定义是将以前加工过但不符合标准或规格的物料返回至原工艺过程，并重复常规生产的一步或几步必要的步骤。返工的关键点是：其不会偏离原来规定的工艺，仅仅是重复原工艺中的一步或几步的操作。返工的应用示例如下。

（1）结晶　用同样的溶剂重结晶。

（2）纯化　除了重结晶，还可能有：重新蒸馏取相同馏分。

（3）干燥　重新用同型号干燥机干燥。

（4）磨粉　用同样类型的磨粉机磨粉。

（5）其他　用同样孔径的滤器过滤等。

返工为业界广泛采用，并得到各国法规的认可。但只有在经过书面规程规定，辅料才可以实行返工。返工必须有足够的记录、控制和监测，应该能追溯返工前物料的记录，完整的信息必须包括该批号发生的所有信息。这同时也意味着在返工批记录的保存期限内，用于返工的物料原始批记录也必须同时完整保存。

如果物料经常性的需要返工往往表明工艺不在"受控状态"下运行。当然，当一定时间段内生产的大部分批次都需要返工时，就清楚地显示原工艺是不合适的。

注意：不能通过将不合格物料简单稀释混合在合格物料中达到符合质量标准的目的，这通常会被各国法规检查认为是"掺假"行为。

《药用辅料生产质量管理规范》中再加工（reworking）的定义是将以前加工过但不符合标准或规格的物料用与原工艺不同的加工步骤进行加工处理。再加工的关键点在于采用了与原工艺不同的加工步骤，应用示例如：用不同的溶剂重结晶；用更小孔径的滤器过滤；重新蒸馏，但取其他馏分；用不同类型的磨粉机磨粉。

经再加工的物料可能含新的杂质或具有不同的物理性质，如晶体结构，仅仅对其按原有质量标准检验是不够的。因此只有在按照书面规定进行了质量风险审查和得到质量部门批准的情况下才可以实行。当进行风险评估时，应该适当考虑：①再加工的结果可能会引入新的杂质；②进行额外检验以控制再加工操作；③对原始批次的记录及追溯；④对再加工辅料的适当验收标准；⑤对稳定性或再评估时间间隔有效性的影响；⑥辅料性能；⑦将辅料质量风险降到最低所需的额外控制。

对再加工物料质量与原物料质量的等同性，应该进行评估并作书面记录以保证该批次符合规定的标准和特性。再加工必须有足够的记录、控制和监测，应该能追溯再加工前物料的记录，完整的信息必须包括该批号发生的所有信息。这同时也意味着在再加工批记录的保存期限内，用于再加工的物料原始批记录也必须同时完整保存。

8. 无菌辅料

无菌辅料的生产通常是把精制过程和无菌过程结合在一起，将无菌过程作为生产工艺的一个单元操作来完成。有很多种方法可以使非无菌的原材料转化为无菌辅料。目前生产上最常用的方法是无菌过滤法，即将非无菌的中间体或原材料配制成溶液，再通过 $0.22\mu m$ 孔径的除菌过滤器以达到除去细菌的目的，在以后用于精制的一系列单元操作中一直保持无菌，最后生产出符合无菌要求的原料药。

第二节　国内外行业协会颁布的指南审核要点

行业协会名称	对机构与其职责的要求
江苏省医药包装药用辅料协会（SPPEA）	第六十八条　企业应确保重要的生产过程能够在受控条件下连续稳定地运行 第六十九条　每批产品生产应进行物料平衡检查。如因工艺需要不具备物料平衡检查意义的，需记录相关数据以及完成评估报告 第七十条　如在同一厂房或用同一台设备生产不同级别的同种产品，在不改变质量、安全的情况下，允许前一批的少量产品带至下一批中 第七十一条　生产过程中需要暴露的产品应置于清洁的环境中，必要时应对生产环境进行监测，以避免微生物污染或因产品暴露在热、空气和光等条件下引起质量变化。直接接触产品的惰性气体应按原料要求管理 第七十二条　无菌药品用辅料的生产环境应与制剂的生产环境相似，并制定相应的环境监测规程。无菌辅料灭菌后的操作必须使用无菌操作技术，无菌生产过程中有关灭菌及无菌操作区环境监控的结果，应纳入批生产记录中，并作为最终产品质量评估的重要依据 第七十三条　生产过程中的工艺用水应符合产品工艺要求。一般情况下，工艺用水应符合饮用水质量标准。当产品工艺对水质有更高要求时，企业应建立包括理化特性、细菌总数、不可检出微生物等的标准。如由企业自行处理工艺用水使其达到标准，应对水处理工艺进行验证，并对系统的运行进行监控。如企业生产的非无菌辅料用于生产无菌药品，应对辅料最终分离和精制的工艺用水进行监测，同时应控制细菌总数及内毒素 第七十四条　如企业采用加热或辐射的方式来减少非无菌辅料微生物污染时，辅料在灭菌前应达到规定的微生物限度标准，且灭菌工艺处于受控状态。应对采用的灭菌方法进行验证，以证明达到设定的要求。不应将辅料产品的最终灭菌替代工艺过程的微生物控制 第七十五条　对储存条件有特殊要求（如避光和隔热等）的辅料，应在其包装上注明 第七十六条　回收溶剂在同一或不同的工艺步骤中使用时，必须符合回收使用或与其他溶剂混用的标准。此类物料的使用应该以书面形式记录在生产记录中 第七十七条　需反复使用的母液以及含有可回收辅料、反应物或中间体的滤液，符合投料的标准。批生产记录中应有符合回收规程的回收记录。此类物料的使用应该以书面形式记录在生产记录中

行业协会名称	对机构与其职责的要求
江苏省医药包装药用辅料协会（SPPEA）	第七十八条　应根据工艺监控的需要进行中间检查和检测，或在指定操作点及规定的时间对实际样品进行检测，检测结果应符合设定的工艺参数或在规定限度以内。应根据中间体检测的结果来判断工艺过程是否正常运行。不合格的中间产品不得流入下道工序 第七十九条　每批辅料都应编制生产批号，并确保批号的唯一性。批的划分原则如下： 　1.连续生产的辅料，指在一定时间间隔内生产的质量和特性符合规定限度的均质产品。或其他能够证明产品质量和特性均一性的方法 　2.间歇生产的辅料，由一定数量的产品经最后的混合所得的质量和特性符合规定限度的均质产品 第八十条　为确保批的均一性或方便加工，可以进行中间混合，应对混合过程进行适当的控制并有记录，混合后的批次应当进行检验，确认其符合质量标准。批与批之间应有重现性。不合格批号与合格批号的辅料不得相互混合 第八十一条　更换品种时，必须对设备进行彻底的清洁。同品种生产中更换批次时，应清场并有记录。可允许批生产中物料零头的结转。在残留物影响产品质量情况下，应在更换批次时，对设备进行彻底的清洁 第八十二条　应规定辅料生产各工艺步骤的完成时间和间隔时间。此外，还应规定直接接触产品的设备、容器、包装材料和其他物品的清洗、干燥、灭菌到使用的最长间隔时间 第八十三条　包装过程应确保辅料的质量和纯度不受影响，并确保所有包装容器贴签正确无误。容器应能够保护辅料，使其在运输和规定的贮存条件下不变质、不受污染。容器不得与产品发生反应、释放物质或吸附作用而影响中间产品或辅料的质量。应有防止包装和贴签操作发生差错的措施。如辅料容器可回收并重复使用，原标签必须清除或涂销。同一辅料生产中使用的周转容器上所有以前的批号或标签也应清除或涂销 第八十四条　辅料的包装系统应具备下列条件，并确保选择相应辅料包装系统的合理性，形成包装材料文件规范，包括包装材料防护所需要的任何特定储存条件，不与辅料发生反应和不污染辅料的容器的规定 　1.包装相关的规格/标准的文件、检查或测试方法以及清洁规程（如有此要求时） 　2.封签或其他识别包装是否被开启的安全措施 　3.容器封口性能作过评估，证明封口系统能保护辅料不变质、不受污染 　4.已建立储运和处理规程，能保护容器及封口，减少污染、减少损坏和变质、避免混批

行业协会名称	对机构与其职责的要求
江苏省医药包装药用辅料协会（SPPEA）	第八十五条　应制定并执行有关规程，以确保印制、发放的标签数量正确，标签内容准确无误。应有书面规程规定多余的标签及时得到销毁或退还专用标签储存区。已打印批号的多余标签应予销毁。包装和贴签设备在使用前应进行检查，以确保与下一批号无关的所有物料均已清除。无论是在辅料包装线上贴签，还是使用事先印制好的包装袋包装，或用槽车运送，均应建立完整的文件和记录系统，以满足上述有关要求。 第八十六条　应对所有不合格批进行调查，查明原因并有调查记录。应采取措施防止类似问题再次发生。应建立不合格品的评估及处理规程，并按规程对不合格产品审查，并确定不合格品的最终处理方案。处理方案通常包括： 1.通过返工达到标准 2.改变其使用级别 3.销毁 第八十七条　辅料产品可以进行返工或再加工，但须遵循返工和再加工的规程。不允许只依靠最终检验来判断返工产品是否符合标准，应对返工或再加工过程进行调查和评估。为保证返工产品符合设定的标准、规格和特性，应对返工后物料的质量进行评估并有完整记录。应有充分的调查、评估及记录证明返工后产品的质量至少等同于其他合格产品，且造成返工辅料不合格的原因并非工艺缺陷。返工或再加工过程不属正常生产过程，因此，未经质量部门审批准，不得进行返工 第八十八条　使用自动化控制系统或其他复杂设备时，应符合下列要求： 1.系统与规程能证明设备及软件性能达到设定要求 2.已建立并遵循定期检查、校验设备的规程 3.有适当的保留程序和记录的备份系统 4.确保只有被授权人员才能修改控制程序；程序的修改应通过验证并有记录 第八十九条　生产指令文件应发送到生产现场，对于联系生产过程，应有一份明确的工艺流程说明和记录。应保留每批辅料的生产记录，处置和控制信息。标签的信息应不可擦除；所有溶剂均应使用正确的标签；多余的标签应立即销毁或退回受控储存区；应控制回收和重复使用的溶剂，以确保其符合重复使用的适当规范要求 第九十条　应设计设备的清洗和消毒程序并证实其合理性，并形成书面程序和报告。设备工具应被清洗，并对影响辅料质量的关键区域进行消毒。应标识设备的清洁/消毒状态。应确定清洗的频率，并说明其合理性 第九十一条　应编制取样方法的文件，并规定取样的时机和地点，应确保样品的代表性且被明确标示

行业协会名称	对机构与其职责的要求
江苏省医药包装药用辅料协会（SPPEA）	第九十二条　应基于过程参数、产品属性及他们之间相互关系的知识来证实辅料生产过程的一致性。为确保最终批次产品的均一性而进行搅拌或混合时，应证实已达到均质状态 第九十三条　应保持产品的储存条件，应确保并规定包装材料、原料、半成品和辅料成品质量特性的关键条件，并予以记录。应评估偏离特定储存条件的情况。应规定储存和处理程序，以保护容器，标签和密封件，将辅料污染、损坏或变质的风险降至最低，并防止混淆。应有适当的管理系统来确保辅料仅在其有效期或复检期内供应 第九十四条　不合格中间产品或辅料的处理 不合格中间产品或辅料可按如下的要求进行返工或重新加工。不合格物料的最终处理情况应当有记录。 返工： 1.不符合质量标准的中间产品或辅料可重复既定生产工艺中的步骤，进行重结晶等其他物理、化学处理，如蒸馏、过滤、层析、粉碎方法。 2.多数批次都要进行的返工，应当作为一个工艺步骤列入常规的生产工艺中。 3.除已列入常规生产工艺的返工外，应当对将未反应的物料返回至某一工艺步骤并重复进行化学反应的返工进行评估，确保中间产品或辅料的质量未受到生成副产物和过度反应物的不利影响。 4.经中间控制检测表明某一工艺步骤尚未完成，仍可按正常工艺继续操作，不属于返工。 重新加工： 1.应当对重新加工的批次进行评估、检验及必要的稳定性考察，并有完整的文件和记录，证明重新加工后的产品与原工艺生产的产品质量相同。可采用同步验证的方式确定重新加工的操作规程和预期结果 2.应当按照经验证的操作规程进行重新加工，将重新加工的每个批次的杂质分布与正常工艺生产的批次进行比较。常规检验方法不足以说明重新加工批次特性的，还应当采用其他的方法 物料和溶剂的回收： 1.回收反应物、中间产品或辅料（如从母液或滤液中回收），应当有经批准的回收操作规程，且回收的物料或产品符合与预定用途相适应的质量标准 2.溶剂可以回收。回收的溶剂在同品种相同或不同的工艺步骤中重新使用的，应当对回收过程进行控制和监测，确保回收的溶剂符合适当的质量标准。回收的溶剂用于其他品种的，应当证明不会对产品质量有不利影响 3.未使用过和回收的溶剂混合时，应当有足够的数据表明其对生产工艺的适用性

行业协会名称	对机构与其职责的要求
江苏省医药包装药用辅料协会（SPPEA）	4.回收的母液和溶剂以及其他回收物料的回收与使用，应当有完整、可追溯的记录，并定期检测杂质 第九十五条　每种产品均应当有经企业批准的工艺规程，工艺规程的制定应当以备案的工艺为依据 工艺规程不得任意更改。如需更改，应当按照相关的操作规程修订、审核、批准。企业应建立相应的标准操作规程，保证工艺规程的一致性，并形成文件管理发放。每批产品均应当有相应的批生产和包装记录，可追溯该批产品的生产历史以及与质量有关的情况。批生产记录应当依据现行批准的工艺规程的相关内容制定。记录的设计应当避免填写差错。在生产过程中，进行每项操作时应当及时记录，操作结束后，应当由生产操作人员确认并签注姓名和日期
中国药用辅料发展联盟（CPEC）	在线混合：产品应有混合参数或者混合均一性标准；不同批次或者批量的生产之前，混合设备应彻底清空 溶剂回收、母液和第二产物：如果新溶剂和回收溶剂混合，在混合之前应对回收溶剂进行取样、检测以保证符合要求；回收过程应记录 再处理/再加工：应有返工的管理流程；返工的工艺要经过验证
国际药用辅料协会（IPEC）	溶剂、母液和二次结晶的回收：含有一定量可再生的药用辅料，反应物或中间体的物料，须得以证明为合理方可被回收或再生。在物料被回收并且在相同或不同的过程中重新使用的时候，在重新使用前或者与其他批准物料混合之前，该物料应该达到恰当的标准。这样的过程应以书面形式记录在生产记录或日志中以确保可追溯性。 搅拌或混合：为保证批次的一致性或便于加工而进行的搅拌或混合应该受到控制并以书面形式做出记录。如果这样操作的目的是为了确保批次一致性，它应按能保证物料达到均质混合可行的程度上进行，并且应该可以在每个批次上得以重现。其他可接受的辅料成品的混合操作，包括但不限于： 为了扩大批量而合并小批次的搅拌 对来自于同种辅料的数个批次的零头物料（如相对小量的单包物料）的搅拌以形成一个单一批次 搅拌过程应得到书面记录并可以回溯到各个单独的批次 搅拌流程应有足够的控制措施以确保新的批次的均一性 搅拌批次应予以测试以确保其符合设定的产品规格。搅拌批次的有效期或复验期设定的合理性应予以论证 过程中间控制：过程中间的检查、取样和检验应依照书面规定的程序来进行。过程中间控制可以基于流程监视或在规定的时间地点进行实际样本分析的方式来进行 过程中间样本应贴上清晰的标签并不得返回到生产中合并进入最终批次

行业协会名称	对机构与其职责的要求
国际药用 辅料协会 （IPEC）	过程中间控制的结果应被记录，并确认其结果须符合规定的工艺参数或可接受的限度。工作说明文件应该定义需要执行的程序以及如何运用检查和检验数据对工艺进行控制。工作说明文件应明确规定当结果超出规定范围时所需采取的行动 　　当由生产部门批准是否继续加工时，应该由经过培训的人员实行规定的测试，并记录结果

【指南审核要点】

1. 企业重要生产过程是否能够在受控条件下连续稳定地运行。

2. 每批产品是否进行物料平衡检查。如因工艺需要不具备物料平衡检查意义的，是否提供相关数据支持以及评估报告。

3. 在同一厂房或用同一台设备生产不同级别的同种产品，是否有前一批的少量产品带至下一批中。

4. 如有前一批的少量产品带至下一批中，是否对产品质量、安全无影响。是否有相应的规程对此种情况的操作进行规定。

5. 生产过程中需要暴露的产品是否置于清洁的环境中。

6. 生产洁净区是否进行生产环境监测，并有相应记录。

7. 直接接触产品的惰性气体是否按照原料要求管理。是否建立相应的控制标准，是否能够提供相应的检测记录。

8. 如辅料是无菌药品用辅料，其生产环境是否与制剂生产环境相似，是否制定对应的环境监测规程。

9. 无菌辅料灭菌后的操作是否使用灭菌操作技术。无菌生产过程中有关灭菌及无菌操作区环境监控的结果，是否纳入批生产记录中。

10. 生产过程中的工艺用水是否符合产品工艺要求。

11. 工艺用水是否符合饮用水质量标准。

12. 如产品工艺对水质有更高要求时，是否建立包括理化特性、细菌总数、不可检出微生物等标准。

13. 如由企业自行处理工艺用水使其达到标准，是否对水处理工艺进行验证，并对系统运行进行监控。

14. 如企业生产的非无菌辅料用于生产无菌药品，是否对辅料最终分离和精制的工艺用水进行监测，同时应控制细菌总数及内毒素。

15. 如企业采用加热或辐射的方式来减少非无菌辅料微生物污染时，辅料在灭菌前是否达到规定的微生物限度标准，且灭菌工艺处于受控状态。检查灭菌前生物负载情况，和灭菌后微生物检测情况。

16. 是否对采用的灭菌方法进行验证，以证明达到设定的要求。

17. 是否有将辅料产品的最终灭菌替代工艺过程的微生物控制。是否评估生产过程微生物控制情况。

18. 对储存条件有特殊要求（如避光和隔热等）的辅料，产品包装上是否注明特殊要求。

19. 回收溶剂在同一或不同的工艺步骤中使用时，是否符合回收使用或与其他溶剂混用的标准。检查是否按照该标准进行控制。

20. 回收溶剂的使用是否有生产记录。

21. 需反复使用的母液以及含有可回收辅料、反应物或中间体的滤液，是否符合投料的标准。

22. 符合回收规程的回收记录是否纳入批生产记录中。

23. 需反复使用的母液以及含有可回收辅料、反应物或中间体的滤液在使用时是否有生产记录。

24. 是否建立产品中间控制的规程，对产品进行中间检查和检测，或在指定操作点及规定的时间对实际样品进行检测，检测结果应符合设定的工艺参数或在规定限度以内。

25. 对不合格的产品是否按规定处理，并有记录。

26. 是否对生产过程中的关键操作和关键工艺参数进行监控。

27. 是否对生产过程中产生的偏差经调查并有记录。

28. 是否建立产品批号管理规程，规定产品批号划分原则、批号管理方式、商业批量的控制。

29. 每批产品是否有生产批号，批号划分原则是否符合条款的要求。

30. 批号是否具有唯一性，批号的管理是否有可追溯性。

31. 产品中间混合是否进行控制并有控制记录。

32. 混合后的批次是否进行检验，确认其符合质量标准。

33. 不合格批号与合格批号的产品是否相互混合。

34. 更换产品品种生产时，是否对设备进行彻底清洁，并有清洁记录。

35. 是否建立清场管理规程，同品种产品更换批次时，是否清场并有清场记录。

36. 批生产中是否有物料零头的结转，如有，应有相关的记录。且应有文件对零头结转进行规定，包括量、存放期限等。

37. 如产品残留物影响产品质量，是否在更换批次时对设备进行彻底清洁，并有清洁记录。

38. 清场记录内容是否包括：操作间编号、产品名称、批号、生产工序、清场日期、检查项目及结果、清场负责人及复核人签名。清场记录是否纳入批生产记录。

39. 是否建立规程规定产品生产各工艺步骤完成时间和间隔时间，并现场检查规程与实际的一致性。

40. 是否建立规程规定直接接触产品的设备、容器、包装材料和其他物品的清洗、干燥、灭菌的有效期。

41. 是否建立规程规定防止包装和贴标签发生差错的措施。

42. 如现场装载产品的容器可回收并重复使用，原标签是否清除或涂销。

43. 同一产品生产中使用的周转容器上所有以前的批号和标签是否清除或涂销。

44. 包装容器是否能保护辅料，使其在运输和规定的贮存条件下不变质、不受污染。容器是否与产品发生反应、释放物质或吸附作用而影响中间产品或辅料的质量。

45. 产品的包装系统是否具备下列条件。

（1）包装相关的规格/标准的文件、检查或测试方法以及清洁规程（如有此要求时）。

（2）封签或其他识别包装是否被开启的安全措施。

（3）容器封口性能是否做过评估，证明封口系统能保护辅料不变质、不受污染。

（4）是否建立储运和处理规程，能保护容器及封口，减少污染、减少损坏和变质、避免混批。

46. 是否建立标签管理规程，保证标签的印制、发放正确，并规定剩余标签的销毁和退还标签储存区的流程。

47. 已打印批号的多余标签是否进行销毁。

48. 包装和贴签的设备在使用前是否进行检查，确保与下一批号有关的所有物料均已清除。

49. 是否建立不合格品的评估和处理规程。

50. 不合格品的处理方案是否包括：①通过返工达到标准；②改变其使用级别；③销毁。

51. 不合格品的处理记录是否调查清楚原因并保存得当。

52. 检查不合格中间产品或辅料控制程序、台账、执行记录。

53. 是否建立返工和再加工的规程，并依据规程严格执行。

54. 不合格中间产品或辅料出现如下情况，可进行返工。

55. 不符合质量标准的中间产品或辅料可重复既定生产工艺中的步骤，进行重结晶等其他物理、化学处理，如蒸馏、过滤、层析、粉碎方法。

56. 多数批次都要进行的返工，应当作为一个工艺步骤列入常规的生产工艺中。

57. 除已列入常规生产工艺的返工外，应当对将未反应的物料返回至某一工艺步骤并重复进行化学反应的返工进行评估，确保中间产品或辅料的质量未受到生成副产物和过度反应物的不利影响。

58. 经中间控制检测表明某一工艺步骤尚未完成，仍可按正常工艺继续操作，不属于返工。

59. 不合格中间产品或辅料出现如下情况，可进行重新加工。

60. 应当对重新加工的批次进行评估、检验及必要的稳定性考察，并有完整的文件和记录，证明重新加工后的产品与原工艺生产的产品质量相同。可采用同步验证的方式确定重新加工的操作规程和预期结果。

61. 应当按照经验证的操作规程进行重新加工，将重新加工的每个批次的杂质分布与正常工艺生产的批次进行比较。常规检验方法不足以说明重新加工批次特性的，还应当采用其他的方法。

62. 物料和溶剂的回收

（1）回收反应物、中间产品或辅料（如从母液或滤液中回收），应当有经批准的回收操作规程，且回收的物料或产品符合与预定用途相适应的质量标准。

（2）溶剂可以回收。回收的溶剂在同品种相同或不同的工艺步骤中重新使用的，应当对回收过程进行控制和监测，确保回收的溶剂符合适当的质量标准。回收的溶剂用于其他品种的，应当证明不会对产品质量有不利影响。

（3）未使用过和回收的溶剂混合时，应当有足够的数据表明其对生产工艺的适用性。

63. 回收的母液和溶剂以及其他回收物料的回收与使用，应当有完整、可追溯的记录，并定期检测杂质。

64. 返工或再加工的产品是否对其过程进行调查和评估，以及最终检验后做出判断产品符合标准。

65. 返工后的物料的质量是否进行评估并有完整记录。

66. 返工或再加工是否最终经质量部门审核批准。

67. 企业使用自动化控制系统或其他复杂设备时，是否符合以下要求。

（1）系统与规程是否能证明设备及软件性能达到设定要求。

（2）是否建立定期检查、校验设备的规程，并遵循执行。

（3）是否建立保留程序和记录的备份系统。

（4）系统是否有权限设置，确保只有被授权的人员才能修改控制程序。

（5）程序修改是否通过验证，并有记录。

第三节 药用辅料生产企业在具体实施中的案例

案例一 某辅料生产企业生产过程控制管理制度

1. 生产准备

（1）车间接到生产部下达的生产计划后，依计划表时程，下达《生产指令单》，进行人员、生产设备、生产环境、检测设备及所有有关此产品的工艺技术、记录文件的准备。

（2）生产车间根据《生产指令单》开具《领料单》，安排第一工序操作员工到仓库领料，领取的物料为当班使用物料，特殊情况部分物料领用量不超过 3 日用量。

（3）在做生产准备同时，生产班长须事先对生产操作员工解说本班生产注意事项，以利过程质量的控制。

2. 物料称量

（1）领取物料必须确认该物料的品名、规格、数量、包装、质量等，异常情况杜绝领取。

（2）投料人员对领取的物料进行确认，无异议的情况按照配方称量，要求双人复核制。

（3）称量过程发现物料异常，必须向车间管理人员反馈。

3. 批量生产

（1）物料称量结束后，生产车间安排批量生产，并根据《生产工艺规程》和《岗位操作规范》进行生产。

4. 工序控制

（1）员工能力 从事生产操作、检验的员工均须获得其工作范围所必要的能力，经过公司培训，能够独立操作的能力。

（2）设备的控制 设备的控制依《生产设备操作规程》和《设备维护保养管理制度》进行。

（3）物料的控制

1）各生产车间需确保使用经检验合格的物料，各物料均需有清晰的标识。

2）生产过程中发现的不合格物料（包括配件、原料、半成品），依《不合格品管理制度》进行处理。

3）生产用物料按车间规划的区域堆放，均须标明其状态。

4）生产方法

5）生产部、技术中心及质量保证部、设备工程部须依规定职责范围制定生产工艺规程、岗位操作规程、设备操作规程、清洁操作规程。

6）生产有关的工艺规程、岗位操作法等必须挂于相应的操作岗位上，以利于岗位操作人员获得指导，操作员工必须按照作业指导书要求操作。

（4）关键过程和特殊过程的控制 关键过程是各种产品的成品质量控制；特殊过程是对产品性能的控制岗位，对环境和安全存在重点控制的过程。对这些过程应进行确认，证实它们的过程能力，适用时，这些确认的安排应包括：

1）证实所使用的过程方法符合要求并有效实施；

2）对所使用的设备、设施能力（包括精确度、安全性、可用性等要求）及维护的严格要求，并保持维修保养记录，具体执行《设备管理制度》的有关规定；相关生产人员要进行岗位培训、考核；

3）由技术人员确定合适工艺参数，生产部负责编制各产品的工艺规程，经质量保证部负责人审批后实施，以保证产品质量；

4）对这些过程的生产监控应进行记录，并保持这些记录；

5）过程的再确认：按规定的时间间隔或当生产条件发生变化时（如人员、刀具、程序的变化等）应对上述过程进行再确认，确保影响过程能力的变化及时做出反应，根据需要对相应的生产工艺和作业指导书进行更改，执行《变更管理制度》。

5. 过程检验

（1）自检 各操作员工须对自己生产的产品做自检，防止不合格产品入库、发货和转入下一工序。

（2）互检 下工序员工对上工序的质量进行检验。

（3）车间质监员对中间产品进行中间体检查，并做好记录。

（4）过程检验或生产过程中发现的不良品依《不合格品管理制度》进行处理。

6. 经过程检验合格的产品，生产车间按《包装指令单》上的要求进行包装。

7. 各生产班组应日清日结，将实际生产情况做好记录，供相关人员查阅。

8. 质量保证部按《成品检验操作规程》进行检验。检验合格的成品，交车间物料保管员入库，检验不合格的成品依《不合格品管理制度》处理。

9. 生产全过程中的产品标识依《物料管理制度》进行处理。

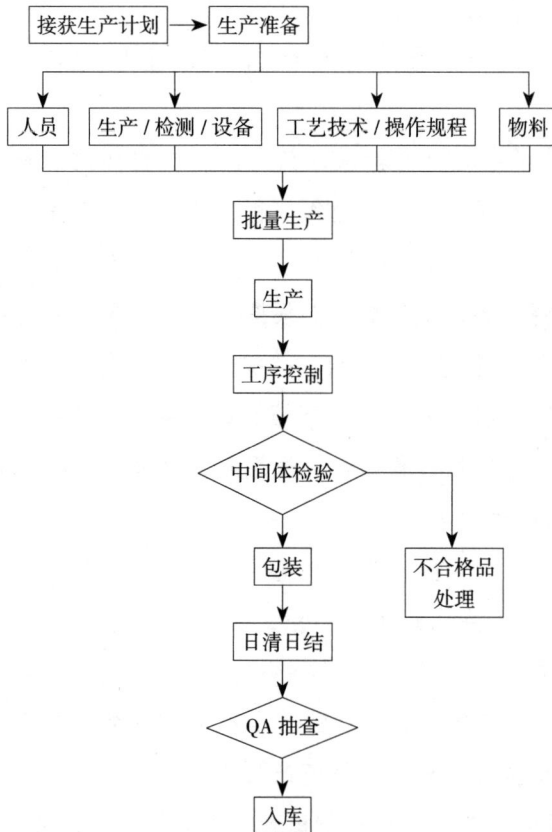

图 1 生产过程控制流程图

案例二 某辅料生产企业批号管理制度

1.内容

（1）批的含义 采用一个或一系列加工过程生产出的一定数量的质量和特性符合规定限度的均质原料、中间体、包装材料或最终产品。在连续工艺条件下，一批可以是指生产中质量和特性符合规定限度的特定的一段。批量也可以是一个固定的数量或是在一个固定的时间段内的生产量。

（2）批号的含义 用以确定一个批次生产、加工、包装、编码和分发历史全过程的具有专一性的数字、字母，或符号的组合。

（3）生产批号的编制方法

1）批号可由一组数字或字母加数字组成，要易于识别、追溯。

2）生产批号的编码

• 正常批号：一般用6位数字表示，前2位表示生产年度，中间2位表示生产月份，后2位表示生产的流水号（年份＋月份＋流水号），当流水号大于99时，批号最后2位则改为3位，批号也改为7位数字。

• 返工批号：因故返工的产品返工后原产品批号不变，在原批号后加一个代号以示区别。如：190521R。

3）车间有两条或两条以上生产线生产同品种时，为便于不同生产线生产同产品可追溯，按批号编制方法进行编制时，需要进行批号加字母区别。

4）中间体批号：用8位数字与字母"Z"表示，前4位表示生产年度，中间2位表示生产月份，后2位表示生产的流水号（年份＋月份＋流水号），当流水号大于99时，批号最后2位则改为3位，批号也改为9位数字。如：Z20190521。

（4）批号的下达 批号由各车间下达。

（5）批号的打印 打印批号的印章由生产部统一采购，车间领取使用，车间印章由车间班组长保管，批号打印前应有双人进行复核，并有车间质监员进行确认后方可打印。批号打印后，印章由班组长保存在印章存放箱中。

（6）生产日期 产品的生产日期为该批产品投料工序的操作日期，记作"XXXX年XX月XX日"。

（7）有效期 产品生产日期当月起计算，若为24个月的，记作"XXXX年XX月"。如：生产日期为2019年05月21日，则有效期为2021年04月。

案例三　某辅料生产企业的物料平衡管理

1. 目的

建立物料平衡管理程序，防止差错和混药事故的发生。

2. 范围

适用于每批产品的物料平衡管理。

3. 责任

生产制造部、车间主任、产品 QA。

4. 内容

（1）原辅料物料平衡的管理

收率计算：收率＝实际值／理论值×100%

实际值为生产过程中实际产出量，包括本工序正品产出量。

理论值为按照所用的原料量，在生产中无任何损失或差错的情况下得出的最大数量。

每批产品均必须进行物料平衡的检查，计算实际收得率和理论收得率的百分比，能够有效避免或及时发现原料药混淆事故。

每批产品应在生产作业完成后，填写岗位物料结存卡，并作物料平衡检查。在计算总产量时应考虑到生产过程中是否有回收的物料。如有差异，必须查明原因，在得出合理解释，确认无潜在质量事故后，方可按正常产品处理。

（2）包装材料、标签物料平衡的管理

1）包装材料、标签的平衡计算：

每批结存＝前批结存数＋本批领用数－本批实用数－本批损耗数（标签为销毁数）

2）每批包装材料、标签均必须进行物料平衡的检查，计算每批结存数的准确性，能够有效避免或及时发现原料药混淆事故。

3）每批产品应在生产作业完成后，填写包装材料、标签物料平衡表，并作物料平衡检查，如有差异，必须查明原因。

案例四　某辅料生产企业的生产清场管理

1. 目的

建立清场管理制度，防止混药、差错及交叉污染。

2. 范围

生产中的清场管理。

3. 责任

（1）各工序操作人员按照各岗位清洗规程在生产结束后进行清场。

（2）清场结束后由 QA 进行检查，检查结果合格后，QA 在已清洁状态卡上签名并发给清场合格证。

4. 内容

（1）生产同一品种每个工序每批结束后，应按相应的清洁规程进行清场，建立的清洁规程应进行风险评估，同时对清洁的效果进行验证。清场结束后，换上已清洁状态标志，前道由车间主任或值班负责人目视检查清场情况，混合包装工序由 QA 目视检查清场情况，检查结果合格后，在已清洁状态卡上签名，准予下一批生产，同时在下次生产开始前，应对前次清场情况进行确认。

（2）药用辅料生产更换品种生产时，应停工 8 小时以上，由操作人员对生产场地，共用的生产设备作彻底的清理，确保设备和工作场地没有遗留与本次生产有关的物料、产品和文件，清理后换上已清洁状态标志，由车间主任汇同 QA 一起目视检查清场情况，检查结果合格后，在已清洁状态卡上签名，准予另一品种的生产，同时在下次生产开始前，应对前次清场情况进行确认。

（3）停工一个清场有效期为七天，已到清场效期或已过清场效期的，车间主任在开工前一天应通知操作工对各工序按清洁规程清理，并填写清场记录，清理结束后，挂上已清洁状态标志，再由车间主任（前道工序）或 QA（混合包装工序）目视检查清场情况，合格后，在已清洁状态卡上签名，准予开工。

（4）洁净区容器应加盖，不可敞口；器具、用具清洁并干燥后应置于清洁的塑料袋中备用。

（5）"待清洁"或"过清洁效期"的容器具不能与"已清洁"的容器具混放，应单独存放。

（6）对于新购设备、器具或者返厂加工、维修的设备、器具，需在进行清洁时清除其表面与设备、器具信息无关的标签（如物流标签等）。

案例五 某药用辅料生产企业工艺用水管理

1. 目的

规范工艺用水的监测周期与项目，确保供水的质量符合要求。

2. 范围

适用于公司内饮用水和纯化水的日常监测。

3. 职责

（1）QA 部　负责制定纯化水年度监测计划，及每年对工艺用水水质的年度回顾。

（2）工程部　负责工艺用水的现场监测。

（3）QC 部　负责工艺用水的取样及水质的具体检测。

4. 内容

（1）定义

1）工艺用水：指产品生产工艺中使用的水；公司现用的工艺用水主要是饮用水和纯化水。

2）饮用水：指城市供水网管所供自来水及经过砂滤后的自来水，其质量符合生活饮用水卫生标准的要求。

3）纯化水：为饮用水经蒸馏法、离子交换法、反渗透法或其他适宜的方法制得的供药用的水，不含任何附加剂。

（2）纯化水监测计划　每年年底前由 QA 部门制定下一年的纯化水监测计划，并由 QC 部门负责人、生产部负责人审核，经 QA 负责人批准，并下发到 QA、QC、生产部、工程部。

（3）工艺用水的现场监测

1）制水间和生产部门各使用点的工艺用水严格按规定监测。

2）制水操作人员要按规定频次对纯化水进行监测，数据合格方可供水。

（4）饮用水的监测

1）取样时间和频次

2）每月取样检测一次。

3）每年送第三方全检一次。

合格标准：实验室按照按饮用水内控标准 STP—QC—W001《饮用水质量标准》检测，第三方按照 GB 5749—2006《生活饮用水卫生标准》检测，结果需符合要求。

（5）饮用水的取样

1）到取样点后，应先将饮用水龙头打开，使其放流至少 3 分钟。

2）将取样瓶移至水龙头下方接收水样，先将取样瓶润洗 5 次，再进行水样接收。应注意瓶口不得与水龙头相碰。用于微生物取样的取样瓶需事先进行灭菌。

3）取样完成后立即将塞子塞好。

4）取样后填写 SMP—QA—1014—1《工艺用水取样记录》，并将样品及时交化验室检测。

5）纯化水的监测。

6）取样时间和频次。

7）还处于性能确认期的纯化水新系统按照批准性能确认方案进行。

8）性能确认结束前，QA 部门制定纯化水年度监测计划。后期每年年底制定纯化水监测计划。各取样点名称及编号见 SMP—ME—0005《纯化水管理制度》。

（6）纯化水日常监测计划

辅料车间

取样点	取样频率	检验项目
总送水口／总回水口	每周一次	全检
各使用点轮流取样	每月一次	

洁净取样间使用点：使用点每月一次全检。

合格标准：按照纯化水内控标准和检验操作规程检测，结果符合现行版《中国药典》的要求。

（7）纯化水的取样

1）到取样点后，应先将纯化水阀门打开，使其放流至少 3 分钟。

2）将取样瓶移至出水口下方接收水样，先将取样瓶润洗 5 次，再进行水样接收。应注意瓶口不得与水龙头相碰。用于微生物取样的取样瓶需事先进行灭菌。

3）取样完成后立即将塞子塞好。

4）取样后填写《工艺用水取样记录》，并将样品及时交化验室检测。

（8）注意事项　当理化取样与微生物取样同时进行时，应先取理化水样，再取微生物水样；用于微生物测试的样品要及时检测，如不能及时检测应将取样瓶置于冰箱内 2~8℃冷藏保存。自取样起，样品保存时间不宜超过 24 小时。

警戒限和行动限：根据纯化水系统的监测数据，设定微生物警戒限定为 50CFU/ml，行动限定为 70CFU/ml。

日常由 QC 对纯化水监测数据汇总，审核监测频率是否符合要求，QA 每年对数据进行总结，形成总结报告。

（9）异常情况处理

1）若纯化水系统各取样点的任意一点检测结果在 ≥ 50CFU/ml 且 < 70CFU/ml 时，QC 立即通知制水间和 QA 部门对水系统应提高警惕，并调查其各个环节是否有问题。

2）若纯化水系统各取样点的任意一点检测结果 ≥ 70CFU/ml 时，QC 立即通知制水间应立即对水系统采取行动，QA 组织调查小组（通常包括 QC、工程部等）调查原因，工程部根据调查原因，采取相应措施后，对水系统（制备系统或分配系统）进行消毒处理。处理后 QC 应在超限取样点及其前后取样点进行取样检测。

3）当检测结果为不合格时，QC 应将此结果立即通知 QA，QA 通知使用部门停止用水，并尽快执行异常调查。

4）节假日或生产使用部门停工一段时间后，按照 SMP—ME—0005《纯化水管理制度》执行。

案例六 某辅料生产企业返工和再加工管理

1. 目的

建立返工和再加工操作规程。

2. 范围

产品的返工和重新加工管理。

3. 责任

生产操作人员、QA。

4. 返工和再加工

（1）对未达到质量要求的物料按原有生产过程中的某一步进行再次加工叫返工。

（2）对未达到质量要求的物料按原有生产过程以外的步骤进行加工叫再加工。

5. 产品的质量达不到预期质量要求的原因：

（1）试剂或溶剂中的微量杂质；

（2）加工过程中设备的故障；

（3）贮存期间物料发生了降解；

（4）生产过程中的污染；

（5）操作人员的失误；

（6）粉末的流失。

6.经返工和再加工处理的批均应加注，以与其他批相区别。

7.所有返工和再加工操作均应有书面记录并符合法规要求。

8.返工和再加工

（1）再加工

1）化学返工指对化学反应步骤进行返工。

2）由于进行化学反应可能会产生副产物，因此必须对返工后原料或半成品进行评价，确保返工后无负面影响。

3）应有书面规程规定哪些化学反应可以进行返工，并进行验证。

4）应规定额外的检验项目对化学返工后的物料进行监测，确保其与按正常加工过程生产出来的物料达到同样的质量水平。

（2）返工

1）指对物理操作过程进行返工。

2）物理返工包括重结晶、溶解、过滤、研磨等过程的返工。

3）必须对返工后原料或半成品进行评价，确保返工后无负面影响。

4）应有书面规程规定哪些物理操作可以进行返工，并进行验证。

5）应规定额外的检验项目对返工后的物料进行监测，确保其与按正常加工过程生产出来的物料达到同样的质量水平。

9.返工和再加工时所采用的步骤为原生产过程以外的，必须有书面规程规定如何对此返工步骤进行验证。并说明如何确定额外检验项目，以确保物料达到按正常加工过程生产出来的物料同样的质量水平。此种返工按变更管理程序进行管理。

10.成品的返工和再加工

（1）成品的返工和再加工指使未达到质量标准的成品（可以是一项或多项指标）达到质量标准所采取的纠偏生产步骤，重新包装或通过目检从成品中剔除缺陷品，不包括在返工范围内，成品的返工一般按偏差管理程序进行。

（2）必须对导致返工和再加工的原因进行调查，以决定返工和再加工步骤并预防下次发生。所进行的返工和再加工步骤必须进行验证。同时应对返工和再加工后成品进行稳定性考察（包括加速稳定性考察和长期稳定性考察。）

11.返工和再加工原因调查、返工和再加工记录、验证资料、稳定性考察数据等必须归档，以备查用。

12. 经过返工和再加工的成品只有经过质量保证部门的批准方可发放上市。

案例七　无菌辅料风险控制策略

无菌辅料

说明

本补充指南并不取代药用辅料 GMP 的任一条款，其目的在于强调无菌辅料生产的特殊要求，以尽可能降低微生物、粒子和热源对其污染风险。

总则

1. 无菌辅料的生产应在洁净区内进行，人员和（或）物料应通过气闸进入洁净区，洁净区应保持适当的洁净度，应通过具有一定过滤效率的过滤器向洁净区送风。

2. 容器和密封件等组件的准备，产品的配制、灌装和灭菌应在洁净区内彼此分开的单独区域内进行。

3. 无菌辅料生产洁净区按所需环境空气特点的要求划分为四个级别：A、B、C、D 级区（表 1）

表 1　无菌辅料生产区空气洁净级别的划分

洁净级别	空气悬浮粒子最大允许数 /m³		浮游菌限度注 CFU/m³
	0.5~5μm	> 5μm	
A（层流台）	3500	0	< 1
B	3500	0	5
C	350 000	2000	100
D	3500 000	20 000	500

4. 每一生产作业均应在适当的洁净环境中进行，以降低产品或被处理物料的微生物或粒子污染风险。

5. 规定了不同生产作业所必需的空气洁净等级。产品暴露环境必须符合表 1 所规定的限度标准；如果生产过程中，生产区内无人位于现场操作，环境区域也必须符合表中的标准；如果由于某种原因致使环境质量下降，但经过短暂的"自净"后，环境应恢复至相应的洁净标准。使用全封闭隔离技术及自动化系统可以减少来自人员的污染，对无菌辅料的无菌保证具有重要意义；使用这类技术时，如能够对"工作台"和"环境"等术语予以恰当的理解，则本补充指南中的建议，特别是关于空气质量及监测的要求仍然具有适用性。

无菌辅料的生产

6.无菌辅料的生产作业在这里分为三类：第一类，最终灭菌；第二类，除菌过滤；最终灭菌辅料；第三类，既不能除菌过滤又不能最终灭菌，因而必须采用无菌原料并使用无菌作业技术生产无菌药品。必须通过验证（如无菌培养基灌封试验）选择下述的空气洁净等级。

（1）辅料产品一般应在C级区中配制，以降低微生物和粒子污染，并适于立即进行过滤和灭菌。如果同时采取附加的降低污染的措施（如使用密封容器），辅料配制则可在D级区中进行。灌装应在C级背景环境局部层流A级条件下进行。

除菌过滤无菌辅料

（2）原料的处理和产品的配制应在C级环境中进行；如果采取附加的防污染措施（如过滤前使用密封容器），则可在D级环境中进行。无菌过滤后，产品必须在B级或C级环境中局部A级或B级无菌条件下处理和灌装。

（3）原料的处理以及以后的加工作业必须在B级或C级环境中局部A级或B级条件下进行。

人员

7.洁净区人员数量应控制在最低度，无菌作业时这点更为重要。检查和监督时应尽可能在洁净区外进行。

8.洁净区内的所有人员（包括清洁工和维修工）均应定期接受有关无菌辅料生产的培训，培训内容应包括卫生学和微生物学基础知识。没有受过这类培训的外部人员（如按合同施工的建筑工人或维修人员）需进入洁净区时，应对他们进行特别详细的指导和监督。

9.高水平的个人清洁卫生是至关重要的。应当教育员工随时报告任何可能导致 污染风险的异常情况。包括污染物的种类和数量；无菌辅料生产人员应定期接受健康检查并由指定的称职人员负责对可能导致微生物污染风险增大的员工采取适当的措施。

10.洁净区外使用的服装不应带入洁净区。穿上企业的标准工作防护服后方可进入更衣室，更衣和清洁应遵循相应的书面规程。

11.工作服及其质量应与生产工艺、作业区的洁净要求相适应，其穿着方式应能保护产品免遭污染。

12.洁净区内不应戴手表和首饰，不得使用可脱落微粒的化妆品。

13. 工作服应与作业区内的空气洁净要求相适应。每一级区的着装要求如下所述。

D 级区：应将头发、胡须遮盖，应穿戴保护服和合适的鞋子或鞋套。应采取措施避免将污染物带入洁净区。

C 级区：应将头发、胡须遮盖。应穿手腕处可收紧、高领并配有合适的鞋或鞋套的单件式或双件式保护服，保护服不应脱落纤维或粒子。

A/B 级区：应用头罩将所有头发以及胡须遮盖，头罩应塞进衣领内，应戴口罩以散发液演。应佩戴经过灭菌且未上粉的橡胶或塑料手套以及经灭菌或消毒的脚套，裤脚应塞进脚套内，袖口应塞进手套内。着装应不脱落纤维或粒子并且能滞留人体散发的粒子。

14. B 级区内，每次作业前应更换洁净的无菌防护服；或监测结果证明可行时一天至少更换一次。作业期间应不断消毒手套，每工作一个阶段重新开始操作前，应更换口罩和手套。必要时，有必要使用一次性服装。

15. 洁净区内所用工作服的清洗和处理应确保衣服上不得有使用期间可能脱落的污染物。最好用单独的洗衣设备清洗这类衣服。衣服清洁或灭菌不当将会损坏纤维，这样就有可能增加散发粒子的风险。工作服的洗涤和灭菌应按照有关 SOP 进行。

16. 洁净厂房设计时，应尽可能考虑避免监控人员不必要的进入。B 级区内的设计应确保从外部能够观察到内部所有作业活动。

17. 为了尽可能减少粒子或微生物的散发或积聚，并便于清洁剂和消毒剂的反复使用，洁净区内的所有外表面都必须光滑平整、不得有渗漏或裂缝。

18. 为了减少尘埃或微生物的散发或积聚并便于清洁，洁净区内不应有难以清洁的凹陷处，应尽可能没有凸出的边缘、货架、柜子以及设备，门的设计应避免存有难以清洁的凹陷，因此不宜使用移门。

19. 吊顶应作密封处理，防止来自上方空间的污染。

20. 管道、风管的安装不应造成难以清洁的凹陷。

21. 每一区域内均应尽可能避免设置水池和地漏。用于无菌作业的 A/B 级区内不应设置水池和地漏。水池或地漏应进行适当的设计、布局和维护，以降低微生物污染，并应装有易于清洁的带有空气阻断的汽水分离阀以防倒灌，明沟应当敞开，易于清洁，以可防止微生物污染进入的方式同外部地漏相连。

22. 更衣室应设计成气闸室并能为更衣的不同阶段提供隔离，以减少工作服受微生物和粒子污染的风险。应向更衣室通入过滤空气对其进行有效净化。有时，最好将进入和离开洁净区的更衣间分开设置。一般情况下，洗手设施只能安装在更衣室内，而不是无菌作业区内。

23. 气闸室的门不应同时打开；为此应采用一套连锁系统和一套光学或（和）声学报警系统。

设备

24. 经过滤器的送风应确保在任何运行状态下洁净区对周围低级别区保持正压，并有足够的自净能力。

25. 应证明所用气流方式不会导致污染风险，如：采取适当措施确保气流不会将作业或设备以及操作人员散发的粒子吹向洁净要求更高的区域。

26. 应设置送风故障报警系统。压差重要的毗邻级区间应安装压差指示仪。压差数据应定期记录。

27. 应考虑使用隔离装置以严格限制关键灌装区（如 A 级区）的非必要进入。

28. 传送带不得穿越 B 级区与低级区之间，除非对传送带连续进行灭菌（例如通过一隧道式灭菌器）。

29. 应尽可能选用能够进行蒸汽、干热或其他方法灭菌的生产设备。

30. 生产设备及辅助装置的设计和安装应确保便于洁净区外对其进行操作、保养和维修。如设备需要拆开维护，应尽可能在完全装配后灭菌。

31. 当在洁净区内对设备进行维护时，则应使用洁净的仪器或工具；如果在维修过程中破坏了所需的洁净度和（或）无菌标准，则在生产重新开始前应对该区进行必要的清洁、消毒和（或）灭菌。

32. 所有设备如灭菌器、空气过滤系统、水处理系统（包括蒸馏水机）均应通况的验证、维护和监控；维修保养后。须经批准方可再投入使用，并记录存档。

33. 水处理系统的设计、安装和维护应能确保供水达到适当的质量标准。水应超设计负荷运行。在水的生产、贮存和输送过程中，应采取防止微生物生长的措施，如在 80℃ 以上或 4℃ 以下连续循环。

34. 洁净区的卫生特别重要。应按照质量控制部门批准的书面规程经常彻底地对洁净区进行清洁。如使用消毒剂，其种类应多于一种，并定期更换。应定期进行环境监测以及时发现是否出现耐药菌株。紫外光杀菌效力有限，因此不能用以替代化学消毒剂。

35. 应当对消毒剂和清洁剂的微生物污染状况加以监测，稀释的消毒剂或洗涤剂应存放在洁净容器内，且不应长期储存（除非经过灭菌），没有完全用完的容器不得再加满。

36. 对洁净区进行熏蒸有利于降低"死角"的微生物污染。

37. 洁净区应按计划定期监测动态条件下的空气和表面的微生物水平；无菌作业区的监测频率应足以确保环境状况符合既定要求。评价批产品质量时，应同时考察环境监测结果。空气粒子质量应定期监测、评估。非生产状态下（如系统经过验证、清洁和熏蒸后）仍应进行环境监测。

生产加工

38. 在生产工作的每个阶段（包括灭菌前的各个阶段），应采取预防措施以减少污染。

39. 使用能够支持被试验微生物生长的培养基模拟无菌作业（无菌培养基灌装、肉汤培养基灌装）是无菌生产工艺验证的一个重要组成部分。该试验应该具备下述特征。

（a）应尽可能模拟实际作业，考虑作业的复杂性、工作人员的数量以及操作时间等因素。

（b）所选培养基应能支持光谱微生物生长，包括预计在灌装环境中能够出现的微生物。

（c）应有足够的灌装容器数，以高度保证能够发现较低的微生物污染水平（如果有微生物污染）。

建议每一次培养基灌装试验中，灌装容器数不低于3000个，结果应当是没有微生物生长，高于0.1%的污染率都不合标准。发现污染时，应进行调查。培养基灌装试验应定期重复进行；发生重大变化时，如产品、厂房、设备或工艺发生重大变更，应进行再验证。

40. 应采取措施确保任何验证不对实际生产造成危害。

41. 应定期监测水源、水处理设备及产水的化学、生物学污染以及细菌内毒素污染状况，以确保工艺用水符合适于其用途的质量标准。监测结果以及所采取纠偏措施应予记录归档。

42. 洁净区内应尽可能减少各种活动，特别是无菌作业过程中。人员的走动应予以控制并应符合既定方法，以避免过度剧烈的活动而散发过多的粒子和微生物。考虑到作业人员所穿工作服的特性，洁净区内环境的温湿度不宜过高。

43. 应尽可能减少原料的微生物污染，灭菌前待灭菌物料的带菌量应予监控。如果监测结果表明有必要，标准中应当包括微生物指标。

44. 洁净区内应减少易产生纤维的容器和物料；无菌作业过程中，应完全避免。

45. 组件、待包装产品容器和设备的最终清洁后的处理应避免二次污染。应标明该类物品所处加工阶段、待包装产品的容器和设备。

46. 应尽可能缩短组件、待包装产品容器和设备的清洗、干燥、灭菌和使用之间的时间间隔，该时间间隔应符合根据经过验证的贮存条件而确定的时限标准。

47. 从产品的制备到灭菌或通过细菌过滤器之间的时间应尽可能缩短。应根据每一产品的组成和描述的贮存方法制定可允许的最长时间。

48. 用于净化或保护产品的气体应经过除菌过滤。

49. 应尽可能降低产品灭菌前的微生物污染水平。应有产品灭菌前的带菌量限度标准，此限度与所用灭菌方法的灭菌功效和产品的热原污染风险有关。可能情况下，所有辅料灌装前应经过除菌过滤。如果产品贮于密封容器中，则压力释放口应进行保护，如使用疏水性空气过滤器。

50. 无菌作业所需的组件、待包装产品容器、设备和其他物品都应经过灭菌，可能时应通过与墙密封的双门灭菌器进入洁净区，或者通过"不引入污染"的方式进入洁净区（如使用三层包装）。

51. 任何新工艺投入使用前均应经过验证，并应定期进行再验证；设备或工艺发生重要变更时应重新进行验证。

灭菌

52. 可使用湿热、干热、环氧乙烷或其他合适的气态灭菌介质，可能的情况下，应尽可能选用加热灭菌法。

53. 所有灭菌工艺都必须经过验证。如果所用灭菌方法不符合国家药典或其他国家标准，或者待灭菌品不是一种简单的水性溶液或油性溶液，则应给予特别的重视。任何情况下，所用灭菌工艺必须符合CDE备案的要求。

54. 任何灭菌工艺在投入使用前，必须证明其对产品的适用性和有效性（有效性：每一装载方式下待灭菌品的所有部位都达到了所需的灭菌条件）。并定期进行再验证（一年至少一次）；设备有重大改变后，也应进行再验证。验证和再验证结果应予记录存档。

55. 生物指示剂只能作为用以监控灭菌过程的一种附加手段；如果使用生物指示剂，应采取严格措施防止由其所致的微生物污染。

56. 应有明确区分已灭菌产品和未灭菌产品的方法。每一车（盘或其他装载设备）的产品或组件均应贴签，注明物料名称和批号，并有一能标明其是否已经灭菌的标记。如果合适，可使用灭菌纸带来指示一批或亚批是否已经过灭菌；但不能作为可靠的依据，说明该批是无菌的。

加热灭菌

57. 应使用具有适当精确度和准确度的合适设备（例如大小比例合适的时间／温度图）记录每一加热灭菌全过程，测温探头应置于通过验证确定的待灭菌品或灭菌腔室的冷点处，最好在冷点处的同一部位安放另一支独立的测温探头进行对照。时间／温度图或其照相复制本应是批记录的一部分。化学或生物指示剂也可用于过程监控，但不得代替物理测定。

58. 开始测定灭菌时间前，必须给予足够的时间保证所有待灭菌产品都升高到所需灭菌温度。每种装载方式所需升温时间均需测定。

59. 在灭菌高温阶段后，应采取措施防止冷却期间已灭菌产品遭受污染。任何与产品相接触的冷却介质（液体或气体）都应无菌，除非能够证明任何有渗漏的容器不可能被批准使用。

湿热灭菌

60. 湿热灭菌法仅适用于水浸润性材料成水性产品。过程监控参数应包括灭菌温度和压力。一般情况下，程序控制装置应独立于温度记录仪表，并应配有独立的温度器，应将温度显示器的读数与灭菌全过程中的记录表进行对照，对腔室底部装有排水口的灭菌柜而言，有必要测定并记录该点在灭菌全过程中的温度数据，如灭菌过程中含有抽真空阶段，则应定期对腔室进行检漏试验。

61. 如果待灭菌产品不是装在密封容器中，则应用合适的材料将其适当包扎，所用材料及包扎方式应利于空气排放和蒸汽穿透并能防止灭菌后的二次污染。在规定的时间内，所有灭菌物品均应与水或饱和蒸汽接触并达到规定的温度。

62. 应注意，灭菌所用蒸汽应符合适当的质量标准，蒸汽中所含杂质质量不应给产品或设备造成污染。

干热灭菌

63. 干热灭菌过程中，灭菌腔室内的空气应进行循环并保持正压以阻止非无菌空气的进入；如果向腔室送气，则送气应通过除菌过滤器过滤。当干热灭菌用于去除热原时，验证应包括"内毒素挑战试验"。

辐射灭菌

64. 辐射灭菌主要用于热敏性产品的灭菌。许多辅料和有些包装材料对辐射敏感，因此，只有经试验证明本法不对产品产生破坏性影响时方可采用。紫外辐射法通常并不是一种可行的最终灭菌方法。

65. 如果由外部委托单位进行辐射灭菌，则辅料企业应负责确保符合 64 的要求，以及灭菌程序经过验证；灭菌作业工人的职责应予明确规定（如确保辐射剂量正确无误）。

66. 辐射灭菌过程中，辐射剂量应予以测定。为此目的，可使用与辐射速率无关的剂量显示器，定量测定产品所吸收的辐射剂量。待灭菌物品中应插有足够数量的剂量指示器，且安放间隔不宜过大，以确保灭菌器中总存有剂量指示器。如果使用所用塑料剂量指示器，则应在校正效期内使用。辐射灭菌后，应尽快从剂量指示器读取数据。生物指示剂仅可作为一种附加的监控手段。辐射敏感性有色指示片可用于区分已灭菌产品和未灭菌产品，但它并不能说明产品的无菌特性。灭菌过程中所得有关数据应作为批记录的一部分。

67. 验证时，应考虑到包装密度变化对灭菌效果的影响。

68. 物料处理过程中，应防止已灭菌产品与待灭菌产品的混淆。每个包装上均应有辐射敏感性指示片以表明其是否经过灭菌。

69. 应在规定的时间内将总辐射剂量释放完毕。

环氧乙烷灭菌

70. 只有无法使用其他灭菌方法时，方可采用环氧乙烷灭菌法。验证时，应证明环氧乙烷对产品不会造成破坏性影响，以及对每一类型的产品或原料所设定的排气条件和时间能够确保所有残留气体及反应产物减少到既定合格限度。该限度应列入质量标准。

71. 气体与微生物细胞直接接触是至关重要的，应采取预防措施避免微生物被包在晶体内或干性蛋白质内。包装材料的性质和数量对灭菌效果有着重要影响。

72. 通入气体前，应使待灭菌产品达到灭菌程序所要求的温湿度平衡条件，但同时应兼顾减少待灭菌产品灭菌前存放时间的客观要求，即达到平衡后尽快灭菌。

73. 每次灭菌时，应将适当的一定量生物指示剂安放在待灭菌产品装载的各个部位，对灭菌过程进行监控。由此获得的监控结果应归入相应的批记录。

74. 生物指示剂应按生产厂商的要求贮存和使用，并通过适当的试验检查其质量。

75. 每一灭菌过程的记录内容应包括：完成灭菌过程的时间、灭菌过程中腔室的压力、温度和湿度、环氧乙烷的浓度及总耗量。应用图表记录整个灭菌过程的压力和温度，灭菌记录应归入相应的批记录。

76. 灭菌后的物品应存放在受控的通风环境中，使残留气体及反应产物降至规定限度。此工艺过程应经过验证。

非最终灭菌产品的除菌过滤

77. 产品应尽可能在最终容器中使用加热的方法进行灭菌。有些不能最终灭菌的辅料可用名义孔径为 0.22μm（或更小）的无菌过滤器（或者至少具有相同除菌效率的材料）进行除菌过滤，并将辅料滤入预先灭过菌的最终容器内。这类过滤器能够滤除绝大多数细菌和霉菌，但不能全部滤除病毒或支原体。应同时考虑采用加热法来弥补除菌过滤法的不足。

78. 同其他灭菌法相比，过滤灭菌法风险更大，因此，最好使用双层除菌过滤器，或者紧挨"灌装点"处再安装一只灭过菌的除菌过滤器进行二次过滤。最终的除菌过滤器应尽可能地接近灌装点。

79. 不应使用可脱落纤维的过滤器，禁用含有石棉的过滤器。

80. 除菌过滤器一经使用后，应立即采用适当方法（如气泡点实验法）检查其完好性（最好在使用前也检查其完好性）。验证时，应确定过滤一定量辅料产品所需时间及过滤器两侧的压差；正常生产中，任何明显偏离该时间或压差的偏差应予记录并进行调查。检查结果应归入批记录。

81. 同一只过滤器的使用不得超过一个工作日，除非经过验证。

82. 过滤器不得吸附辅料液体中的组分或向辅料液体中释放异物而影响产品质量。

83. 应用经适当验证的方法密封最终辅料容器，应按照适当的规程抽样检查辅料容器的完好性

84. 对于真空状态下密封的辅料容器，应抽取样品并在预定时间后检查其真空维持状况。

85. 注射用辅料在灌装后应逐一检查。如采用灯检法，则照明度和背景环境应适当并处于受控状态，目检人员应定期接受视力检查（佩戴眼镜的员工可戴镜检查），灯检期间允许他/她们定时休息；如果采用其他检查方法，则该方法应经过验证，并应定期检查设备性能。

质量控制

86. 用于无菌检查的样品应具有代表性，该样品应包括批产品中污染风险最大的那部分产品。

（1）对于无菌灌装产品，所取样品应包括灌装开始、灌装结束以及出现重大干扰后灌装的产品。

（2）对于使用加热灭菌法进行灭菌的最终灭菌产品，应考虑从可能的冷点处取样。

87. 成品的无菌检查应当视为确保药品无菌所用的一系列控制措施当中的最后一项措施，只有结合环境监测以及批加工记录方可解释说明辅料的无菌保证状况。

88. 不得根据复检结果而发放无菌检查初检结果不合格的批产品，除非对污染菌的鉴别、对环境监测和批加工记录的调查证明初检结果无效。

89. 对于供注射用辅料，应考虑使用经过验证的药典方法监测工艺用水、中间物料以及成品的细菌内毒素水平。工艺用水和中间物料的细菌内毒素水平应经常监测。如果某一样品不合检验要求，应调查原因并采取必要的补救措施。

第九章

药用辅料生产质量保证和质量控制管理

第一节 质量保证

一、药用辅料 GMP 法规总体要求

第七十三条 质量管理部门应负责辅料生产全过程的质量管理和检验。质量管理部门应配备一定数量的质量管理人员和检验人员，并有与辅料生产规模、品种、检验要求相适应的场所、仪器和设备。

第七十七条 成品应由质量管理部门检验并应符合标准。成品放行前，所有生产文件和记录，包括测试数据均应经质量管理部门审查并符合要求。不合格产品不得放行出厂。

第七十八条 检验结果如不符合标准要求，必须按照书面规程进行调查并有记录。除非查明原检验结果有误，否则不得对样品进行复检并只根据复检结果合格放行产品，而应采用所有检验数据的统计学结果，包括原检验结果和复检的数据，来确定该批产品能否放行。当怀疑检品不具备代表性时，可采用同样的原则处理。

第八十一条 应建立有关规程，以便对原料采购、质量标准／规格、设备以及生产工艺等方面的各种变更进行鉴别、分类、记录、审查和批准。应由质量管理部门和负责产品注册的部门一起负责最终批准变更。重要操作的变更应有验证结果支持。应在企业内部以及企业与用户之间就变更的影响进行必要的沟通。

【要点分析】

质量管理是指建立质量方针和质量目标，并为达到质量目标所进行的有组织、有计划的活动。

世界卫生组织（WHO）的药品 GMP（1992）指出为确保产品符合规定的质量要求的信心所需要的系统措施，这些措施的整体被称为"质量保证"。

从质量管理角度对质量保证系统进行分析，可以确认其内容并不是单纯的保证质量，更重要的是通过对那些影响质量的质量管理体系进行一系列有计划、有组织的评价活动，为取得企业管理层和外部其他各方的信任而提出充分可靠的证据。质量保证体系的要点在于真实性、预防性、系统性和反应能力。真实性的关键是能提供产品符合要求及质量管理过程符合要求的证据。特别强调文件、记录与数据的管控。预防性要求对质量问题的发生应有充分的预防能力，在实践中还应针对发生的问题采取相应的纠正和预防措施，这就需要变更控制、自检、产品质量回顾、纠正和预防措施及管理评审。系统性的意义在于不能把质量保证活动当作孤立的事件，而应从系统性的高度，从全局做出安排并加以协调控制，强调质量保证系统在药用辅料研发、生产、检验、流通等环节的应用。企业实际生产管理中要使问题根本不发生是难以做到的，然而质量保证的前提是满足要求，因此对任何偏离要求的现象，应能迅速做出反应，这就需要建立偏差、投诉、召回等管理系统。

1. 偏差管理

偏差定义的关键在于"偏离"。ICH Q7 中将偏差表述为偏离已批准的程序或标准的任何情况。GMP（2010 年修订）将偏差定义为任何偏离生产工艺、物料平衡限度、质量标准、检验方法、操作规程等的情况。世界卫生组织将偏差定义为任何偏离标准操作规程、验证程序、质量标准或其他与质量有关要求的情况。辅料企业需要建立偏差管理程序对偏差进行管理，评估偏差对产品质量的潜在影响。

2. 变更控制

质量管理强调持续不断的质量改进。质量改进就是通过采取各种有效措施，提高产品、过程或体系满足质量要求的能力，使质量管理达到一个新水平、新高度。质量改进往往涉及对原有技术要求或体系的变更，如何保证质量管理中的各类变更不会对产品质量造成影响就需要通过充分的评估及必要的试验，尽量降低风险，实施有效的变更管理，建立变更控制系统，明确保证系统维持在验证状态而确定需要采取的行动并进行记录。从驱动变更的因素分析，通常包括创新的需要、对工艺性能和产品质量的监控持续的改进、纠正和预防措施系统控制的需要、成本控制、法律法规要求等方面。

3. 纠正和预防措施

纠正和预防措施（corrective actions and preventive actions，CAPA）CAPA 的目的不仅是纠正某一个体系的缺陷，同时需要找到导致缺陷的根本原因，采取措施防止同类缺陷的重复发生。来自于投诉、召回、拒收、偏差、超标及超常结果、自检或外部检查、工艺性能和产品质量监测趋势以及其他来源的质量数据信息均可作为 CAPA 的启动输入。其中，纠正是采取措施以消除已发生的不合格，一般通过对不合格进行处置的方式实现（如返工、重新加工等），是对问题的一种处置，不分析原因，是被动的措施。纠正措施是采取措施以消除已发现的不合格或其他不期望情况的原因，通过消除导致不合格的原因，防止类似问题再次发生，也是被动的措施。预防措施是采取措施以消除潜在不合格或其他潜在不期望情况，是为了消除潜在不合格分析原因，防止问题发生所采取的措施，是主动的措施。

4. 召回

对于一个质量管理体系健全的企业，药用辅料召回系统是一个实际运行中的质量保证要素和一种司空见惯的实践。企业应建立召回程序、标准（如召回启动标准和召回分级标准等）和相应的记录表格。企业应正确培训和使用该系统，必要时召回相关产品以保护公众健康，形成和保存完整的记录和报告；企业应定期进行召回演练，评估召回系统的有效性，并保存相应的记录和报告。

5. 管理评审

对质量管理体系进行评审是质量管理体系的主要管理职能之一，高层管理者通过定期评审企业的质量管理体系，确保其持续的适宜性、充分性和有效性。管理者应建立对质量管理体系的运行进行评审的方法，评审的内容包括：对工艺、产品和客户需求的评估；评估系统改进的可能性和质量管理体系变更的需求，包括质量方针和质量目标的变更需求。质量管理体系的评审应有记录，改进措施的实施应符合相关的程序，如纠正和预防措施的程序、变更控制程序等。

二、国内外行业协会颁布的指南审核要点

行业协会名称	对质量保证的要求
江苏省医药包装药用辅料协会（SPPEA）	第七条　质量风险管理是在整个产品生命周期中采用前瞻或回顾的方式，对质量风险进行评估、控制、沟通、审核的系统过程。应当根据科学知识及数据分析对质量风险进行评估，以保证产品质量。质量风险管理过程所采用的方法、措施、形式及形成的文件应当与存在风险的级别相适应

行业协会名称	对质量保证的要求
江苏省医药包装药用辅料协会（SPPEA）	第九十六条 质量管理部门应负责辅料生产全过程的质量管理和检验。质量管理部门应配备一定数量的质量管理人员和检验人员，并有与辅料生产规模、品种、检验要求相适应的场所、仪器和设备 第一百条 企业应当分别建立物料和产品批准放行的操作规程，明确批准放行的标准、职责，并有相应的记录。成品应由质量管理部门检验并应符合标准。成品放行前，所有生产文件和记录，包括测试数据均应经质量管理部门审查并符合要求。不合格产品不得放行出厂 第一百零一条 检验结果如不符合标准要求，必须按照书面规程进行调查并有记录。除非查明原检验结果有误，否则不得对样品进行复检并只根据复检结果合格放行产品，而应采用所有检验数据的统计学结果，包括原检验结果和复检的数据，来确定该批产品能否放行。当怀疑检品不具备代表性时，可采用同样的原则处理 第一百零四条 应建立有关规程，以便对原料采购、质量标准/规格、设备以及生产工艺等方面的各种变更进行鉴别、分类、记录、审查和批准。质量管理部门应规定相关职责与要求，以便对于可能影响辅料质量，包括来自原料供应商的合规性影响的变更进行评估和审批。变更的评估和审批应在实施之前完成。应由质量管理部门和相关部门一起负责最终批准变更。变更实施应当有相应的记录。企业可以根据变更的性质、范围、对产品质量潜在影响的程度确认变更分类，判断变更是否需要相关验证、额外的检验以及稳定性考察。变更实施时，应当确保与变更相关的文件均已修订。质量管理部门应当保存所有变更的文件和记录。应在企业内部以及企业与用户之间就变更的影响进行必要的沟通 第一百零五条 偏差管理 各部门负责人应当确保所有人员正确执行生产工艺、质量标准、检验方法和操作规程，防止偏差的产生。企业应当建立偏差处理的操作规程，规定偏差的报告、记录、调查、处理以及所采取的纠正措施，并有相应的记录。企业可以根据偏差的性质、范围、对产品质量潜在影响的程度将偏差分类（如重大、次要偏差），判断重大偏差是否需要相关验证、额外的检验以及稳定性考察。质量管理部门应当负责偏差的分类，保存偏差调查、处理的文件和记录 第一百零九条 若发现不能达到其规格要求的原料、半成品或成品辅料，应得到清晰鉴别和控制以防止无意中被使用或者流入市场销售。并保留不合规产品的记录。对不合规的情况应该进行调查以确定其原因。调查活动应按照书面规定进行，并且采取行动防止再次发生 应制定书面规定的程序，说明从配送渠道召回辅料应该如何执行以及进行记录 应具备评估不合规产品及后续处理方法的程序。对不合规产品应按照书面规定的程序进行复查以确定对它是否应该：

213

行业协会名称	对质量保证的要求
江苏省医药包装药用辅料协会（SPPEA）	– 再加工/返工以便达到规定要求 – 经客户同意接受 – 再评等级用于其他用途 – 销毁 再加工，它不是生产工艺的正常组成部分（再加工），只有在执行辅料质量风险复查书面规定和得到质量部门批准的情况下才应该实行。再加工应仅在经质量部门记录下风险评估后方可施行，并考虑： 　　再加工可能会引入的新杂质 　　再加工管控的额外检测 　　相关记录和原始批次的可追溯性 　　再加工辅料适用的可接受标准 　　对稳定性的影响或有效期/复验期的有效性 　　对辅料性能的影响 　　风险评估后应记录并实施相应控制措施，将影响辅料质量的风险降至最低 返工，它是生产工艺的正常组成部分（返工），只有在经过书面规定，辅料可以以这种方式生产时才应实行。在所有其他情况下，应该遵从返工要求 　　本指南不接受为使污染或掺假降低至低于可接受或可检测限而进行的不合格批次与合格批次的混合 　　应保存再加工和返工活动的记录 　　应调查不合格的发生率，以评估对其他批次/产品和已确认过程及活动的影响 　　第一百一十条　退货辅料应该进行鉴别和隔离，标识和管控，以预防非预期使用或放行销售，直至质量部门完成对其质量的评估，并形成文件记录。对辅料退货应该具备置放、测试、再加工或返工的程序。产品退货的记录应保留，而且应包括辅料名称和批号、退货原因、退货数量以及退货辅料的最终处理方法 　　第一百一十一条　应建立管理辅料召回的文件程序。应记录召回的全过程，通知客户，并保留记录。应标识并隔离召回的物料。当不合格品出现时，应展开调查，以确定其他批次是否也受到了影响。应当定期对产品召回系统的有效性进行评估
中国药用辅料发展联盟（CPEC）	成品检测和放行：应有标准操作规程规定成品的检验和放行；如果产品检验标准/方法不是药典方式，那么应进行方法学验证；如果不是逐批检验，应经过风险评估，应有数据支持；每批产品在装货前都应被测试和放行 　　不合格产品控制：应有一套不合格品管理程序；应保留不合格产品、有关的调查和矫正措施的记录；产品销毁流程，应有有效保证跟踪、控制、销毁等过程；应保存销毁的记录

行业协会名称	对质量保证的要求
中国药用辅料发展联盟（CPEC）	内部质量审核：应建立内部质量审计的管理程序；应针对内部质量审核结果制定预防纠正措施并落实；内部审核应有记录；纠正工作应有记录；后续审计应包括对纠正措施的追踪
国际药用辅料协会（IPEC）	辅料生产商应该开发评估其质量管理体系有效性的方法，并将数据用于识别改善机会。此类数据可以从客户投诉、产品回顾、过程能力研究、内部和客户审计中获得。此类数据的分析可用作管理评审的一部分 　　对于关键指标，比如产品质量属性、客户投诉以及产品不符合情况，可以进行定期的回顾以便评估改进的需要 　　退货辅料：处理退货辅料的过程应有一个书面规定的流程来详细说明 　　考虑到辅料的完整性和供应链中所需的存储和（或）运输条件的一致性，退货辅料应该进行识别和隔离，直至质量部门完成对其质量的评估。退货辅料只能在确认合格后转售。其他因素可能也需要考虑，例如剩余的保质期。应该保存退货产品的记录，包括辅料名称和批号、退货原因、退货数量以及退货辅料的最终处理方法 　　关于辅料是如何从发货后召回应该有一个书面规定的流程来实施和记录。召回的辅料应该进行识别和隔离。对召回安排的有效性应定期进行评估，例如进行追溯演练或"模拟"召回 　　返工是生产工艺的正常组成部分，只有在经过书面规定，辅料可以以这种方式生产时才能够实行。在所有其他情况下，应该遵从返工指南 　　重新加工不是生产工艺的正常组成部分，只有在按照书面规定进行了质量风险审查和得到质量部门批准的情况下才可以实行。当进行风险评估时，应该适当考虑： 　　　　重新加工的结果可能会引入新的杂质 　　　　进行额外检验以控制重新加工操作 　　　　对原始批次的记录及追溯 　　　　对重新加工辅料的适当验收标准 　　　　对稳定性或重新评估时间间隔有效性的影响 　　　　辅料性能 　　　　将辅料质量风险降到最低所需的额外控制 　　对重新加工物料质量与原物料质量的等同性，应该进行评估并作书面记录以保证该批次符合规定的标准和特性 　　不合格产品控制　一旦发现原料、中间体或成品辅料不符合其标准要求或预期的质量水平，应该清楚的识别和控制以防止无意中被使用或者流入市场销售。不合格产品的记录应该保留。为确定根本原因，评估对其他批次或产品以及生产过程和活动的潜在影响，应根据书面规定的流程调查不合格产品的发生率。调查活动应予以记录，并且采取行动防止再次发生

行业协会名称	对质量保证的要求
国际药用 辅料协会 （IPEC）	应该具备不合格产品的评估及后续处理方法的程序。按照书面规定的程序对不合格产品进行审核以确定对它是否应该：返工／重新加工以便达到规定要求，经客户同意接受，改变规格用于其他用途，销毁 将被污染或劣质的批次混合，用来减少污染或掺假低于可接受或可检测的标准，这种行为是不可接受的

【指南审核要点】

1. 查看企业在质量目标制定和分解的过程中，是否体现对辅料的预定用途和备案要求的充分执行；查看企业制定的质量目标是否清晰明确、可度量并可实现；质量方针和质量目标是否经企业高层管理人员批准并经批准后以受权文件形式发放至相关部门或人员。

2. 检查质量管理部门的职责内容。

3. 检查质量部的组织机构图、根据生产的品种及产量确认质量管理、质量检验的工作量。检查质量管理部门人员一览表，人员数量是否与生产规模匹配。

4. 现场检查是否有与辅料生产规模、品种、检验要求相适应的场所、仪器和设备。

5. 检查变更管理程序，检查变更清单，抽查变更的评估、实施、追踪、关闭。变更的分类、变更前后的审核与批准；关键变更后工艺验证与稳定性试验；重大变更的备案与通知客户。

6. 变更管理规程是否包含原料采购、质量标准／规格、设备以及生产工艺等方面的各种变更，且包含变更的鉴别、分类、记录、审查和批准等流程。

7. 变更最终是否由质量管理部门批准，如涉及产品备案，是否由产品注册部门一起最终批准。

8. 变更的分类制定是否合理，是否依据变更的性质、范围、对产品质量潜在影响的程度，如主要变更、次要变更。

9. 每个变更是否评估其对产品质量的潜在影响，评估是否进行相关验证、额外的检验以及稳定性考察。

10. 变更的评估和审批是否在实施之前完成，变更实施是否有记录。

11. 变更实施时，是否确保与变更相关的文件均已修订。是否由质量管理部门管理变更，负责变更的分类，保存所有变更的文件和记录。

12. 检查质量风险管理规程，检查企业是否在供应商管理、变更控制、偏差处理等过程中运用风险管理的原则，对关键的要素进行评估。抽查一个以上风险管理实例。

13. 检查纠正和预防措施的程序，检查纠正和预防措施的追踪记录。纠正和预防措施是否分析工艺、生产操作、偏差、质量记录和维修报告的根本原因，并消除导致产品不合格潜在因素。

14. 查阅产品召回程序，对高风险辅料出现重大质量问题，是否及时采取相应措施，必要时还应当向当地药品监督管理部门报告。是否定期进行模拟召回。必要时还应当向当地药品监督管理部门报告。

15. 产品质量回顾中对回顾审核的结果是否进行评估，并有需要采取整改和预防性措施或进行再验证的评估意见。是否制定回顾后的整改措施，并有跟踪记录。

16. 检查产品不合格、退货、用户投诉程序。

17. 检查偏差的程序。偏差的分类、预防、汇报制度、调查程序。偏差发生时的应急措施、计划性偏差与非计划性偏差。检查年度偏差台账，抽查关键性偏差调查记录。

三、药用辅料生产企业在具体实施中的案例

案例一　某药用辅料生产企业变更控制管理规程

1. 内容

（1）变更控制适用范围　任何可能影响产品质量或者重现性的变更都必须得到有效控制，变更的内容包括但不限于如下所列。

1）新产品上市与现有产品撤市。

2）厂房、设施、设备变更：包括生产环境（或场所）的变更；厂房原设计功能、间隔改变，墙面或地面破坏性改变；空调、压缩空气、真空、制药用水等公用系统的改变；生产设备的改变。

3）检验方法变更：包括取样方法、条件变化；样品制备及对照品配制方法的改变；检验方法（如药典检验方法）变更。

4）登记标准、内控质量标准、监测标准的变更：包括原产品、包材、中间产品、成品质量标准的改变；中间产品项目监控点的改变；法定质量标准（如药

典质量标准）的变更。

5）企业名称、公司地址、注册地址名称等的变更。

6）有效期、复验日期、贮存条件的变更：包括原产品、包材、中间产品、成品的有效期或贮存期、复验日期、贮存条件的改变。

7）生产工艺变更：配方、工艺步骤、工艺参数的变更，包括产品品种或数量、溶媒浓度、用量的改变，生产方法的改变、批量的改变等。

8）物料供应商变更：包括原料、产品、标签、包装材料的生产商及供应商的变更。

9）直接接触药用产品包装材料的变更。

10）文件、记录的变更：经验证确认的方法、程序、参数等发生改变所涉及的文件、记录变更。

11）其他可能影响产品质量的变更：包括消毒方法的变更；直接接触产品的工器具、消毒剂、工作服的改变；与生产、质量控制相关的计算机化系统的变更等。

2. 变更分类及编号管理

（1）根据变更的性质、范围和对产品质量潜在的影响程度可分为非技术类变更和技术类变更两类。

非技术类变更主要为登记人信息类的变更。常见的非技术类变更包括但不限于：

1）登记人信息类的变更（如企业名称、注册地址名称和生产地址名称等）。

2）产品名称变更（产品名称应已进行过确认。如适用，还需按照国家药品监管部门要求进行本产品的核名）。

3）研究资料保持地址变更。

4）进口产品境内申报代理机构变更。

5）包装规格变更（不涉及内包装材料、阻腐性包装材料等不直接接触产品的包装规格改变）。

技术类变更主要为产品生产场地、配方工艺、质量标准等方面的变更。常见的技术变更如下。

6）变更生产场地：如产品登记人生产地点改变；企业内部不同生产场地改变。

7）变更物料：如物料的来源改变（涉及动植物来源等）；物料供应商改变。

8）变更内包材：如内包装材料改变；阻隔性包装材料改变。

9）变更生产工艺和过程控制：如关键工序的工艺参数改变；工艺流程的改变；配方改变；物料用料改变（工艺处方量改变）。

10）变更生产设备：如新增设备或对设备进行技改；老旧设备的退役。

11）变更质量标准：如质量标准或检验方法改变。

12）变更贮藏条件：如贮藏条件、复验期的改变；有效期的改变。

13）有可能对产品质量及其预期应用产生影响的其他技术类变更。如公用系统的改变：清洁、消毒方法的改变、计算机化系统的改变等。

（2）根据变更的时限可以将变更划分为永久变更和临时变更两类。

永久变更：批准后将长期执行的变更。

临时变更：因某种原因而做出的临时性的改变，但随后将恢复到现有状态。

（3）基于划分原则及变更对产品安全性、有效性和质量可控性产生的影响，将变更划分为三类：微小变更、次要变更、重大变更。

微小变更：对产品安全性、有效性和质量可控性基本不产生影响。

次要变更：对产品安全性、有效性和质量可控性可能产生影响。

重大变更：对产品安全性、有效性和质量可控性有影响。

（4）变更编号规则 根据变更的内容对变更进行编号，编号方式为：B#<<-○○＊＊△△。"#"为变更项目，非技术变更为"1"，技术变更为"2"："<<"为变更项目号，如表1所示。"○○＊＊△△"为变更申请日期，"○○"为年份后2位，"＊＊"为月份，"△△"为日期。例如 B104-201008。表示 2020 年 10 月 08 日申请的非技术变更—资料保存地的变更。如同一天发生多起同项目变更，则在相应变更编号后增加顺序号，如"-01"以示区别。

表 1 变更项目及内容表

变更项目	项目号	变更内容
非技术类变更（1）	01	企业名称改变
	02	登记人信息改变
	03	包装规格的改变
	04	资料保存地的改变
	05	进口产品境内代理机构的变化
	06	其他

变更项目	项目号	变更内容
技术类变更（2）	01	生产场地变化
	02	物料改变
	03	内包材改变
	04	生产工艺和过程控制改变
	05	生产设备改变
	06	质量标准改变
	07	贮藏条件改变
	08	其他

3. 变更流程

公司所有变更首先应由变更意愿的人员／部门提出"变更意见交流表"，根据变更意见交流表审批意见提出变更申请。

（1）变更批准流程

1）变更申请：由变更发起人提出变更申请，到质量管理部变更控制管理员处领取"变更申请审批表"。变更申请人填写以下内容：①申请人、所属部门、申请日期、变更时限（临时性或永久性变更）、申请变更项目及变更预计实施日期；②对变更内容进行描述，其中应包括变更前后情况；说明变更理由；必要时附上变更支持性数据或者资料。应合理论证选择进行评估的批次；同时对变更预期影响和可能带来的风险进行分析，必要时需进行风险评估并附风险评估报告。变更影响评估包括但不限于产品物理性质、产品化学性质的改变，产品微生物属性的改变，产品成分的改变，产品稳定性的改变。

当表格的空格不足时，可将进一步的解释记录在已标明页码的附件中，附件应同"变更申请审批表"订在一起，且应在变更申请中引用附件号，可表示为"附件 *"，其中 * 为附件序列号，该序列号从 1 编起。

由变更申请人将"变更申请审批表"交本部门经理审核，确认后签署姓名和日期。变更控制管理员对变更进行编号，确认"微小／次要／重大变更"类别并将该变更编号及相应内容登记在"变更管理台账"中。

2）变更影响评估：变更申请人将"变更申请审批表"交相关部门进行审核。需申报的变更包括但不局限于：药用产品登记文件变更（如原料供应商变更、产品有效期变更、生产或仓储地址变更、内包装材料变更、重大设备的变更等）。

对产品物理性质的评价至少应包括但不限于所有适用的质量标准和定义产品物理性质的其他相关参数。物理性质应根据产品的物理形态进行考虑。

对化学性质的评价至少应包括但不限于所有适用的质量标准和定义产品化学性质的其他相关参数。

对成分组成的评估应包含产品中可能存在的伴随组分、残留溶剂，高分子聚合物的单体残留等。

评估变更影响产品稳定性的可能性。在影响确定的情况下，应启动稳定性研究。

对药用产品技术类变更，重点需要研究变更对产品质量的影响，基于不同变更类型需要考虑的研究内容。

①生产场地变更：对生产场地的变更（包括内包装工序），应对变更场地后的产品与原场地产品进行评估比较，确认其对产品质量的影响。同时应对变更后的生产场地进行必要的验证或确认，以确保其满足生产要求。如果场地变更的同时包含了对生产工艺的变更，应对变更后的生产工艺进行验证或确认。

对涉及质量控制实验室的场所变更，应对检测方法的转移进行评估或确认。如果场地变更的同时包括检测方法的变更，应对变更后的检测方法进行验证（采用药典方法除外），同时对方法变更前后的检测结果进行比较和评估，确定其对当前质量标准的影响。

②配方和原料的变更：配方和原料的变更包括配方改变、原料来源（动植物等）、原料产地、原料生产商等的变更。通常情况下，对涉及原料比例、种类、关键原料生产商的变更，对变更前后的产品进行评估比较，确认其对产品质量的影响。如果同时涉及工艺过程及参数的变化。应进行必要的验证或确认。对仅涉及原料生产商的变化，如有证据表明其原料质量的等同性（包括制备过程），可对变更前后的产品按产品质量标准进行检测，对检测结果进行比较，确认变更对产品质量的影响。

如变更同时涉及原料来源的变化，如动物物种的变更或从植物变成动物来源的变更，可能引起产品的病毒安全性和微生物学安全性的变更；原料来源从动物源切换至植物源的原料，或者从一种植物切换至另一种植物，会导致产品中可能存在植物过敏材料等，因此应对变更后产品的安全性等进行必要的评估。

如变更涉及原料产地的变化，对动物来源，应考虑其可能存在牛海绵状脑病（BSE）或传染性海绵状脑病（TSE）情况的风险；对植物来源，应考虑其可能存在转基因（GMO）情况的风险，对变更后产品的安全性进行必要的评估；对矿物来源，应考虑地质来源的变更可能改变产品的组成，含有相同矿物的地质组成在物理特性和化学组成等方面仍可能有不同，可能影响产品的物理或化学性质，成分组成或产品性能／功能。

③生产工艺和过程控制的变更：生产工艺和过程控制的变更包括合成途径或温度、压力、流速等参数、所使用试剂、溶剂、催化剂、操作步骤顺序等的变更。如果生产工艺及过程控制的变更在原先设定的预期范围［即验证范围和（或）设计空间］内，可对变更前后的产品根据产品质量标准进行检测，对检测结果进行比较，确认变更对产品质量的影响。如果超出预期范围，应对变更前后的产品进行详细评估，确认其对产品质量的影响。同时应对发生改变的生产工艺和过程控制进行必要的验证或确认。

④生产设备的变更：如果是为了增加产能而对现有设备进行优化或扩能，但不改变生产工艺的，应对变更前后的产品进行详细评估，确认其对产品质量的影响。如果存在明确的可能影响产品性能和（或）功能性指标的变化，应对相应制剂产品性能的影响做进一步的评估。如果仅涉及设备更换，研究应基于新设备是否与其取代的设备等效。通常情况下，同质同类（指由相同材料构成，并具有类似的结构）的设备更换，可对变更前后的产品根据产品质量标准进行检测，对检测结果进行比较，确认变更对产品质量的影响。否则应对变更前后的产品进行详细评估，确认其对产品质量的影响。

⑤质量标准的变更：通常情况下，产品质量标准的变更是由产品本身的其他变化所引发，如生产工艺的变更，这时应基于这些变更的要求进行评估。对产品本身无变化，仅由于质量标准中引用的药典（包括《中国药典》、国外药典等）或法规标准的更新而引发的质量标准变更，应基于变更后的质量标准进行检测，确认产品的符合性。必要时（如涉及CQA的变更时）应进行产品稳定性的考察以确保产品在复验期内或有效期内仍符合新的质量标准。

对质量标准中检验方法的变更，如变更为药典方法，应进行确认；如变更为非药典方法，应对该方法进行方法学验证并符合相关要求。同时评估变更前后的检测结果。必要时应进行产品稳定性的考察以确保产品在复验期内或有效期内仍符合新的质量标准。

⑥贮藏条件、复验期／有效期等的变更：贮藏条件、复验期／有效期等的变更包括温湿度等贮藏条件的改变、延长或缩短复验期／有效期等情况。变更应基于产品的稳定性研究结果进行。

⑦内包装或阻隔性包装等的变更：内包装或阻隔性包装的变更包括材料种类、材料组成的改变。通常情况下，对直接接触产品的内包装材料的变更，应评估研究其对产品稳定性、产品与内包装材料之间相互作用的影响。对阻隔性包装（如果与内包装分开）的评估至少应包括对产品稳定性的影响。

对内包装或阻隔性包装供应商变更的时候，也要考虑其材料是否发生变化，是否为同质同类（指由相同材料构成，并具有类似的结构）的替换。如为同质同类且且质量等同性（如均符合相关食品或药品的国家标准），可不视为技术类变更。但产品登记人应根据产品相关 GMP 要求进行合理的变更控制和评估。

技术部负责评估变更对产品质量标准、产品成分组成及杂质概况等方面的影响，并评估变更后是否需进行小规模或试验批生产以及此变更对产品在药品监督管理部门备案文件的影响。

安环部负责评估变更对安全、环境及健康方面的影响。

对涉及其他部门的，变更发起部门还应要求相关部门给出评估意见。

质量部部长、质量负责人需对变更申请进行批准。

⑧变更项目的告知：质量管理部从变更类别、对客户影响程度、验证、质量标准、检验方法的科学性、合理性、可行性方面对变更进行评估，必要时应说明是否进行稳定性考察。如变更需进行验证，则将相应的验证工作列入计划，同时确认实施验证的负责人和预计完成日期。

评估后需通知客户的变更，由质量管理部根据变更内容编写变更沟通函，变更沟通函编号由"CC+ 年份 + 流水号"组成，例如 CC-202001，加盖质量管理部印章后扫描发送给药辅营销部，由药辅营销部负责通知客户。变更沟通函原件由质量管理部集中归档保存。变更沟通函需在变更批准实施前告知，客户如有意见需在沟通时间后 10 个自然日内反馈给我公司（未收到反馈信息的默认为同意变更），由销售部门人员在客户反馈后 5 个工作日内将客户意见进行汇总并交质量管理部。

3）变更实施计划制定与批准：变更申请批准后，变更小组组长应与变更相关部门进行沟通，结合评估内容，在变更小组成员协助下起草变更实施计划，落实计划责任部门 / 责任人和预计完成日期，交由相关部门负责人进行审核，确认后签署姓名和日期。质量管理部经理、质量部部长需对变更实施计划表进行审批，同意后各部门按行动计划进行。

变更实施计划表审批结束后，由变更小组组织开展批准后的变更实施计划的实施，跟踪实施过程。

变更计划版本号电"字母A+数字"组成，最初版本号为A01，如在实际实施过程中，发现变更计划行动无法进行需重新制定变更实施计划，变更小组组长需重新领取变更实施计划表，此时变更计划表版本号为"A02"，并且需填写变更实施计划表版本变更的原因，并上报相关部门/人员进行审批，替换下的变更实施计划表仍需附在变更申请审批表后。

4）变更执行追踪：变更需在变更实施计划表批准完成后方可实施。各责任部门按照预先制定的变更实施计划开展变更。

变更实施完成后，变更小组组长在5个工作日内将实施报告及变更中支持性数据和资料提交质量管理部，QA监控员在"变重执行报告表"中记录变更的完成情况和完成日期，同时附上变更受影响产品信息，交变更控制管理员进行审核。

5）变更效果评估：由QA监控员确认变更开始时间以及跟踪确认变更实施计划中各项工作的完成情况。质量管理部组织变更小组及变更相关部门对变更实施效果进行评估和审核，以评估变更是否达到预期目的，确认变更前后产品的重要理化性质和指标是否一致，变更后产品稳定性考察情况是否有异常趋势，变更培训是否落实到位等。若变更达到预期目的，批准该变更，可正式实施；若变更未达到预期目的，则中止变更。

6）变更审核和批准：由安环部经理、技术部经理及质量管理部经理对变更实施情况进行审核；由质量负责人根据变更实施情况、变更效果评估，综合药监部门和外部客户意见，最终决定终止、批准或否决变更。

7）变更关闭：变更实施后由质量管理部根据变更内容编写变更告知函，变更告知函编号由"CN+年份+流水号"组成，例如CN-201801，加盖质量管理部印章后扫描发送给药辅营销部，由药辅营销部负责通知客户。变更告知函原件由质量管理部集中归档保存。客户如有意见需在沟通时间后30个自然日内反馈给我公司（未收到反馈信息的默认为无意见）。变更审核和批准完成后，由质量管理部变更控制管理员通知相关部门变更已经结束，同时关闭变更。

4. 变更时限管理

（1）所有变更应在变更申请批准后1个月内完成变更实施计划的制定、审批。如变更未能及时实施，则该变更申请自动失效，执行5.6.3规定；如重启变更则需重新申请变更。

（2）变更报告时限　变更发生部门应在变更实施结束后将变更完成情况及时告知QA监控员，并在5个工作日内完成变更相关记录的汇总；由QA监控员对变更执行情况进行确认，2个工作日内将"变更执行报告表"交给变更控制管理员。

5.变更趋势分析

由质量管理部变更控制管理员负责组织相关人员根据《产品质量回顾管理规程》对全年变更情况进行汇总，按变更类别、变更实施效果等进行分析，并与上一年度变更控制情况进行比较，提出有效改进建议，形成变更年度回顾报告。

6.变更注意事项

（1）变更验证应采用中试以上规模的样品。对变更前后产品质量进行比较研究，一般至少采用变更后3批样品进行。变更后样品稳定性试验一般采用3批样品进行加速实验长期稳定性考察。

（2）需要到药品监督管理部门备案的变更应按照《药品注册管理办法》《已上市化学药品变更研究的技术指导原则》《已上市化学药品生产工艺变更研究技术指导原则》等法规规定进行变更研究，确定变更不影响产品的安全性、有效性和质量可控性并得到客户允许后提交补充申请。

（3）预批准的变更在实施过程中出现无法继续实施情况时，由变更小组及时提交未能完成变更的原因及分析至质量管理部变更控制管理员处，由质量管理部变更控制管理员进行初步评估并由质量管理部经理确认，最后由质量部部长决定终止该变更。

案例二　偏差

1.偏差分类及编号管理

（1）按偏差对质量影响分类　根据偏差的性质、范围、对产品质量的潜在影响程度分类，分为重大偏差、次要偏差、微小偏差三级。

微小偏差：指微小的对程序的偏离，不足以影响产品质量。无需进行深入的调查但必师立刻采取纠正行动，并及时记录。

次要偏差：指可能对产品的质量产生实际或潜在影响的偏差。必须进行深入的调查，查明原因，采取纠正行动进行纠偏。

重大偏差：指可能对产品的质量、安全性或有效性产生严重后果，或可能导致产品报废的偏差，必须按规定程序进行深入的调查，查明原因，除采取纠正行动外还需采取适当的预防措施并建立CAPA持续追踪改进。

（2）偏差编号规则　根据偏差发生的日期对偏差进行编号，编号方式为：DR-□□ ** △△。"□□ ** △△"为偏差报告日期，"□□"为年份后2位，"**"

为月份，"△△"为日期。例如"DR-121008"表示2012年10月08日报告的偏差。如同一天发生多起偏差，则在相应偏差编号后增加顺序号，如"-01"以示区别。

（3）偏差发生的原因举例

1）人员/实施：违反SOP/工艺规程/批记录进行操作，未经批准修改工艺参数，记录填写/修改不规范，记录因污染、损坏需要更换等，导致偏差的发生。

2）设备/设施：由于生产/实验室设备和实施，如动力运行故障、设备、仪器故障或对设备/设施/系统的监测未能如期执行或监测结果超标等，导致偏差的发生。

3）产品/物料：原辅料/包装材料检验不合格，或虽检验合格，但在使用过程中发现异常，导致的偏差。

4）文件/记录：现有的SOP、质量标准、批档案等存在缺陷，导致的偏差。

5）环境：因外界环境导致的偏差。

6）其他：因其他原因导致的偏差。

2. 验证偏差处理流程

验证实施期间所发生的偏差应参照《验证程序管理规程》SMP—QA—020进行验证偏差调查，并填写偏差调查报告。

3. 偏差处理流程

（1）偏差识别与报告　所有生产质量相关人员均应接受偏差管理程序培训，理解偏差概念并具备识别偏差的能力。

任何偏离预定的生产工艺、物料平衡限度、质量标准、检验方法、操作规程等与质量不符合情况发现人均应立即报告部门主管和QA；报告时应给出准确、完整的信息（偏差发生的时间、工序、涉及物料或设备的名称和批号、操作、事件等），部门主管负责核对偏差事实，初步判断偏差类别，并告知部门经理和质量管理部经理，偏差发生后，不报、瞒报须进行考核，必要时报告高层管理人员。

（2）应急处理措施的执行　偏差发生部门主管应根据实际情况判断是否需要采取应急处理措施并记录，并与相关部门沟通后组织人员采取应急处理措施以减少偏差对生产物料/设备/区域/工艺程序等的负面影响。例如暂停生产、隔离问题物料/产品（在偏差调查未完成之前，偏差所涉及相关批次产品不得放行）、设备暂停使用、粘贴警示标识等。

由偏差发生部门在偏差发生后1天内，到质量管理部领取"偏差报告"（附表1）。

由偏差报告人填写"偏差报告"中"偏差描述"和"应急处理措施"部分；由偏差发生部门主管和 QA 对偏差内容及执行的应急处理措施进行审核确认。

（3）偏差报告质量管理部门　接收到偏差报告后（或在现场检查发现偏差时），由 QA 主管先对偏差内容、应急处理措施和偏差初步原因分析进行审核，进行偏差登记，确认偏差等级并给定偏差编号，同一类型偏差在一定时间内多次发生，则需在偏差初步评估中注明之前的偏差编号；然后偏差报告交质量管理部经理审核，决定是否需进行深入偏差调查分析，并形成初步处理建议；如果偏差为微小偏差可建议关闭；连续发生的同类型偏差可以合并进行偏差调查处理。

QA 主管指定 QA 人员参与偏差的全过程调查处理，并规定相应的调查期限发放"偏差调查处理报告"。

（4）偏差根本原因调查　需进行深度调查的重大或次要偏差由偏差发生部门经理负责组织偏差相关部门负责人或专业人员、QA 形成偏差调查小组对偏差进行调查处理，调查偏差根本原因并评估该偏差的影响；必要时可召开专题质量分析会对偏差进行分析，其中对涉及重大偏差并放行的产品，需通知相关客户。

偏差调查小组可采用鱼骨图法（人、机、料、法、环、测）、风险分析法、头脑风暴法、5Why 法等进行偏差原因分析，同时应对偏差涉及的数据资料进行收集和分析，分析事实数据、记录（人员操作、设备性能、参数控制、公用系统运行等）和相关文件（批记录、设备记录、培训记录、变更控制、客户投诉、检验记录、验证报告、环境记录，以前鉴定的纠正与预防措施记录、通过面谈及环境检测等收集的资料）。

偏差根本原因调查结束后由偏差发生部门调查组长写"偏差调查处理报告"中调查分析，并根据根本原因判断偏差类别，在"偏差调查处理报告"中进行勾选，并将相关调查数据或检测报告以附件形式附于偏差报告后，并在附件中注明偏差编号。

（5）偏差影响评估　在识别偏差根本原因的基础上，偏差调查小组应判断偏差对产品质量影响（对直接涉及的产品质量影响、对其他产品的影响）和对质量管理体系的影响（对验证状态的影响、对注册的影响等）；重大偏差评估应考虑涉及产品是否需要进行额外的检验以及偏差对产品有效期的影响，必要时，应对涉及重大偏差的产品进行稳定性考察。

QA 偏差调查人员根据偏差调查小组的评结果填写偏差调查处理报告中"偏差影响评估"，评估内容包括：偏差根本原因分析充分性评估、模拟实验、检测结果评估、偏差对产品质量影响评估、偏差对质量管理体系影响评估等。

（6）纠正行动及纠正和预防措施　偏差调查小组根据偏差根本原因调查以及偏差影响评估结论，提出具体的纠正行动以消除偏差的影响（例如修改程序文件、重新培训、增加检测或验证、改进相关流程等）。纠正行动应明确相关负责人和执行完成时限。对于不能通过相应纠正行动消除偏差的根本原因的，则应列出可以降低风险的解决方案并提出纠正和预防措施，明确相关负责人和执行完成时限。

偏差相关部门应根据已批准的计划执行纠正行动，由 QA 偏差调查人员在纠正行动计划完成前负责对偏差纠正行动的实施情况进行确认。如纠正行动不能执行或需要修改计划时应及时与偏差调查小组及质量管理部进行沟通或获得批准。对于可能会对随后生产产生影响的偏差，其纠正行动应在随后生产前完成。需在较长时间内才能完成的纠正和预防措施，转入纠正和预防措施（CAPA）持续跟踪。

由偏差调查组长对纠正行动进行汇总，填写"偏差调查处理报告"中"纠正行动和纠正预防措施"计划，QA 偏差调查人员对纠正措施实施后效果进行评估，填写"纠正行动与纠正和预防措施实施后偏差评估"和"实施结果评价"。

（7）偏差报告的批准　偏差纠正行动执行完毕后，偏差调查小组应及时提交"偏差调查处理报告"和 CAPA 跟踪表，由 QA 主管对偏差处理效果进行评价，填写"偏差调查处理报告"中"处理效果评价"。

需进行根本原因调查的偏差需详细描述偏差根本原因调查过程，在偏差调查结束后形成偏差调查报告随其他调查数据或检测报告以附件形式并注明偏差编号附于偏差报告后。

偏差相关部门负责人根据偏差调查处理情况对偏差调查处理报告进行审核确认。质量管理部经理根据偏差影响评估和偏差调查分析对涉及产品或物料质量进行评价；同时评估偏差对产品的影响程度，根据评估结果决定是否关闭偏差。

质量部部长最终决定偏差涉及批号的产品或物料是否放行，批准偏差调查处理报告，批准 CAPA 计划。

（8）纠正和预防措施的持续跟踪　QA 主管负责在偏差调查处理结束后应确认尚未完成的纠正和预防措施，根据《纠正和预防措施（CAPA）管理规程》（SMP—QA—006）对尚未完成的纠正和预防措进行持续跟踪。并在"偏差调查处理报告"中注明已批准的 CAPA 链接编号、CAPA 项目及责任部门/责任人。

（9）偏差关闭　由质量管理部 QA 主管确认偏差最终处理结果后关闭本偏差，

在"偏差调查处理报告"中填写"最终处理结果"及"偏差关闭日期"。

4. 偏差时限管理

（1）偏差报告时限　偏差发生后操作人员应立即报告部门主管及质量管理部QA；偏差发生部门应在偏差发生后1天内将偏差信息报告部门经理和质量管理部经理，必要时报告高层管理人员。

（2）偏差调查和处理时限　微小偏差应在偏差发生后5个工作日完成纠正行动；次要及重大偏差应在偏差发生后30个工作日完成偏差调查及采取纠正行动，经评估对偏差涉及批次，相关批次质量无影响即可关闭偏差。相关CAPA措施可待偏差关闭后继续追踪。如果偏差涉及较长时间的检测或纠正措施，则可根据具体情况适当延长偏差调查和处理时限。

（3）偏差记录表格传递时限　偏差发生部门应在偏差发生后2个工作日内将《偏差报告表》交至质量管理部QA主管处；QA监控员应在偏差关闭2个工作日内将《偏差调查处理报告》交给QA主管，质量管理部需在2个工作日内完成审批。

5. 偏差趋势分析

质量管理部QA主管负责组织相关人员对偏差进行年度统计分析，按偏差原因类别处理有效性、及时性进行分析，找出同类型及涉及产品有效期内重复发生的偏差，并与上一年度偏差发生情况进行比较，评估需重点改进的偏差类别，提出有效改进建议，形成偏差年度回顾报告。

6. 文件归档与存放

（1）偏差调查处理报告　偏差调查处理结束后，由负责此偏差的QA将《偏差报告表》《偏差调查处理报告》及相关附件进行汇总；偏差报告表及偏差调查处理报告原件交至QA主管处归档保存，复印件附于批生产记录或相关记录后。

（2）偏差管理台账　由质量管理部QA主管负责建立偏差管理台账，每份偏差汇总后应及时登记至《偏差管理台账》；所有偏差调查处理报告按年度完成回顾及趋势分析后，整理收集交QA管理员处归档并永久保存。

案例三　某辅料生产企业质量部组织架构

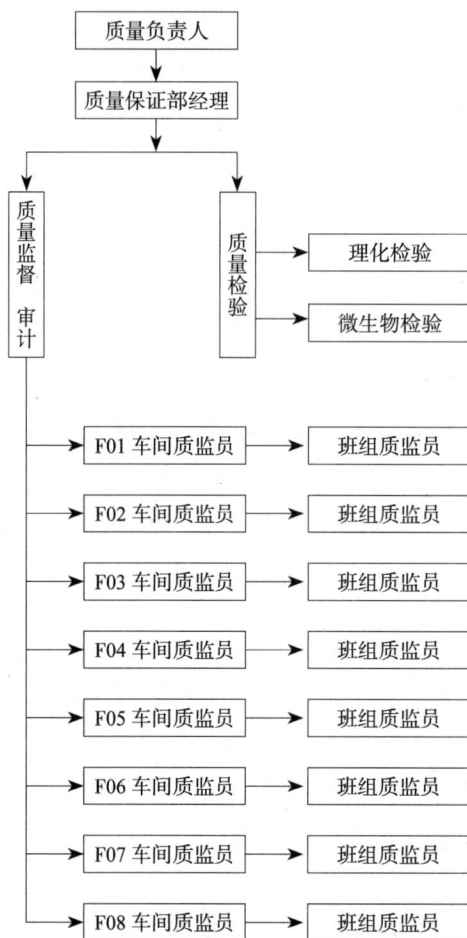

```
                    质量负责人
                        ↓
                  质量保证部经理
            ┌───────────┴───────────┐
            ↓                       ↓
          质                       质
          量                       量          →  理化检验
          监                       检
          督                       验          →  微生物检验
          审
          计
            │
            ├──→  F01 车间质监员   →   班组质监员
            │
            ├──→  F02 车间质监员   →   班组质监员
            │
            ├──→  F03 车间质监员   →   班组质监员
            │
            ├──→  F04 车间质监员   →   班组质监员
            │
            ├──→  F05 车间质监员   →   班组质监员
            │
            ├──→  F06 车间质监员   →   班组质监员
            │
            ├──→  F07 车间质监员   →   班组质监员
            │
            └──→  F08 车间质监员   →   班组质监员
```

图 1　辅料生产企业质量部组织架构

案例四　某辅料生产企业留样及留样观察制度

1. 留样

（1）原辅料的留样　进厂原辅料需按批留样。

化验员取样回来后，要及时填写《化验室原辅料取样及分样收样记录》，留样管理员接到原辅料留样后，核对样品信息：品名、批号、来源、接收时间、数量等，并签字确认。原辅料留样量参考《原辅料取样操作规程》。固体原料必须批批留样，液体原料暂无留样条件，故不进行留样。

留样管理员将样品按原辅料的模拟包装进行包装封口，即 2 层聚乙烯袋外加牛皮纸袋，加贴留样标签，注明：品名、批号、生产厂家、留样日期、留样人、留样期限等。

在原辅料检验中出现异常情况时或成品检测异常寻找原因时可以动用原辅料留样，需要化验室主任的许可，并在《留样使用登记》中记录，否则不允许动用。

原料一般留样保存期限为三个月，或至用于生产的成品检验合格入库止，到期留样按照《检验剩余样品处理管理制度》中规定的检验剩余样品的处理方法进行处理。

（2）成品的留样 生产的每批成品均进行留样。产品取样后，一般按全检用量的3~5倍进行留样，特殊另作他计。成品留样量参考《成品取样操作规程》。

质监员要及时填写《化验室收样及分样记录》，留样管理员接到成品留样后，核对样品信息：品名、批号、型号、生产车间、接收时间、数量等，并签字确认。

留样应采用成品仿市售模拟包装，即2层聚乙烯塑料袋外加牛皮纸袋（编织袋/纸筒/纸箱等）。贮存条件应与产品规定的条件相一致。

留样时需填写《留样登记记录》，标明：品名、代号、有效期、留样日期、批号、来源、留样量、货位号、留样人等相关信息。

留样均应保存至规定的留样期限。成品一般留样保存期限为有效期后一年，如未制定有效期，则保存期限为3年。

留样应按品种、批号、年份分类存放，每批留样应标明留样信息，留样标签包括：品名、批号、留样日期、有效期至、留样人、留样量、来源等。留样室温度要求参考《化验室管理制度》4.3规定。

留样由化验室指定专人保管，除正常的留样观察外，动用留样应经化验室负责人批准。留样期满后的样品按照《检验剩余样品处理管理制度》中规定的检验剩余样品的处理方法进行处理。

2.留样观察

（1）每年对成品的外观性状观察一次并形成记录。在观察过程中发现有异常情况时，应立即报告质量保证部负责人并进行评估分析。

（2）当接到用户反馈产品检验或质量问题，检验结果作仲裁分析或生产出现异常等情况需动用留样进行分析时，应做好相关使用记录。

（3）化验室每年随机抽取各品种留样，对其重要项目进行检测，并做好相关检验记录。

（4）成品留样观察频次如表2所示。

表 2　成品留样观察频次表

每月批次 N（批）	≤ 10	> 10
观察批次	N	$2\sqrt{N}$

如观察过程中发现异常，则需增大留样观察频次。

3. 留样人员

留样人员应相对固定，具有一定的专业知识，了解样品的性质和贮存方法。更换人员负责留样前，应对其进行培训。

案例五　某辅料企业稳定性考察管理制度

1. 考察产品范围

（1）所有新生产的、工艺改进的、主要设备变更的、改变内包装形式的、主要原辅料供应商变更的前三批产品，需做加速试验和长期稳定性试验。

（2）每种规格的产品，每年至少选取一个批次做长期稳定性试验考察，若未生产则不做考察。

（3）对于严于《中国药典》标准的、客户特殊要求的项目，针对主要品种每年至少选择一批客户特殊备货批次的特殊项目（如 *** 干燥失重、*** 黏度等）进行稳定性考察。

2. 试验方法

（1）长期稳定性考察　供试品仿市售包装，在温度 30℃ ±2℃、相对湿度 65%±5% 的条件下放置 12 个月，每三个月取样一次，分别于 0 个月、3 个月、6 个月、9 个月、12 个月按稳定性考察项目进行检验。12 个月以后仍需继续考察，分别于 18 个月、24 个月、36 个月，分别取样进行检测。

（2）加速稳定性考察　供试品仿市售包装，在温度 40℃ ±2℃，相对湿度 75%±5% 的条件下放置 6 个月，分别于 1 个月、2 个月、3 个月、6 个月末分别取样一次进行检测。

3. 取样

样品量需保证涵盖所有稳定性时间点。

4. 留样

（1）持续稳定性考察样品留样量，由质量部根据不同品种包装规格及检验用量的不同要求制定，不得随意变更。

（2）持续稳定性考察样品要专人专室或专门仪器存放及保管，并按品种、产品批号分别排列整齐。

（3）对于进行持续稳定性考察的样品，从留样日算，按稳定性试验考察方法定期复检和观察（一般观察期限为该产品有效期后 1 年）。

5.时间点取样

（1）对于时间点间隔至少为一年的，偏差为一个月，即在长期稳定性试验的第 24 月以后的时间点，可以在时间点前后的 15 天内取样。

（2）对于短期时间点，允许的时间偏差适当减少，为半个月，即时间点前后的 7 天内取样。

（3）对于加速试验条件，样品取出时间不得超出计划取样时间 3 天。

（4）对于到有效期的月时间点的样品必须按时取出并进行检验。

（5）每次取样量满足检验项目的使用量。

（6）任何附加于计划外的试验时间点取样，申请人需填写申请单经批准后，方可由留样观察员取样，但必须保证有足够的样品用于余下的稳定性研究。

6.检验

（1）取出的稳定性试验样品，一般立即检验，如不立即检验，将样品在产品规定的贮存条件下保存。

（2）样品最晚开始检验日期不能超过上述规定的最晚取样时间，若超出该检验周期，需给予合理的解释。

（3）在稳定性研究的整个过程中，为保持检测数据的一致性及数据的可比性，分析方法中途不得改变。

案例六 变更控制制度

1. 变更控制流程

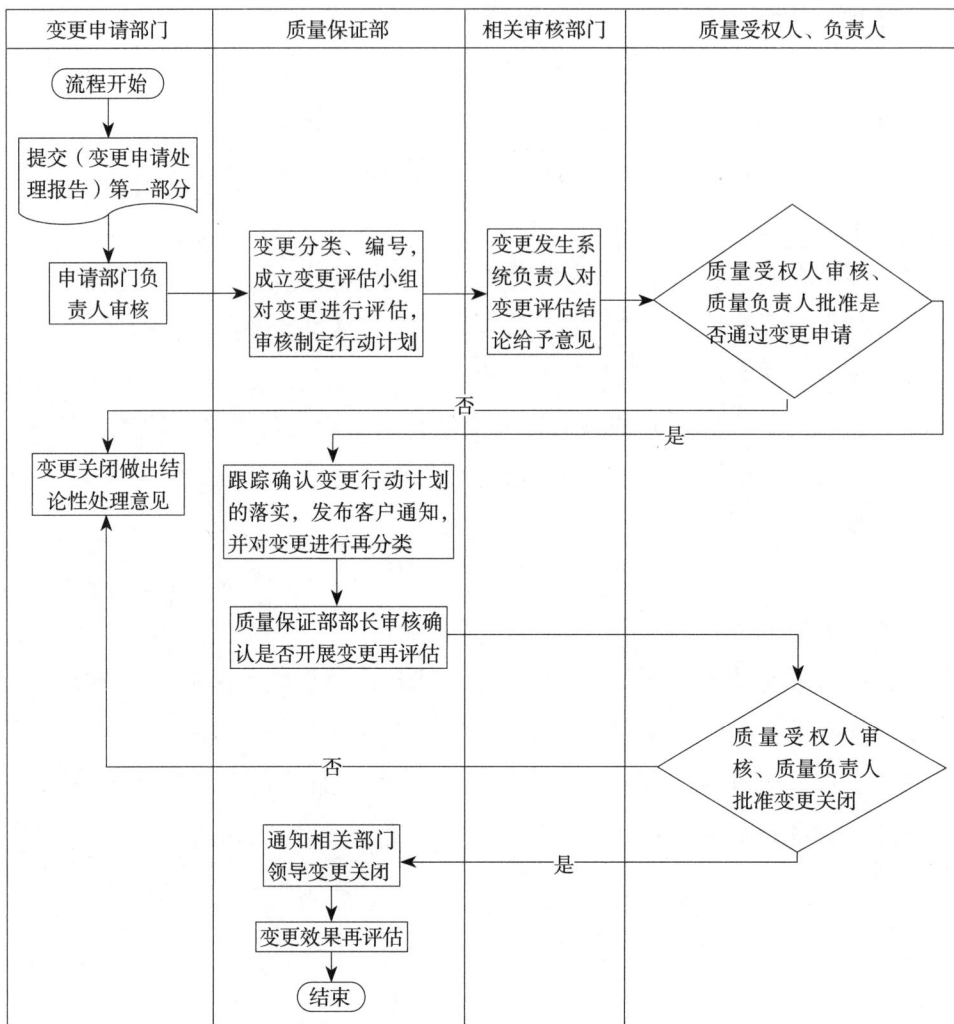

图 2 变更控制流程图

2. 变更分类及原则

（1）变更等级　变更发起时，基于对产品（包括中间体）安全性、有效性和质量可控性可能产生的影响和风险，应进行评估和分类，本文所述变更按类型分为三类：Ⅰ类变更（微小变更）、Ⅱ类变更（中等变更）、Ⅲ类变更（重大变更），变更分类实例参见表 3 至表 10（具体变更分类根据评估情况可作相应调整）。

Ⅰ类变更：对产品的安全性、有效性或质量可控性产生影响的可能性为微小的变更，此类变更可自行控制，必要时报药监部门年报或备案。

Ⅱ类变更：对产品安全性、有效性或质量可控性产生影响的可能性为中等的变更，此类变更按照相关法规要求，必要时报药监部门年报、备案或批准。

Ⅲ类变更：对产品的安全性、有效性或质量可控性产生影响的可能性为重大的变更，此类变更必须按照相关法规要求报药监部门批准。

如一份变更中存在2种以上不同种类的变更，应按照本文相关规定要求进行关联变更研究，变更等级以最高类别为准。

表3 生产工艺相关变更（包括但不限于以下情形）

分类	变更情况	前提条件	行动项
Ⅰ类变更	增加新的生产过程控制方法或制定更严格的过程控制限度	4	a、b、c、f、i
	提高起始原料、中间体的质量标准	无	a、b、f、i
	变更生产工艺中所用反应试剂、溶剂的质量标准或级别，但不降低反应试剂、溶剂的质量	无	a、b、f、i
	变更最后一步反应之前的工艺步骤中使用的生产设备	2、5	a、b、c、d、e、g、i
	变更最后一步反应及之后工艺步骤中使用的生产设备，且材质、设计和工作原理不变	2、5	a、b、c、d、e、g、i
	原料药的生产批量变更在原批准批量的10倍及以内	2	b、c、d、e、g、j
	变更最后一步反应之前的工艺步骤中的反应试剂、溶剂种类	2、5、7	a、b、c、i
Ⅱ类变更	在批准工艺路线基础上延长工艺路线，将原起始原料作为中间体	6	c、d、e、f、g、h、i、l
	变更最后一步反应之前的工艺步骤中的反应试剂、溶剂种类、生产条件等（Ⅲ类变更4除外）	2、5	c、h、i、j、k
	将返工工艺作为固定的生产步骤纳入注册生产工艺导致的注册生产工艺变更	2、5	c、i、j、k
	变更起始原料、中间体的质量标准（Ⅰ类变更2除外）	1	f、i、j、k
	变更最后一步反应及之后工艺步骤中使用的生产设备，材质、设计和工作原理发生变化	2、5	c、d、e、g、i、j、k
	原料药的生产批量变更在原批准批量的10倍以上	2	c、d、e、g、i、j、k

分类	变更情况	前提条件	行动项
Ⅲ类变更	变更原料药合成路线（Ⅱ类变更1除外）	3	c、d、e、f、g、h、i、j、l、m
	变更最后一步反应及之后的生产工艺（如变更结晶溶剂种类等）	3	c、i、j、l、m
	变更可能影响原料药关键质量属性的工艺参数	3	c、i、j、l、m
	在注册生产工艺中增加再加工工艺	无	c、i、j、l、m
	放宽或删除已批准的起始原料、中间体质量控制和生产过程控制，可能导致原料药的杂质谱、关键理化性质发生变化的	3	c、f、i、j、l、m
	变更原料药生产工艺中的设备，可能导致原料药杂质谱或关键理化性质发生变化	3	c、d、e、f、g、i、j、l、m
	其他可能导致原料药杂质谱和关键理化性质与变更前不一致的变更	3	c、d、e、f、g、h、i、j、l、m

前提条件

1. 变更后起始原料、中间体控制水平不得降低
2. 工艺路线不变
3. 不应引起成品质量的降低。如果研究结果显示，变更后成品质量降低，需提供充分的依据，证明此种变化不会影响成品的安全性，并提供该变更的必要性依据
4. 非因原料药生产过程中发现存在工艺缺陷或稳定性问题而进行的变更
5. 产品杂质谱或关键理化性质（如粒度、晶型等）不变
6. 延长的工艺路线与原起始原料一致
7. 增加或变更的溶剂种类在变更前原料药合成工艺中已使用

变更行动项（可供参考，以实际变更评估为准）

a. 对变更后1批成品进行检验，应符合质量标准的规定
b. 开展变更后1批成品的长期稳定性试验
c. 升版（或修订）工艺规程、操作规程、批记录，经评估必要时开展相关工艺验证，其中Ⅱ类、Ⅲ类变更必须开展工艺验证
d. 升版（或修订）清洁规程，经评估必要时开展相关清洁验证
e. 升版（或修订）设备操作规程，经评估必要时开展相关设备确认
f. 升版（或修订）相关质量标准、操作规程、检验记录，经评估必要时开展相关方法学确认（或验证）
g. 对新增设备的仪表进行计量校验
h. 纳入合格供应商清单

变更行动项（可供参考，以实际变更评估为准）

i. 变更前后至少连续 3 批成品检验数据进行比对研究（可视情况增加 RRT 比对、关键物理特性比对等研究工作）

j. 变更后生产的 1~3 批成品进行检验，应符合质量标准的规定

k. 对变更后 1~3 批成品进行加速及长期稳定性考察

l. 变更后连续 3 批成品需进行加速及长期稳定性考察

m. 对于影响产品结构的变更，对变更后的原料药或变更后的中间体进行结构确证杂质研究

表 4 供应商变更（包括但不限于以下情形）

变更分类	变更情况	前提条件	行动项
Ⅰ类变更	变更 A 类关键原辅包装材料的生产供应商	1	a、b、d、i、e
	变更 B 类非关键原辅包装材料的生产供应商	无	a、d
	变更 C/D 类非原辅包装材料的供应商	无	j
Ⅱ类变更	变更 A 类关键原辅包装材料的生产供应商	2	c、d、e、f、g、i
	A 类起始物料的生产供应商变更合成路线	2	c、d、e、f、g
Ⅲ类变更	变更 A 类起始物料的生产供应商	3	c、d、e、f、h、i
	A 类起始物料的生产供应商变更合成路线	3	c、d、e、f、h

前提条件

1. 原料的合成路线相同，且质量不降低

2. 原料的合成路线不同，且质量不降低

3. 起始原料的合成路线不同，质量发生变化

变更行动项（可供参考，以实际变更评估为准）

a. 对变更后 1 批成品进行检验，应符合质量标准的规定

b. 开展变更后 1 批成品的长期稳定性试验

c. 开展相关工艺验证

d. 纳入（或删除）合格供应商清单

e. 变更前后至少连续 3 批成品检验数据进行比对研究（可视情况增加 RRT 比对、关键物理特性比对等研究工作）

f. 变更后生产的 1~3 批成品进行检验，应符合质量标准的规定

g. 对变更后 1 批成品进行加速及长期稳定性考察

h. 变更后连续 3 批成品需进行加速及长期稳定性考察

变更行动项（可供参考，以实际变更评估为准）

i. 关注首次到货 1~3 批质量均一性

j. 按 G00Q1040《供应商管理制度》规定纳入（或删除）即可，无需填写 G00Q1055—P01《变更申请处理报告》

表5　注册标准及检验方法变更（包括但不限于以下情形）

变更分类	变更情况	前提条件	行动项
Ⅰ类变更	依据药典进行升版	1	c、d、e、j
Ⅱ类变更	新增检验项目	2、3、4	b、c、d、e、f、g
	在原标准规定范围内收紧限度	4、5	a、c、f、g
	注册标准中文字描述的变更	6	c、f
Ⅲ类变更	变更检验方法	无	b、f、g
	放宽控制限度	无	i、f
	删除注册标准中的任何项目	无	h、f

前提条件

1. 不涉及生产工艺变更
2. 新增检验项目应可以更有效地控制产品质量，新增检测项目的方法学验证和拟定的控制限度，均应符合相关指导原则的要求
3. 该变更不包括因安全性或质量可控性原因导致的增加检验项目
4. 生产工艺改变导致药学方面特性发生变化，而在标准中增加检验项目不属于此类变更范畴
5. 指在原标准规定范围内收紧控制限度
6. 变更不应涉及检验方法、限度等的变更

变更行动项（可供参考，以实际变更评估为准）

a. 变更前需对 3 批次样品（建议含近效期样品）批分析结果进行汇总，为限度修订提供依据
b. 需对检验方法进行方法学研究（包括方法的选择、验证）、提供限度拟定依据
c. 升版（或修订）相关质量标准、操作规程、检验记录，经评估必要时开展相关方法学确认
d. 升版（或修订）仪器操作规程，经评估必要时开展相关仪器确认
e. 对新增仪器进行计量校验
f. 变更后生产的 3 批成品进行检验，应符合质量标准的规定
g. 考察在原定的有效期内的药品是否符合修订后质量标准的要求

变更行动项（可供参考，以实际变更评估为准）

h. 需结合药品生产过程控制、药品研发过程及药品性质等综合分析和证明该项变更不会引起药品质量控制水平的降低

i. 需进行详实的研究，必要时需要有关安全性和（或）有效性试验资料或文献资料的支持。限度变更还需基于一定批次样品的检测数据并符合相关的技术指导原则

j. 包装标签相关内容修改

表6　有效期、复验期、贮存条件的变更（包括但不限于以下情形）

变更分类	变更情况	前提条件	行动项
Ⅰ类变更	原辅料、中间体有效期、复验期变更	1	a、e
	严格原辅料、中间体贮存条件	1	e
Ⅱ类变更	缩短成品有效期、复验期	1	a、d、e
	严格成品贮存条件	1	a、d、e
	延长成品有效期、复验期	2	a、d、e
Ⅲ类变更	由于成品的生产工艺、处方、质量标准、直接接触药品的包装材料和容器等方面的变更导致的有效期变更	无	b、c、d、e
	放宽成品贮存条件	无	b、d、e
前提条件			

1. 此类变更不包括因药品的生产或稳定性出现问题而引起的变更
2. 延长药品有效期不应超过长期稳定性试验已完成的时间

变更行动项（可供参考，以实际变更评估为准）

a. 提供三批样品的长期稳定性考察数据

b. 对三批样品进行稳定性考察，提供3~6个月的稳定性研究资料

c. 生产工艺、处方、质量标准、直接接触药品的包装材料和容器等方面的变更，按此类变更相关规定开展变更相关行动

d. 包装标签相关内容修改

e. 升版物料质量标准等相关文件

表7　包装材料和容器变更（包括但不限于以下情形）

变更分类	变更情况	前提条件	行动项
Ⅰ类变更	变更包装装量	无	b、d、h
	变更外包装\标签模图内容	无	b、d、h
	除Ⅲ类变更中规定外的其他包装材料尺寸、性状、材料的变更	1	b、d、h
Ⅲ类变更	去除对药品提供额外保护的次级包装（如高阻隔性外袋）	无	c、e、f、g、h
	变更为全新材料、全新结构、风险度提高的新用途的包装材料和容器	无	a、c、e、f、g、h

前提条件

1.变更后的包装材料和容器已在已上市药品中使用，并且具有相同或更好适用性能

变更行动项（可供参考，以实际变更评估为准）

a.变更前后包装材料和容器相关特性的对比研究
b.对变更后一批包材进行检验，应符合质量标准的规定
c.对变更后连续生产的三批包材进行检验，应符合质量标准的规定
d.对变更后首批成品进行长期稳定性考察
e.对变更后三批成品进行加速及长期稳定性研究
f.酌情进行包材相容性研究
g.对于密封件的变更还应开展包装密封性研究
h.包装标签相关内容修改

表8　生产线变更（包括但不限于以下情形）

变更分类	变更情况	前提条件	行动项
Ⅰ类变更	在同一生产地址内变更生产场地	1、2	a、b、c、d、e、g
	撤销产品	无	c、d、e、f、h
	生产场所的名称或地址发生变更但具体位置不变	无	l
Ⅲ类变更	生产地址变更至另一不同生产地址	无	c、d、e、f、g、i、j、k、l
	新增产品	无	c、d、e、f、g、h、j、k、l

前提条件

1.变更前后的生产设备、操作规程、环境条件（比如温度和湿度）、质量控制过程和人员素质等方面一致
2.如变更场地的同时，其处方、生产工艺、批量等发生变更，则需按照本文相关规定要求进行关联变更研究，变更等级以最高类别为止

变更行动项（可供参考，以实际变更评估为准）

a. 对变更后 1 批成品进行检验，应符合质量标准的规定

b. 开展变更后 1 批成品的长期稳定性试验

c. 修订（或撤销）工艺规程、操作规程、批记录，经评估必要时开展相关工艺验证

d. 修订（或撤销）清洁规程，经评估必要时开展相关清洁验证

e. 修订（或撤销）设备操作规程，经评估必要时开展相关设备确认

f. 修订（或撤销）相关质量标准、操作规程、检验记录，经评估必要时开展相关方法学确认（或验证）

g. 对新增设备或仪器进行计量校验

h. 纳入（或删除）合格供应商清单

i. 比较新旧场地生产工艺情况。对变更前后生产设备生产厂家、型号、材质、设备原理、关键技术参数进行比较，并说明变更前后生产设备与生产工艺的匹配性

j. 变更前后至少连续 3 批成品应符合质量标准的规定，检验数据进行变更前后质量比对研究（可视情况增加 RRT 比对、关键物理特性比对等研究工作）

k. 变更后连续 3 批成品需进行加速及长期稳定性考察

l. 包装标签相关内容修改（或起草）

表 9　厂房及公用设施变更（包括但不限于以下情形）

变更分类	变更情况	前提条件	行动项
Ⅰ类变更	墙面、地面整修	无	a
	空调系统变更	1	b、c
	纯化水删除取水点	3	b
Ⅱ类变更	纯化水系统变更	2	b、c、e
	厂房改造	无	d、e、f

前提条件

1. 环境监测标准不得降低

2. 纯化水质量标准不得降低

3. 不对纯化水管路进行改造

变更行动项（可供参考，以实际变更评估为准）

a. 环境监测

b. 升版相关文件

c. 公用系统验证

d. 厂房设施确认

e. 变更前后至少连续 3 批成品应符合质量标准的规定，检验数据进行变更前后质量比对研究

f. 若伴有生产工艺或设备变更，则按相关变更规定开展变更相关行动

表 10　其他变更（包括但不限于以下情形）

变更分类	变更情况	前提条件	行动项
Ⅰ类变更	GMP 文件的变更	1	a
	检测分析用仪器设备或其计算机系统的变更	无	b
	清洁及消毒方法	无	c
Ⅱ类变更	关键人员（如企业负责人、生产管理负责人、质量管理负责人、质量受权人等）、组织架构调整的变更	无	d

前提条件
1. 不涉及本文件中规定变更项目的文件变更

变更行动项（可供参考，以实际变更评估为准）
a. 按 G00Q1082《文件管理程序》规定进行升版即可，无需填写 G00Q1055—P01《变更申请处理报告》
b. 升版相关文件规定，对设备（及计算机化系统）进行确认
c. 升版（或修订）清洁规程，经评估必要时开展相关清洁验证
d. 对关键人员进行培训，使其满足岗位技能要求

案例七　偏差管理制度

1. 偏差管理流程

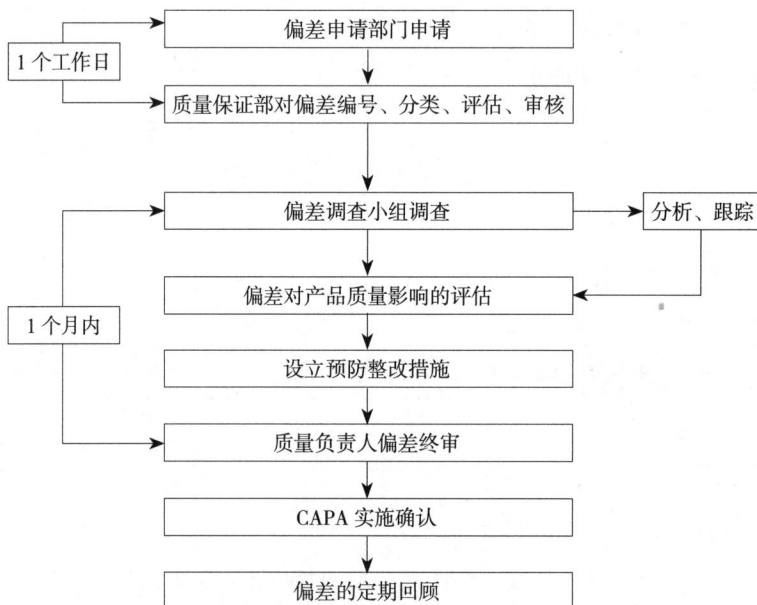

图 1　偏差管理流程图

2. 偏差的定义

偏离已批准的程序或标准的任何情况。

3. 偏差的分类

严重偏差、主要偏差和次要偏差三类。

（1）严重偏差 已经或可能对产品质量造成不可挽回的实际和潜在影响的缺陷（如严重违反 GMP 原则及有关药事法等），危及产品质量的安全性和有效性。需进行偏差调查，找出根本原因，采取恰当的纠正和预防措施才能继续生产，并保证生产过程和检验过程符合 GMP 要求，产品质量符合注册批准的标准。

（2）主要偏差 导致或可能导致产品内/外质量受到某种程度的影响（如对关键工艺参数控制不恰当而产生了不合格中间体而需要返工；实验仪器故障；跟验证、确认报告要求内容相异的偏差等），等。需进行偏差调查，找出根本原因，采取恰当的纠正和预防措施才能继续生产，并保证生产出的产品符合质量标准且无潜在质量风险。

（3）次要偏差 是指发现后可以采取措施立即予以纠正、现场整改，对产品质量无实际和潜在影响的偏差。对其可以进行调查，以确定原因，采取纠正和预防措施。

4. 偏差的性质

计划偏差、非计划偏差。

（1）计划偏差 由于某种原因无法按原有规定操作而经批准造成的偏差。计划偏差启动前，质量部需要组织各相关部门进行风险评估后执行。

（2）非计划偏差 是由操作者的疏忽或差错以及操作者无法控制事先不知道的因素造成的偏差。例如：工艺规定升温至 $60℃ ±2℃$，由于操作者的疏忽，实际温度不在该范围内；突然停电、停水、断汽、原料中的异物等。

5. 重复偏差

相同人员、仪器由相同的原因造成的偏差或者相同产品出现相同杂质的偏差叫重复偏差。

6. 偏差调查小组

偏差调查小组的组成按照表 1 执行。

表1 偏差调查小组的组成

偏差类型	偏差调查小组组长	偏差调查小组涉及部门（可不限于以下部门）
次要偏差	质量保证部主管级及以上	偏差管理专员、生产制造部、质量保证部、偏差发生部门、偏差相关部门（如QC、设备工程部等）
主要偏差	质量保证部部长及以上	
严重偏差	质量负责人/质量受权人	偏差管理专员、生产管理负责人、生产制造部、质量保证部、生产技术部、药政部、偏差发生部门、偏差相关部门（如QC、设备工程部等）

注：质量系统偏差由于涉及方面较小，主要参与部门为QA和QC部门，可视具体情况组织其他相关部门参与调查，但不要求必须包含上表中小组涉及部门。

7. 一旦发现偏差，由偏差发生部门30分钟内将偏差报给部门主管或负责人及产品QA。偏差发生部门的主管和负责人需从安全及紧急情况考虑是否采取应急措施，常见的应急措施包括：暂停生产，物料或产品隔离，物料或产品分小批，设备暂停使用，紧急避险等。其中，"物料或产品分小批"是指在发生偏差时，为了避免、减少可能的损失，如果可能的话，生产人员应及时对产品做好标记，尽可能将发生偏差前、偏差中、偏差处理完恢复正常后的产品分开，单独作为若干小批。执行的所有紧急措施都必须在偏差记录中进行及时完整详实的记录，记录内容主要内容如表2所示。

表2 偏差记录内容

序号	记录内容
1	偏差发生的日期、时间、地点、工序
2	发现人，以及该时间段内所有相关参与人员的姓名
3	受影响的品种、批次
4	偏差的简要描述
5	受影响的过程、设备或系统
6	初始行动所采取的行动措施
7	一年内是否重复发生过

8. 偏差发生部门主管或负责人于1个工作日内将偏差情况汇报质量保证部，由质量保证部判断是否进行偏差调查。若需调查，应于24小时内开始调查，同时发放已编号登记的G00Q1063—P01《QC偏差调查处理报告》或G00Q1063—

P02《偏差调查处理报告》。当生产或分析方法发生偏差时，如原因尚不明确，必须立即停止生产或分析，经讨论判断后，再决定是否继续生产或分析。

9.偏差发生部门填写 G00Q1063—P01《QC偏差调查处理报告》或 G00Q1063—P02《偏差调查处理报告》，注明发生偏差项目、发生时间，可能受影响的物料/产品名称和批号、偏差的情况及采取了的应急措施。G00Q1063—P02 中横线处填写偏差发生的部门。

10.质量保证部根据报告的偏差情况，组织相关部门成立偏差调查小组进行评估，并初步判定其是重大偏差、主要偏差或是次要偏差，是计划偏差或是非计划偏差。结合产品特性、工艺特点和质量体系情况等进行初步风险评估，可以包括但不限于以下内容：偏差部门采取的应急措施是否有效，偏差的范围大小，对产品质量潜在的影响，对患者健康的影响，对注册文件的影响，对质量管理体系的影响，对验证状态的影响，对客户的影响等。同时查找1年内针对相同人员、仪器、原因有无重复偏差发生。如1年内重复偏差出现5次以上，则需要由质量保证部判断是否需要升级处理。

案例八　辅料成品的审核和发放管理制度

1.内容

（1）质量受权人或其委托授权人负责对批生产记录进行审核并签发放行单，决定成品是否能发放。

（2）QA负责对本车间的批生产批包装过程的检查、审核。主要审核内容为：配料、称重过程是否均有人复核、各工序生产前的检查记录是否符合规定、各工序的关键控制点是否符合规定，是否有人复核、偏差是否均已调查处理、清场是否符合要求、代表性标签是否符合要求、中间产品质量检验结果是否符合要求、成品检验结果是否符合要求等。

（3）QC负责人负责对批检验记录、检验报告书及相关OOS的审核。主要审核内容为：检验原始记录的填写涂改是否完整规范、检验过程中是否有OOS发生、检验记录及检验报告书是否有复核人确认、仪器检测项目是否有相关图谱等。

（4）国内销售产品由QC发放合格证。

（5）如客户有加急订单等特殊要求，单批检测结果合格之后混粉影响发货速度，则由QA根据历年检测结果及稳定性数据等进行风险评估，评估结果可行则开具QA指令单，要求在单批检测结果合格之前先进行混粉，由质量负责人批准。

最终放行必须单批与混批检测结果均合格；如某个单批检测不合格，则混批按照不合格品处理，所造成经济损失由公司自行承担。

（6）仓库凭车间入库单、成品放行单、检验报告书同意入库或放行成品。

（7）成品放行单归入批生产记录。

表3　成品放行单

品名		规格		批号	
审核内容		结果（打"√"）			
1、生产部门负责人对批生产记录审核		已完成□		未完成□	
2、批记录填写、涂改		完整、规范□		不完整、不规范□	
3、各工序的关键控制点		符合规定□		不符合规定□	
		已复核□		未复核□	
4、偏差及异常情况处理		无偏差及异常情况□		有偏差及异常情况□	
		同意处理意见□		不同意处理意见□	
5、清场结果		符合规定□		不符合规定□	
6、包装规格、包装形式		符合规定□		不符合规定□	
7、标签填写、粘贴		符合要求□		不符合要求□	
8、QC负责人对成品检验记录及报告单的审核		已完成□		未完成□	
审核	QA签名： 日期：　　年　　月　　日				
结论	符合标准，同意出厂□ 不符合标准，不同意出厂□ 质量受权人审批签名： 日期：　　年　　月　　日				
备注					

第二节　质量控制

一、药用辅料 GMP 法规总体要求

第七十四条　质量管理部门应有为确保产品符合法定或企业内控质量标准所作检验的完整记录，具体包括：

1. 对检品的详细描述，包括物料名称、批 / 编号或其他专一性的代号以及取样时间。

2. 每一检验方法的索引号（或说明）。

3. 物料和产品检测原始数据，包括图、表以及仪器检测图谱。

4. 与检验相关的计算。

5. 检验结果及与标准比较的结论。

6. 检验人员的签字及测试日期。

第七十五条　应有试剂和试液采购、制备的书面规程。购进的试剂和试液应标明名称、浓度、有效期。试液制备的记录应予保存，包括产品名称、制备时间和所使用材料的数量等。容量分析用试液应按法定标准进行标定，标定的记录应予保留。

第七十六条　为确保原料、中间体、成品等符合有关标准要求，检验方案应包括质量标准、取样规程以及检验规程等。

第七十九条　留样应保存至使用期限后一年，留样量应不少于全检量的二倍。

第八十条　辅料留样的稳定性考察应有文件和记录。应按稳定性考察计划定期进行测试。计划通常包括以下内容：

1. 每年考察的批数，样品的数量以及考察的间隔时间。

2. 留样的储存条件。

3. 稳定性考察所采用的测试方法。

4. 如有可能，稳定性考察样品所用的容器及贮存时间应与销售产品相同。

【要点分析】

质量控制是药用辅料生产中的重要环节之一，确保了所生产的药用辅料具备应有的质量和安全性。

所有的检验和研究（包含例如开发限度和可接受标准的预试验等）均须有记录。检验应及时记录。对于目视观察所得的实验结果，以及具有暂时性的实验结果，应对其是否需要双人同步确认进行评估。

检验记录的内容应包括且不局限于：样品编号、物料代码、取样时间、分析方法编号、样品使用量、样品稀释过程、分析仪器编号、对照品/标准品批号、所有与检测有关的原始数据（包括图、表、图谱等）、手动计算的公式、可接受标准、检测人员/复核人员的签字和日期（如检测在多日完成，则应每天签署，必要时还需注明当日完成的相关检测步骤）、检测结果及结论。复核人员应确保检测记录的正确、完整、符合检验规程/方案/质量标准的要求。

试药、试剂、实验用水、玻璃仪器及耗材是实验室进行质量控制的重要组成部分。无论试剂将用于定量分析还是定性分析，都应按照批准的方法配制，并确保试剂质量。根据试剂使用的领域不同，选择不同级别的试剂。

除另有规定外，实验应在室温下进行。试药、试剂、标准品等应有追溯性记录，包括供应商、批号及接收日期等。

应关注试剂、试药、培养基、滴定液、对照品/标准品、玻璃仪器等的质量。使用前应进行目视检查，有任何完整性的怀疑时，应作废弃处理，不允许继续使用。

对照品的纯度及质量必须符合其用途所需。检验人员应当确保使用现行批号或有效批号的对照品，所用对照品的批号必须记录。接收对照品时，应当检查证书等文件，还应当评估其运输条件，例如运输的内容物完好无损且符合其温度要求。如果将对照品稀释，或者分装在若干小瓶中备用，则应记录其稳定性，并且在容器上应当有充分的标识。没有注明有效期的标准品，当依照供应商建议的贮存条件进行存放，并且为现行批次时，应视其为稳定。

滴定液的标签上应当标注最新标定日期和当前校正因子。

检验规程的制定应遵循药典及其他法定标准中对分析技术的一般要求。所有检验规程和质量标准均须基于科学判断，并考虑环境因素。

为确保药用辅料符合既定的质量标准，必须使用适宜的检验规程。该检验规程应清晰易懂，且易于执行。检验人员应依照检验规程进行检测。检验规程应使用汉语进行编写，如需使用其他语言，则应确保其使用人理解该语言。检测时，应当使用现行版检验规程。检验规程修订时，新版本不能在生效日期前使用。废止的版本必须从实验室工作区域内移除。

检验规程的内容应包括且不局限于：方法来源及检测原理、检测参数、分析仪器、样品、空白、质控品、试剂、试药、培养基、滴定液、对照品 / 标准品、系统适用性测试、可接受标准、计算公式、结果报告形式及参考文件等内容。检验规程应当考虑其适用性。如果一个检验方法需要通过反复调节操作条件，才能满足其系统适用性要求，则该方法应当酌情考虑优化、修改或再验证。如果检测方法超出该规程的验证范围，则该数据不能与质量标准或可接受标准进行比较。

当检测方法已经收载于药典，企业欲使用替代性方法时，应进行对比性研究，用以证明该替代性方法等同或优于药典方法。如果使用新方法检测出任何新杂质（例如对历史批次的样品进行检测），则须证明所检出的新杂质是由于提高了方法的灵敏度 / 选择性所致，而不是由于变更引入了新的杂质。当两种方法的置信区间的差异在预定的可接受范围内时，可以认为这两种方法具有等效性。

取样规程应考虑对样品的保护措施，包括样品采集、样品处理等过程应当防止交叉污染和样品混淆。此外，还应当采取手段防止样品在检测时因其属性而变质。样品的贮存条件和检测前的等待时间应当予以界定。

取样规程中应包含制定取样计划的原则，例如取样目的、取样位置（顶部、底部、最差点）的选取等。取样计划应当基于风险评估制定。

除上述取样计划的原则外，取样规程还应包含：取样技术、取样工具、样品量、样品标识信息、防止交叉污染 \ 混淆的手段、取样间使用日志、确保取样前后物料的质量无变化的手段等。

留样的目的是企业用于质量追溯或调查，其贮存条件应当依照药用辅料成品的规定进行。留样必须能够代表整批药用辅料成品，并且包装形式应当与其市售包装相同或模拟市售包装。留样的使用，应事先由质量管理负责人批准，一般在调查、投诉时使用。

稳定性数据应当能够支持药用辅料的预期使用周期，这些数据可以从历史数据、特定药用辅料的实际研究中获得，也可以从合理预期模拟特定药用辅料性能的适用模型产品研究中获得。

实验室调查是判断药用辅料成品是否能够放行的重要依据之一，也可以支持实验室发现自身缺陷，并进行整改等相应措施。一般分为超出标准（OOS）、超出趋势（OOT）、超出期待（OOE）等。

在调查过程中，有证据支持可疑结果为实验室错误时，实验室应进行替代性实验，并且该替代性实验产生的结果，应当作为最终结果进行汇报。如果经过实验室调查后，没有找到实验室的错误，则样品的所属部门应当发起偏差调查，找出产生该可疑结果的原因。在调查中，如果对样品的代表性产生怀疑，或者样品量太少不足以支持调查，经 QA 批准后，应进行重新取样。

二、国内外行业协会颁布的指南审核要点

行业协会名称	对机构与其职责的要求
江苏省医药包装药用辅料协会（SPPEA）	第九十七条　采用现行版《中国药典》规定的方法进行检验时应对方法的适用性进行确认。现行药典正文收载的所有品种，均应按规定的方法进行检验。如采用其他方法，应将该方法与规定的方法做比较试验，根据试验结果掌握使用。如果辅料企业声称符合药典或官方要求，则应通过分析方法验证证明其替代分析方法与药典方法具有等效性，测试方法应符合适用的通用要求和注释；应对现行药典或官方要求进行更新。质量管理部门应有为确保产品符合法定或企业内控质量标准所作检验的完整记录，具体包括： 　1. 对检品的详细描述，包括物料名称、批 / 编号或其他专一性的代号以及取样时间 　2. 每一检验方法的索引号（或说明） 　3. 物料和产品检测原始数据，包括图、表以及仪器检测图谱，对应所测试的具体物料名称和批号 　4. 与检验相关的计算 　5. 检验结果及与标准比较的结论 　6. 检验人员的签字及测试日期 　第九十八条　应有试剂和试液采购、制备的书面规程。购进的试剂和试液应标明名称、浓度、有效期。试液制备的记录应予保存，包括产品名称、制备时间和所使用材料的数量等。容量分析用滴定液应按法定标准进行标定，标定的记录应予保留。标准品和购买的试剂应在接收时进行验收，并妥善保管。应建立形成文件程序，根据标准品评估对照品，对合格性做出规定，包括他们的制备、审批和储存。对照品的复验期应有明确规定，每一批应按照书面程序定期进行复验。试剂、试液、培养基和检定菌的管理应当至少符合以下要求： 　1. 试剂和培养基应当从可靠的供应商处采购，必要时应当对供应商进行评估 　2. 应当有接收试剂、试液、培养基的记录，必要时，应当在试剂、试液、培养基的容器上标注接收日期

行业协会名称	对机构与其职责的要求
江苏省医药包装药用辅料协会（SPPEA）	3.应当按照相关规定或使用说明配制、贮存和使用试剂、试液和培养基。特殊情况下，在接收或使用前，还应当对试剂进行鉴别或其他检验 4.试液和已配制的培养基应当标注配制批号、配制日期和配制人员姓名，并有配制（包括灭菌）记录。不稳定的试剂、试液和培养基应当标注有效期及特殊贮存条件。标准液、滴定液还应当标注最后一次标化的日期和校正因子，并有标化记录 5.配制的培养基应当进行适用性检查，并有相关记录。应当有培养基使用记录 6.应当有检验所需的各种检定菌，并建立检定菌保存、传代、使用、销毁的操作规程和相应记录 7.检定菌应当有适当的标识，内容至少包括菌种名称、编号、代次、传代日期、传代操作人 8.检定菌应当按照规定的条件贮存，贮存的方式和时间不应当对检定菌的生长特性有不利影响 标准品或对照品的管理应当至少符合以下要求： 1.标准品或对照品应当按照规定贮存和使用 2.标准品或对照品应当有适当的标识，内容至少包括名称、批号、制备日期（如有）、有效期（如有）、首次开启日期、含量或效价、贮存条件 3.企业如需自制工作标准品或对照品，应当建立工作标准品或对照品的质量标准以及制备、鉴别、检验、批准和贮存的操作规程，每批工作标准品或对照品应当用法定标准品或对照品进行标化，并确定有效期，还应当通过定期标化证明工作标准品或对照品的效价或含量在有效期内保持稳定。标化的过程和结果应当有相应的记录 第九十九条　质量控制实验室应当配备《中国药典》、药用辅料标准等必要的工具书，以及标准品或对照品等相关的标准物质。为确保原料、中间体、成品等符合有关标准要求，检验方案应包括质量标准、取样规程以及检验规程等。质量控制部门应当保存为确保产品符合法定或企业内控质量标准所作检验的完整记录 第一百零二条　留样应保存至使用期限后一年，留样量应不少于全检量的二倍 第一百零三条　应根据历史数据或相关研究的结果评估辅料的稳定性。按照书面规定进行检验及（或）对用于评价辅料稳定性特征的评估计划进行设计。此类检验及（或）评估的结果应该用于确定适当的储存条件和复验或有效期。辅料留样的稳定性考察应有文件和记录。应按稳定性考察计划定期进行测试 计划通常包括以下内容： 1.每年考察的批数，样品的数量以及考察的间隔时间 2.留样的储存条件

行业协会名称	对机构与其职责的要求
江苏省医药包装药用辅料协会（SPPEA）	3. 稳定性考察所采用的测试方法 4. 如有可能，稳定性考察样品所用的容器及贮存时间应与销售产品相同 第一百零六条　对于每批辅料，相关机构应提供其符合所需规格的检验报告书。并至少包含： 1. 生产商的名称和生产地址 2. 生产日期 3. 批次和批号 4. 到期日，复检日或复验日 5. 符合所要求的质量标准的声明 6. 对应批次的分析结果，除非另有说明和解释 7. 可接受标准 8. 参考的分析方法 9. 签署分析证书的人员姓名和职位 第一百零七条　辅料生产商应该进行杂质研究和有害微生物的鉴别以确定适当的限度。该限度应基于适当的安全性数据或官方指南和药典中的限度（如溶剂残留和金属催化剂） 第一百零八条　对每种辅料应指定其有效期或复验期限并向客户传达
国际药用辅料协会（IPEC）	1. 产品的监控与检测 药用辅料生产商应建立检验规程，以确保产品持续符合其质量标准。所有的分析方法都应适用于其目的。分析方法可以是现行版药典或其他公认标准中所包含的方法。但是，这些方法也可能是非法定标准。如果药用辅料生产商声明其产品符合药典或法定标准，则： ◎非法定标准／内部检验规程应证明与药典方法的等效性 ◎应符合相应的通则和凡例 ◎应指定专人关注现行版药典或法定标准的更新 2. 实验室控制 应采取措施在任何时候保持数据可靠性。药用辅料生产商应制定程序，以确保数据的真实性、完整性和准确性；可以追溯其来源，并且易于获取。实验室控制应包括为确保符合其质量标准和规格而进行的必要测试的完整数据，包括： ◎样品描述，及物料名称、批号或其他特征码和取样日期 ◎所用的每个检验规程的援引说明 ◎在每次测试期间的原始数据记录，包括样品制备、图表，色谱图、统计追踪和实验室仪器的光谱，以证明具体的物料和检测批次 ◎与检测有关的计算记录 ◎检测结果及如何与其既定的质量标准比较 ◎每个检测的人员和日期的记录

行业协会 名称	对机构与其职责的要求
国际药用 辅料协会 （IPEC）	检测所用仪器的记录，以确保其确认／校准状态的可追溯性 　实验室试剂和溶液的制备、标识、处理和贮存应有文件化规程。购买的试剂和溶液应由供应商标明正确的名称、浓度和有效期。容器一旦打开，应另外贴上剩余使用期限的标签。应保存自配溶液和（或）试剂的记录，并应包括溶液／试剂的标识、配制人、配制日期和所用材料的数量。滴定液应根据内部方法或使用公认的标准进行标定。标定记录应保存。在使用时，一级参比试剂和标准品应适当储存，只要供应商提供分析证明，收到后无需进行检测。二级参比品应适当制备、鉴别、测试、批准和贮存。应有文件规定使用一级对照品对二级参比品进行标化的过程。二级参比品应规定再评估期，每批应按照文件化的方案或规程定期再确认 　3. 药用辅料成品的检测和放行 　每批药用辅料成品应进行检测，确保其符合质量标准。应制定规程，以确保在药用辅料成品放行前，对相应的生产记录进行评估（检测结果除外）。质量部门应负责药用辅料成品的放行。对于连续性生产的药用辅料，可以通过在线检测或其他过程控制记录确保其符合质量标准 　4. 超标检测结果 　超标结果应依照书面规程调查并记录仅当书面调查显示原始结果存在错误（已有根本原因）时，重新检测结果方可替代原始结果。如果没有找到根本原因，则 OOS 规程应规定： 　　◎重新检验的标准及使用重新检验结果 　　◎重新取的标准 　　◎在什么情况下使用哪些统计技术 　使用统计分析时，原始数据和重新检测数据均须在调查中体现并汇报。当质疑样品的代表性时，同样的原则也适用 　5. 留样 　除另有规定或说明外，每批次药用辅料均应留样，样品应具有代表性。留样周期应基于有效期或重新评估期制定 　留样应贮存在安全的位置，易于检索，并符合药用辅料成品的建议贮存条件 　样品的包装应与商业化包装等同或更具保护性 　除另有规定或说明外，样品量应至少满足全检的二倍量 　6. 分析证书 　组织机构提供每批药用辅料成品符合其质量标准的分析证书 　7. 杂质 　如有可能，药用辅料生产商应识别并设置适当的杂质限度。限值应基于适当的安全数据、法定标准或其他要求中的限值以及合理的 GMP 考虑。生产工艺应充分控制，使杂质不超过规定的限度。药用辅料生产商应进行有书面的风险评估，以确定药用辅料的质量标准是否应包括元素杂质（如

行业协会名称	对机构与其职责的要求
国际药用辅料协会（IPEC）	金属催化剂）的检测和限度。很多药用辅料是用有机溶剂提取或纯化的。这些溶剂通常是通过干燥除去的。药用辅料的质量标准中包括残留溶剂的检测和限度非常重要 应考虑到以下方面： 　◎物料的微生物负载，包括可能存在的微生物水平和类型 　◎原材料的天然来源的杂质，例如霉菌毒素、农药残留 在某些生产工艺中，不溶性微粒和可见颗粒不能完全排除。药用辅料生产商应根据记录在案的风险评估实施缓解策略，将此类颗粒的出现维持在可接受的水平。有关这种"技术上不可避免的颗粒"的指南，请参阅国际药物辅料理事会 TUPP 指南的当前版本 8.稳定性 虽然很多药用辅料成品是稳定的，可能不需要广泛的测试来确保稳定性，但药用辅料的稳定性是促进药品整体质量的一个重要因素。对于已经上市很长时间的药用辅料，其历史数据可以用来表明其稳定性。没有历史数据的情况下，应进行测试和（或）评估程序（需有记录），以评估药用辅料的稳定性。该稳定性测试和（或）评估的结果应用于确定贮存条件及复验期或有效期。该测试应包含： 　◎批次数量、样品量及测试间隔 　◎用于测试的样品的贮存条件 　◎适宜的稳定性测试方法 　◎将药用辅料贮存在模拟市售容器中（如有可能） 药用辅料的稳定性可能会受到原材料未被发现的变化、生产流程的细微变化或贮存条件的影响。药用辅料也可能以各种各样的包装形式运输，这可能会影响其稳定性（例如，塑料瓶或玻璃瓶、金属或塑料桶、袋子、罐车，或其他散装容器） 某些药用辅料可能有不同的等级（例如，聚合物的不同分子量或不同的单体比例，不同的颗粒大小、堆密度），或其他药用辅料的混合物。这些药用辅料可能与同一产品组中的其他药用辅料非常相似。某些成分的微小数量差异可能是不同产品之间唯一的显著差异。对于这些类型的辅料，模型产品方法可能适合于评估类似辅料的稳定性。这种类型的稳定性研究应该包括选择几个模型产品，这些产品将被期望模拟被评估产品组的稳定性。这种选择应该是科学合理并有记录。这些模型产品的稳定性研究数据可以用来确定类似产品的理论稳定性 9.有效期/重新评估期 每种药用辅料应赋予其有效期或重新评估期，且应向客户传达。行业实践中优选使用复验期

【指南审核要点】

1.检测规程采用药典方法或法定标准时，是否对方法的适用性进行确认。

2.采用非药典分析方法时，是否经过验证，并证明其与药典方法具有等效性或优于药典方法。测试方法是否符合分析技术一般要求。

3.是否建立制定物料、中间产品、药用辅料成品的质量标准、根据质量标准制定相应的检验规程，检查检验原始记录和检验报告，具体包括以下内容。

（1）对检品的详细描述，包括物料名称、批/编号或其他专一性的代号以及取样时间。

（2）每一检验方法的索引号（或说明）。

（3）物料和产品检测原始数据，包括图、表以及仪器检测图谱。

（4）与检验相关的计算。

（5）检验结果及与标准比较的结论。

（6）检验人员的签字及测试日期。

4.是否建立试剂、试液、培养基和检定菌采购、制备规程。

5.购进的试剂、试液、培养基和检定菌是否标明名称、浓度、有效期；

6.试液、培养基制备的记录是否保存得当，记录内容是否包括产品名称、制备时间和所使用材料的数量等。

7.试液、培养基配制是否有标签，标签内容是否包括试液的名称、浓度、配制日期、有效期及配制人，并能与配制记录相对应。

8.玻璃仪器是否符合检验要求的精度，且有检定证书

9.滴定液是否按法定标准进行标定，标定记录归档是否完善。

10.配制的培养基是否进行适用性检查，并有相关记录。应当有培养基使用记录。

11.试剂、试液、培养基是否有接收记录，容器上是否标注接收日期

12.试液和已配制的培养基是否标注配制批号、配制日期和配制人员姓名，并有配制（包括灭菌）记录。不稳定的试剂、试液和培养基是否标注有效期及特殊贮存条件。标准液、滴定液是否标注最新标定日期和当前校正因子，并有标定记录且需归档。

13.是否有检验所需的各种检定菌，并建立检定菌保存、传代、使用、销毁的操作规程和相应记录。

14.检定菌是否有适当的标识，内容包括菌种名称、编号、代次、传代日期、

传代操作人。

15. 检定菌是否按照规定的条件贮存，贮存的方式和时间不应当对检定菌的生长特性有不利影响。

16. 是否建立标准品或对照品的管理规程，规定标准品或对照品制备、审批和储存等。

17. 标准品或对照品是否有台账，接收、使用、报废是否有记录。

18. 标准品或对照品是否有证书，且按照规定贮存和使用，运输条件是否评估。

19. 对照品的复验期是否有文件规定，是否按照文件规定定期进行复验，并有复验记录。

20. 标准品或对照品是否有适当的标识，内容至少包括：名称、批号、制备日期（如有）、有效期（如有）、首次开启日期、含量或效价、贮存条件。

21. 检查时如企业需自制工作标准品或对照品。企业是否建立工作标准品或对照品的质量标准以及制备、鉴别、检验、批准和贮存的操作规程。每批工作标准品或对照品是否依据法定标准品或对照品进行标化，并确定有效期。是否通过定期标化证明工作标准品或对照品的效价或含量在有效期内。标化过程和结果是否相应记录。

22. 质量控制实验室是否配备《中国药典》、药用辅料相关的必要工具书，以及标准品或对照品等相关的标准物质。

23. 是否建立原料、中间体、成品的质量标准、检验规程和取样规程。检验记录是否完整并保存得当。

24. 产品取样是否符合文件要求，并有取样记录。

25. 是否建立检验结果超标调查的操作规程。任何检验结果超标是否都按照操作规程进行完整的调查，并有相应的记录。

26. 当检验结果超标时，是否按照以下流程进行调查：除非查明原检验结果有误，否则不得对样品进行复检并只根据复检结果合格放行产品，而应采用所有检验数据的统计学结果，包括原检验结果和复检的数据，来确定该批产品能否放行。

27. 重新取样是否为必要，且经 QA 批准。

28. 超标调查是否充分，且采取了必要的手段，防止相同错误再次出现。

29. 是否建立产品留样管理规程。

30. 留样观察是否有记录，留样产品是否保存至产品有效期的后一年。

31. 每批产品是否有留样，产品留样量是否不少于全检量的二倍。

32. 留样室的温湿度是否与产品储存条件相符合，并有监控记录。

33. 是否建立产品稳定性考察的规程，并有记录。

34. 稳定性考察是否有计划，并定期进行测试。

35. 是否进行稳定性趋势分析，必要时应启动实验室调查并采取相应的措施

36. 稳定性考察计划是否包括以下内容。

（1）每年考察的批数，样品的数量以及考察的间隔时间。

（2）留样的储存条件。

（3）稳定性考察所采用的测试方法。

（4）稳定性考察样品所用包装材料及贮存时间应与销售产品相同。

37. 每批生产的产品均需检验，并提供检验报告。现场抽查产品检验报告。

38. 检验报告至少包含以下内容：生产商的名称和生产地址；生产日期；批次和批号；到期日，复检日或复验日；符合所要求的质量标准的声明；对应批次的分析结果、除非另有说明和解释；可接受标准；参考的分析方法；签署分析证书的人员姓名和职位。

39. 是否进行产品的杂质研究和有害微生物的鉴别，并确定限度。该限度是否基于适当的安全性数据或官方指南和药典中的限度（如溶剂残留和金属催化剂）。

每种产品是否制定有效期或复验期，并及时向客户传达。

三、药用辅料生产企业在具体实施中的案例

案例一 某辅料生产企业化验室工作总则

1. 内容

（1）负责对原辅料、成品标准进行研究学习，理解检验原理，掌握检验方法并及时对检验结果进行分析总结，发现问题。

（2）负责公司原辅料、成品、包装材料等 GMP 相关文件的起草、修订及更新。

（3）负责国外药典（USP、EP、BP 等）标准、国家标准及行业标准的收集整理，并对不同质量标准进行对比，对客户标准进行初审，掌握不同标准和客户标准的异同点。

（4）检验工作的基本原则是真实、准确、及时，在检验过程中必须做到：

1）每一个化验员必须熟练掌握自己所检验的样品质量标准与标准操作程序，弄清原理。努力学习检验基本知识。努力学习药品法规及药用辅料 GMP 知识。

2）每一个化验员在检验操作中，必须按照检验 SOP 操作。每个检验项目都必须认真去做，所有检验数据应该是真实的、能实事求是地反映产品质量，不得弄虚作假。严禁擅自改变检验 SOP，如需改变时，应严格履行审核批准手续。

3）每一个化验员都必须按时完成检验工作，及时出具检验报告，以免影响生产和销售。

2. 检验记录

（1）所有记录必须用黑或蓝黑墨水书写，字迹清楚、端正完整。记录必须及时，内容必须准确完整。检验记录应整洁。

（2）更改错误时，用水平双线划去需要修改的文字或数字，但必须保证经修改的文字或数字仍然可以辨认；在其旁边填写修改内容，然后签全名并注明日期，严禁擅自涂改。

（3）仔细做好记录并核对后签上检验者的姓名，然后交复核者复核并签名。

3. 检验报告单的书写与复核

检验报告单应写明品名、规格、批号、数量、生产日期、检验日期、报告日期、检验依据等，由质保部负责人审核、签字、建立检验台账，并盖上质检专用章，一份附在检验原始记录上，一份发给请验部门（仓库请验的给二份），一份给销售部门。

4. 每天应进行卫生清洁工作，保持化验室的洁净、整齐。做到地面、墙壁、天花板、门窗、操作台、试剂架、试剂瓶、试验仪器等无灰尘、无污渍。

5. 做好试验用仪器的清洁保养工作，使用后的仪器应及时清洁整理。

6. 做好一般试剂、毒性试剂、菌毒种的管理工作。作好滴定液、标准溶液、一般试液和指示剂（液）的管理工作。

7. 做强安全工作，管理好化验室的水电，杜绝违章操作。

8. 做好取样、留样、留样观察及留样观察的报告工作。

9. 做好洁净室（区）的监测工作，作好其他环境方面的监测工作。

10. 做好本部门的验证和其他部门的相关验证工作。

11. 化验员要及时将原辅料检验结果与来厂报告书进行核对，如果存在异常，及时与供应商联系，并报告相关领导。

案例二　某辅料生产企业质量监督检查管理制度

1. 内容

（1）质量保证部按照质量监督范围实施质量监督。

（2）质量保证部为公司质量监督部门，负责全公司原辅材料、包装材料、半成品（中间体）和成品的质量监督和检验，保证不合格原辅料及包装材料不投入使用，不合格中间体不流入下道工序，不合格成品不出公司，对生产进行全程监控，将差错消灭在生产过程中。

质量检验的依据为国家、部、省有关药品质量管理法规，国家标准及本公司制定本企业的各项质量监督检验管理制度和质量标准等。

（3）车间质量监督　车间生产过程的质量监控由质监员执行，负责监督车间使用的原辅材料、包装材料，从第一道工序（投料）至成品包装前各生产工序的过程监控和车间半成品（中间体）的控制，保证生产处于受控状态，使不合格半成品（中间体）不流入下一道工序。

车间质监员在行政上由质量保证部领导，工作直接对质量保证部负责。

2. 班组质量监督

各生产线班长及班组员工为班组级质量监督机构，负责本生产线生产过程的监控及需要进行自控项目的检测，保证生产有序正常进行。

各生产线班长及班组员工，在业务上受车间质监员和技术员指导。

各生产线班长及班组质监员质量监督的依据是：与岗位（工序）有关的质量监督管理制度、岗位操作规程。

3. 质监员工作职责

各级质量监督人员要牢固树立"质量第一"的思想，正确处理好产量和质量两者之间关系，当两者发生矛盾时，要首先服从质量的需要。

各级质量监督人员要熟悉国家、省有关质量工作的法规文件和本公司有关质量监督工作的规章制度，并保证这些法规制度在本公司实际生产中得到全面贯彻实施。

各级质量监督人员要各负其责，严格执行，对违反质监督规定的行为，要坚决予以抵制，共同把好产品质量关。

第十章

药用辅料销售和客户管理

第一节　药用辅料 GMP 法规总体要求

第八十二条　应保存辅料的销售记录。记录应包括辅料名称、批号、发送地点、收货人、发运量、发货日期等信息，以便必要时收回产品。

第八十三条　应有辅料退货的保管、处理、检验和再加工的书面规程并遵照执行。对退回辅料应作好退货标识并将其置于待处理状态。如产品暂存、贮存、发运及退货过程中的各种条件影响了产品的安全性、质量或纯度，应将产品作报废处理。应作好退货记录并予保存，记录内容应包括产品名称、批号、退货原因、退货数量、处理结果和处置日期等信息。

【要点分析】

为满足上述第八十二条和第八十三条的技术要求，辅料生产企业应建立辅料生产、销售管理程序，建立完善、唯一的号码系统，并标识在包装单元上。辅料企业可通过唯一的物料代码上维护辅料名称、批号等信息；同时，销售订单也通过唯一的物料代码下订单，订单信息上应该维护销售订单的具体信息，比如销售量、发送地点、收货人、发运量、发货日期等信息。

当发生客户退货时，企业可以通过包装单元上的唯一编码标识进行追溯，包括产品名称、批号、退货原因、退货数量、处理结果和处置日期等信息。同时，该辅料标签上的信息能够准确无误地与生产、销售、检验等文件相关联，即通过唯一的编码系统能够实现完整的可追溯性。

待检验物料、合格物料、不合格物料、退货或召回物料要分区存放，如警戒线、保持适当的物理距离等。同时，针对不同的物料情况，要明确清晰标识，保证产品物料不会被混用。关于不同物料的处理，辅料生产企业要有明确的标准和书面规程进行不同物料的管理及后续处理，如退货的标准、销毁的标准、返工或重新加工进行再利用的标准等。

药用辅料销售要点及分析如表 10-1 所示。

表 10-1 药用辅料销售要点及其分析

类别	具体分析
辅料的销售记录和退货规程的实施主体判断	根据《药用辅料生产质量管理规范》（国食药监安〔2006〕120 号）"第二条 本规范旨在确定药用辅料（以下简称辅料）生产企业实施质量管理的基本范围和要点，以确保辅料具备应有的质量和安全性，并符合使用要求。"，可推导出实施主体为药用辅料生产企业
辅料的销售记录内容	辅料名称、批号、发送地点、收货人、发运量、发货日期等信息。此项要求通过"应包括"可以看出，销售记录内容为强制性要求，记录的内容只能比所列项多，但不能减少"等"前的内容
辅料的销售记录的目的	为方便必要时收回产品
退货规程实施的内容	辅料退货的保管、处理、检验和再加工规程。此项要求通过"应有"可以看出，此项内容为强制性要求
退货规程实施内容的方式	书面。不可接受口头解释
退货规程的落实	遵照执行。如何证明辅料生产企业按照规程执行，是值得思考和探讨的问题，比如及时记录和整理文件等
退回辅料的处理	应作好退货标识并将其置于待处理状态。标识的内容要明确是已退回的辅料。如果各种条件影响了产品的安全性、质量或纯度（产品暂存、贮存、发运及退货过程中），应将产品作报废处理
退货记录	强制性要求，应作好退货记录并予保存
退货记录内容	应包括产品名称、批号、退货原因、退货数量、处理结果和处置日期等信息。强制性要求，记录的内容只能比所列项多，但不能减少"等"前的内容

销售的核心是提供合格且满足客户要求的产品给客户。而产品质量是核心中的核心，在销售环节上确保销售合格的产品给客户有以下两个要点。

（1）确保发货产品为出厂测试合格产品，出厂标准满足法规及客户要求。销售合格的产品要求辅料生产企业要建立一个良好的产品放行程序、销售出库程序，确保销售出库产品均为合格产品。另外还要求辅料生产企业及时识别客户的所有要求，将客户要求及时列入质量标准或相关程序中及质量协议中，确定生产的产品能满足客户要求。

（2）运输过程可控，不会对产品质量造成影响。如运输过程无破损、无污染，特殊储存条件要求的运输过程需符合产品储存要求等。达到这个目的就要求对运输商及运输过程进行控制，如寻找合格的运输商，能提供有效避免产品运输过程受影响的车辆，对运输商的运输能力等进行综合评估，选择能保质保量按时完成运输任务的运输商合作，且双方要签订运输质量协调，明确运输过程的质量要求并遵照执行。销售人员也应跟进运输过程，确保客户按时收到所需的合格产品。

以上两点任何一点出问题，均可能造成客户收到不合格产品。

另一方面，药用辅料生产企业与使用企业（制药企业）是合作共赢的利益共同体，有着复杂而密切的联系。而辅料与药物制剂的适用性，辅料生产企业、制药企业质量管理水平的差异、沟通方式等，均会导致质量、运输、销售服务或技术应用方面的投诉，不合格、不适用，或发错货等原因产生的退货、召回等。为了更快更好的完成投诉、退货／召回调查，找到问题的根源以解决问题，就需要这些过程能够被记录以方便追溯、回顾分析及持续改进。这个过程有以下几个要点。

（1）发货时做好发运记录／销售记录，方便发生问题时能及时快速地追溯、调查，召回产品。销售记录的内容是重点，要具有可追溯性。

（2）建立一个合法且适合公司操作流程的退货处理程序，以及时有效指导退货接收、储存、检测、评估及处理的正确进行。退货处理的关键在于退货产品接收时的检查及质量评估，以防止不合格或受污染辅料的二次销售。退货处理程序里应细化退货的评估内容及评估合格及不合格的可接受标准，以及质量部门人员及（或）负责人的参与及审核批准的职责。退货记录应根据退货程序详细设计并记录，以真实反映退货的接收、检查、调查评估及处理操作过程及结果，保证过程的可追溯性。

（3）建立一个适合公司操作流程的投诉处理程序，以为客户提供良好的投诉及沟通途径，及时有效指导客户投诉的接收、调查、投诉产品等的处理以及客户回复，确保投诉的有效解决及客户满意度。建立合适的程序是关键。

（4）建议建立一个召回程序，明确召回条件、程序及相关记录，方便在发生质量事故后能主动从客户处召回缺陷产品。

第二节　国内外行业协会颁布的指南审核要点

行业协会名称	对机构与其职责的要求
江苏省医药 包装药用 辅料协会 （SPPEA）	第一百一十二条　应保存辅料的销售记录。记录应包括辅料名称、批号、发送地点、收货人、发运量、发货日期等信息，以便必要时收回产品 第一百一十三条　应有辅料退货的保管、处理、检验和再加工的书面规程并遵照执行。对退回辅料应作好退货标识并将其置于待处理状态。如产品暂存、贮存、发运及退货过程中的各种条件影响了产品的安全性、质量或纯度，应将产品作报废处理。应作好退货记录并予保存，记录内容应包括产品名称、批号、退货原因、退货数量、处理结果和处置日期等信息 第一百一十四条　辅料生产商在与客户签订供货合同前应开展合同评审活动，应确定客户对辅料质量、标签和交付的要求。对于额外要求，并对企业的生产能力和物料进行确认，避免因生产过程中出现解决不了的问题而影响产品质量和交货时间。评审内容可包括技术保证能力、质量保证能力、材料保证能力、生产保证能力、资金保证能力和财务结算、价格及其他如交货方式、付款条件、运输方式、违约责任及经济赔偿等。如有必要，可与客户签订质量协议。无论是客户具体提出的，或由法律或监管机构提出的（例如，药典资料以及一般专论），应该得到双方同意。非由客户提出而对特定或预定用途是有必要的要求，在已知的情况下，应该纳入考虑范围。在开始供应以前，辅料生产商和客户应该对上述要求中标示的要求达成一致书面意见。生产商应具备持续满足经双方同意的规格标准的设施和工艺能力。若上述要求中确定的要求发生变更，在开始供应前应该再次进行评审 第一百一十五条　应规定向客户提供准确而恰当的沟通。文件的原本，比如规格和技术报告应该列为受控文件。在回复客户询问、合同以及订单处理要求方面应该制定相应规定。客户的反馈和投诉应该以书面形式进行记录。应将重大变更情况通知客户 第一百一十六条　企业应当建立操作规程，规定投诉程序，所有投诉都应当登记。与产品质量缺陷有关的投诉应当进行调查和处理。应确保

行业协会名称	对机构与其职责的要求
江苏省医药包装药用辅料协会（SPPEA）	客户与良好生产质量管理相关的及其他合理要求得到满足，应向客户说明质量管理系统的有效性，且该系统可被审计、第三方认证等方式。应向客户提供准确、恰当的信息，包括受控文件。对客户在合同、订单执行等方面的询问提供及时准确的应答。产品交付给客户后发现的问题应及时与客户沟通。对客户投诉及反馈进行文件记录和应答
中国药用辅料发展联盟（CPEC）	应有适当的控制手段确保不会给顾客发未经批准的产品 应保存所有产品的运输记录
国际药用辅料协会（IPEC）	辅料生产商应建立测量活动对客户满意度进行评估。此类测量活动可包括客户投诉、辅料退货以及客户反馈。这类信息可以推动组织努力进行持续改善客户满意度的活动 仅应供应在有效期和（或）复测期内的辅料。识别和追溯作为质量的关键方面，是对辅料生产商的要求。辅料的配送记录应该保存。这些记录应以辅料批次为单位显示辅料运往何处运给何人、运输的数量和日期，以便在需要的时候方便召回。在辅料经过一系列不同分销商经手时，应可追踪至原始生产商而不只是上一级的供应商。生产商应保持产品经最终检查和检验后的完整性和产品质量。当合同有明确规定时，这种保护应延伸至运输到最终目的地 辅料生产商应建立并保持一套程序，对由客户提供的预定用于客户的辅料产品的物品进行确认、储存和保存。生产商的确认不能免除客户提供合格物料的责任。物料的遗失、损害，或其他不适合使用的情况应该进行记录并向客户汇报。在这种情况下，应有相应的程序对物料的适当处理和替换进行规定。生产商也应制定相关规定以保护客户提供的实物以及知识产权 客户沟通 应对以下流程做出规定：向客户提供准确和相关的信息，包括提供受控文件；回复客户询价、合同以及订单处理要求；与客户沟通辅料的来源和可追溯性；在辅料配送后发现问题向客户通知；恰当记录和回复客户投诉和反馈；重大变更情况通知客户 与产品相关要求的确定：辅料生产商应该确定客户对辅料质量、标签和交付的要求。其他要求，无论是客户具体提出的，还是法律或法规要求，应该纳入考虑范围 要求可以包括：药典的一般要求；传染性海绵状脑病/牛海绵状脑病；溶剂残留；元素杂质；天然物料带来的杂质，如霉菌和杀虫剂残留等；非客户提出而对特定或预定用途是必要的要求，在已知的情况下，应该纳入考虑范围

【指南审核要点】

1. 如何识别并确定客户要求？是否有客户要求识别、评审及确定的程序。客户要求得到正确落实的输出有什么？如何与相关人员传达顾客需求，确保正确接收、理解客户需求，并在执行中落实。检查确认是否有客户要求识别、评审的记录，满足客户要求的质量标准、质量协议。

2. 检查产品销售出库程序，确认是否合格且在效期内的产品才能销售出库？销售出库过程如何保证混淆、差错事件发生，有效防止产品混淆、发错货的情况？

3. 检查产品出库销售记录、发货台账，确认信息与销售/发货指令是否一致，内容是否满足GMP的基本要求，信息是否方便查询，记录、信息是否具有可追溯性，追溯所有发货批次的收货人、数量等。

4. 检查确认是否有运输商的选择、评估程序，程序是否合理，是否能保证选择出合格的运输商。检查合格运输商清单，查阅相关记录并确认实际运输商是否为批准的运输商。检查运输商档案，确认是否按规定程序对运输商进行了审核评估及批准。

5. 特殊运输条件要求的辅料，如冷链运输，查运输车辆、驾驶员的资料，查运输车输的确认资料，确定运输车辆满足运输条件的要求。检查实际运输记录，确认是否为审核备案的运输车辆运输产品，运输过程及运输条件是否得到很好的监控，数据是否得以保存。

6. 运输液体辅料的，如为非专用容器，如槽罐车，应检查确认是否有槽罐车的清洁程序，根据发货记录抽查清洁记录，确认是否按程序实施了有效清洁，防止交叉污染。必要时检查清洁确认文件或清洁检测证明文件。如装货前可不实施清洁，检查是否有明确的程序规定不清洁的情况，以及允许前次装载的物料的清单、限制装载的货物清单。

7. 检查确认是否有投诉处理程序，程序是否合理，是否能有效指导投诉处理。查近几年，如2年或1年的投诉处理案例（台账及记录），或某一产品的所有投诉历史，确认投诉处理程序是否得到有效的执行，客户投诉是否得到有效满意解决，是否有重复性投诉。

8. 检查确认是否有退货处理程序，程序是否合理，是否能有效指导退货接收、检查、调查及质量评估、处理等。查近几年，如2年或1年的退货处理案例（台账及记录），或某一产品的所有退货历史，确认退货处理程序是否得到有效的执行，退货产品质量评估是否合理，支持数据是否充分，是否有将有质量风险的产品重新销售？造成退货的根源是否已找到并采用措施，得到有效实施，是否有相同原因的重复性退货发生。查记录，确认质量部门人员在退货处理中的职责。

9. 检查确认辅料生产过程是否用到了客户提供的物料、物品，如有，检查确认是否具有顾客财产管理的程序，包括接收、检测 / 确认、保存、维护、使用、损害处理、向客户的报告等。以确保客户财产得到正确保管、使用。检查相关记录，确认是否按程序执行。

10. 检查确认是否建立了产品召回程序（非必需），明确召回条件、召回流程、相关部门职责，确认程序是否能有效实施召回。如有召回实例，检查召回实例，确认是否有效执行。如无检查实例，检查确认是否实施了模拟召回，检查最近一次模拟召回资料，确认召回的有效性。

检查确认是否建立了客户满意度评估程序（非必要），评估的内容是否包括投诉、退货等内容，评估标准设置是否合理？是否保持客户满意度调查评估记录。客户满意度的分析是否有利于产品、质量体系的持续改进。

第三节　药用辅料生产企业在具体实施中的案例

案例一　某辅料生产企业的产品销售发运程序

1. 销售订单接收

当收到销售部门的销售订单后，仓管员应检查如下内容。

（1）发运地址、收货人、产品描述、发运数量和销售订单号码；客户订制产品还需核对质量标准号。

（2）查看库存，看是否有足够的放行成品。如果销售订单上信息有错误或没有足够的放行成品，仓管员应立即将此信息反馈给销售部门。

2.《成品出库单》填写

仓管员根据销售订单检查满足发货条件后，填写《成品出库单》：订单号码、收货单位、收货地址、联系方式、发货日期、运输方式、产品代码、批号、品名及规格、需求数量、实发数量和单位。并按先进先出和近效期先出的原则确定所要发出的成品的批号。将销售订单附在《成品出库单》后面送交仓储经理审核、批准。

3. 通知运输商、备货和单据准备

（1）当仓储经理批准出货后，仓管员应将出货时间通知已评估批准的运输商，根据产品的运输条件要求运输商提供相应的运输车辆。

（2）发货当天或提前1天备货。按照《成品出库单》的内容核对品名、成品代码、规格、数量、批号、日期等。

（3）如一次性发多个名称、批号的成品，相同品名、批号的应集中存放，不同品名、批号之间应有明显隔离距离。

（4）仓管员根据《成品出库单》准备成品COA，成品COA应盖有质检部红色的检验章，每个客户每批产品应准备一份成品COA，或根据客户要求准备。

4. 发货交接

（1）货车到达时，仓管员应仔细检查以确保货车厢是干净而且可以密封，并能具有满足所发成品的其他运输条件。

（2）发运前，仓管员应和销售内勤、承运人对照《成品出库单》共同检查要出货成品的品名、成品代码、规格、数量、批号日期等，如是客户订制产品，还需核对《成品出库单》上质量标准与发货产品的质量标准号是否相同，防止发错货。如果是正确的，仓管员将在《成品出库单》实发数量栏填写实发数量，仓管员应和销售内勤在《成品出库单》上签署姓名和日期。

（3）根据客户对运输包装的要求进行相应的包装，如客户无特殊要求则按公司常规的运输包装进行处理。

（4）将成品移到出货区，承运人负责成品装车。装车时，应轻拿轻放，严禁踩踏。装车时仓管员对装车过程进行监控，并对装车过程及装车后产品拍照，确保装车过程产品的完好性。

（5）装完货后，运输商在《成品出库单》上签名确认。

（6）仓管员应将成品COA及《成品出库单》商务联各一份交给承运人，并随货同行一起交给客户。

5. 产品发运

（1）产品发运时，仓管员根据《成品出库单》填写《产品发运记录》，填写内容：产品代码、产品名称、规格、批号、发运数量、收货单位和地址、联系方式、发货日期和合同号、运输商、运输方式等（表1）。

（2）仓管员根据《成品出库单》及时更新《成品台账》和《成品货位卡》。

表1　产品销售发运记录

产品名称			产品代码			包装规格				
发运日期	批号	发运数量	收货单位	收货地址	联系人/联系方式	订单号/发货指令号	运输商	运输方式	发货人	

案例二　某辅料企业的客户需求评审及特殊质量要求管理制度

1. 客户特殊要求定义

是指客户对产品质量的要求，除符合相关法定标准外，增加的项目检测要求，或某些指标高于法定标准的要求或不同于公司常规生产的要求。

2. 客户需求评审

（1）销售人员在接收到客户关于产品质量要求的信息需求时，需索取客户正式的质量需求文件。并核对确认现有规格产品是否满足客户要求。如满足，可与客户签订供货合同。如客户提出不同于公司常规放行标准的要求，销售人员应填写《特殊订单风险评估表》，将客户对产品的特殊要求在"特殊订单风险评估表"中详细描述。然后由销售负责人对客户特殊要求进行评估（表2）。

（2）如销售负责人评估结论为"同意"，则将此表交QA负责人和生产负责人从质量可控性及生产可行性方面进行评估，如评估结论为"同意"，则评估人应明确为了满足客户特殊要求而应制作的文件、记录，应准备的物品，完成时间计划等，交销售内勤。

（3）如销售、质量、生产经风险评估，其中有一个部门评估结论为"不同意"的，则将《特殊订单风险评估表》交总经理，由总经理从公司的角度对该部门不同意的意见进行评定，最后由总经理决定是否"同意"。

3. 客户特殊要求产品的生产

（1）相关部门人员按计划起草/修订相关文件及记录，并按文件/记录管理流程审核、批准文件。批准后文件由QA发放给相关部门，监督相关人员完成文件/记录的培训，确保理解客户需求。销售内勤跟进准备工作的完成情况。

（2）根据准备工作进度，销售人员提前填写《特殊规格产品通知单》，将客户的特殊要求及供货日期、数量等信息填写清楚。生产在接到该通知单后应根据生产情况安排生产，并在生产前将该特殊要求告知生产操作人员，生产操作人员应严格按规定要求执行操作（表3）。

表2 特殊订单风险评估表

NO.：

客户名称		产品名称	
特殊要求详细描述	要求：请描述市场预期（销量）及价格浮动变化 销售人员/日期：		
销售评估意见	意见： 结论：□通过　□否定		销售负责人/日期：
质检部评估意见	意见： 要求：请评估质检周期波动及历史质量水平 结论：□通过　□否定　　　　　签名/日期：		
质量副总评估意见	意见： 结论：□通过　□否定　　　　　签名/日期：		
生产部门评估意见	意见： 要求：请估算成本上升浮动、产能浮动、投入设备及改造周期等变化因素 结论：□通过　□否定　　　　　签名/日期：		
生产副总评估意见	意见： 结论：□通过　□否定　　　　　签名/日期：		
总经理批示	意见： 结论：□通过　□否定　　　　　签名/日期：		

备注：1）未纳入特殊要求汇总的特殊产品要求，必须评审。

2）超出药典标准范围、非常规包装要求，必须评审。

3）特殊数量及交货期，必须评审。

4）所有评审信息，最终必须于电子版形式反馈至各评审部门。

表3 特殊规格产品通知单

特殊规格名录编号：　　　　　　　　　　　　订单序列号：

产品名称		数量	
包装规格			
包装形式	□全纸桶　□塑料桶　□纸箱　□塑编袋　□纸板桶		
质量标准	□常规（质量标准号：　　　　　　　　　　　　　） □特殊要求：		
标签	□常规标签　□中性标签　□特殊要求		
销售形式	□内贸　□外销		
发货日期			
发货单位			
备注			

签发人／日期：

案例三　某辅料企业产品质量投诉处理程序

1. 客户投诉的分类

（1）与质量有关　质量不符合规定标准。

（2）与质量无关　质量有关投诉外的其他投诉，如运输、服务等。

2. 质量投诉处理程序

（1）投诉接收　任何人员接收到的，各种形式的所有客户投诉都应将完整信息24小时内转交给质量部门的指定人员。

（2）登记　投诉管理员接到投诉，进行书面记录，按产品登记并记录投诉台账。投诉处理相关人员应从客户方尽量多地获取有关投诉的信息，如相关的数据、样品、照片等，以便详细描述该投诉，便于对其进行调查。并登记《客户投诉处理记录》。登记内容包括：收到投诉的日期、投诉方式并附件、投诉人姓名、投诉方单位或地址、电话以及其他联系方式、投诉内容（包括产品的名称和批号），并附有关信息（原料药投诉需附由客户发出的原始投诉信息），必要时记录递交投诉者的姓名。

（3）分类处理

1）如属非质量投诉，投诉趋势分析表明只是单独的孤立现象，不是整批或系统的问题，客户提供的信息也足以解决该投诉，可以根据情况迅速做出决定，不必再作进一步调查。

2）如属于与质量相关的投诉，以及呈现出一定趋势的其他投诉，都应当作为重要的产品投诉进行正式调查。

（4）投诉的调查包括（但不限于以下方面）

1）内部调查：质量部门应该审查该产品的批生产记录和批检验记录，如有必要复查留样。

2）样品或者复测客户反馈的样品；如果调查过程中发现投诉的问题有可能影响到其他批号，也应该扩大调查范围；审核以前的投诉记录，看是否有类似情况发生。

3）及时电话联系或前往访问用户，听取意见。

4）质量部会同有关部门（生产、QC等）现场调研，对调查过程进行记录。

客户投诉的问题对产品质量的影响，包括对其他可能相关的产品或批号的影响。

（5）调查时间要求　调查应该在2个工作日之内开始，检测应在请检后的7个工作日内完成，出现检验结果异常的情况时按文件《检验中出现不合格数据的处理规定》执行，20个工作日之内结束。若调查工作非常复杂，有特殊情况时，可向质量负责人申请并批准延长一个周期，质量保证部会同其他相关部门，根据投诉样品的复查结果，做出判断，并提出处理意见。只有完成以下项目之后，调查才认为可以结束。

（6）若调查结果判定情况严重或可能威胁生命，则应当24小时内通知所有相关代理商、相关客户及地方、国家或国际当局，立即启动召回程序。

1）如果客户投诉确认该产品不符合质量标准，必要时应启动偏差调查程序和整改措施，以确定原因并且有效的纠正和预防。对该产品按本厂不合格品管理制度进行处理。由质量负责人会同有关部门对该批库存产品停止发放并隔离存放，对已售该批产品从市场上召回。

2）调查结果属客户原因的投诉，把调查结果反馈给客户。

3）调查结果属质量原因的投诉，设立整改和预防措施，防止类似的投诉再次发生。

4）对投诉产品的处理意见，可以采取换货、退货、继续使用、其他等形式。

5）客户的回复：不管调查是否完成，对所有的客户投诉都必须在收到投诉2个工作日内作一次电话回复。在投诉调查结束后，应该以书面、电话、邮件等形式回复客户调查结果、投诉产品的处理意见和相关的整改预防措施，并在投诉记录表上登记回复时间，回复内容和客户对回复的反馈（表4）。

（7）客户是否认同本公司的调查结果和处理意见。如认同即关闭投诉，如不能认同则进一步沟通或请第三方仲裁。若客户20个工作日内对我司回复内容不给予反馈（给客户回复时需说明），则认为客户接受我司调查结果，关闭投诉。

表4　客户投诉处理记录

编号：

产品名称		批号	
投诉方	单位：		
联系方式	电话：	联系人：	
投诉情况记录 （可附页）	记录人／日期：		
分类处理	□与质量有关　□与质量无关		
投诉调查记录	开始日期：　　　　　　　　　　结束日期： 主要调查内容及结果（可附调查报告）： 记录人／日期：		
调查结果处理 （可附页）	投诉原因： 整改措施报告编号： 投诉产品的处理意见： 客户是否认同： QA／日期：		
回复记录 （可附页）	QA／日期：		
投诉关闭	审批意见： QA负责人／日期：		

案例四　某辅料企业产品退货处理程序

1. 退货分类

退货按退货原因可分为质量原因退货及流通原因退货。常见退货为：

（1）客户检验发现内在质量不符合质量标准的退货；

（2）客户验收发现包装／标签信息错误或密封不严等的退货；

（3）运输过程产品破包或受污染产生的退货。

2. 退货确认

（1）所有退货均要求客户退货证明，包括但不限于：质量检验不合格报告，或验收不合格记录、照片、情况说明等。

（2）退货应首先经过销售部的确认同意，质量原因的退货还应通知质量部，经质量部调查确认同意。同意退货后应在相应的退货证明资料上签名确认。

（3）同意退货的产品，由销售部或质量部将退货证明复印件反馈给仓管员，由仓管员凭证明接收。

3. 退货的接收及检查评估

（1）退货到达仓库时，仓管员凭退货证明及《产品发运记录》进行验收，同时通知 QA 进行验收。验收应核对退货产品的相关信息是否与发货信息一致，退货数量是否与退货资料中数量一致，包装情况如何。如涉及包装破损、密封不严、污染、包装错误原因的，还应进一步做如下检查。

1）确认外包装开启、密封、破损、污染情况。

2）对于原包装已被开启、外包装破损、密封不严的，需打开外包装，检查内包装的开启、破损、密封及污染情况。必要确认是否需要取样检测。

3）包装信息错误的，应每件核对印字信息，明确每件的错误之处。

（2）验收完毕，验收人在《退货处理记录》上签名确认。仓管员接收退货，并将退货存放于产品退货区。不同产品或同一产品不同批号、同一产品同一批号但退货渠道、时间等不相同的产品需分别存放。建立库位卡并登记《退货台账》。

（3）若产品接收时未收到退货证明，仓管员应及时通知销售部，由销售部与客户沟通退货情况，退回产品暂时隔离存放，挂待处理标识，收到退货证明后再按以上程序验收。

（4）根据检查情况，QA 进行如下判定及评估。

1）经确认为内在质量原因的退货，且无法返工处理的，应判定为不合格品，做销毁处理。

2）内包装破损或密封不严的，应判定为不合格品，做销毁处理。

3）外包装破损、密封不严、污染，但内包装完好、无污染的，可做返工处理。

4）包装信息错误，经返工处理可合格的，可做返工处理。

5）非质量原因的退货：可做重新销售处理。

6）对于可返工处理及重新销售处理的产品，QA 对产品的流通情况进行调查，确认流通过程是否对产品质量造成不良影响，必要时可取样检测。如无影响的且产品剩余效期大于 6 个月的，可做重新销售处理。

（8）检查及评估记录在《退货处理记录》中，并经质量负责人审核确认（表 5）。

4. 退货处理计划制定及实施结果跟进

（1）根据评估结果，确定处理计划，必要时组织人员讨论确定，明确具体处理步骤、负责人及完成时间。并分发给相关执行部门。如退货涉及其他批次产品时，处理记录应一并考虑。

（2）QA 应跟进处理计划的完成情况。经批准做返工处理的退货产品，按《返工与重新加工》处理；经批准可重新销售的产品，凭《退货处理记录》及 QC 检验合格报告书按《产品放行》放行销售。

（3）所有实施完成后由质量负责人审核批准，并关闭。

表 5　退货处理记录

A：退货接收及检查评估

产品名称		规格		包装规格	
批号		数量		件号	
退货单位				发货日期	
退货地址				退货日期	
生产日期				有效期至	
退货原因					
1.查发货记录及退货凭证,核对退货产品的名称、型号、批号、件号、生产日期、有效期至、退货单位及地址等是否一致？退货数量是否正确？				□是　□否	
2. 包装及外观检查情况： □外包装开启、密封、破损、污染情况： □内包装的开启、破损、密封及污染情况： □包装信息核对情况：					
3. 是否需要取样检验？				□是　□否	
仓管员 / 日期			QA/ 日期		

□内在质量不合格，做不合格品销毁处理 □内包装破损／密封不严，做不合格品销毁处理 □内包装完好、无污染，返工处理 □包装信息错误，可返工处理 □非质量原因退货：可重新销售或返工后重新销售	产品质量调查评估情况（可附附件）：

QA／日期：

质量负责人核意见：

签名／日期：

B. 处理计划及完成情况

序号	处理措施	负责人	计划完成时间

评估人／日期：	质量负责人／日期：

措施完成情况确认：

确认人／日期：

质量负责人审核意见：

签名／日期：

第十一章

缓控释制剂常用辅料的生产质量管理

《中国药典》（2020 年版）四部规定，缓释制剂，系指在规定的释放介质中，按要求缓慢地非恒速释放药物，与相应的普通制剂比较，给药频率减少一半或有所减少，且能显著增加患者用药依从性的制剂。控释制剂，系指在规定的释放介质中，按要求缓慢地恒速释放药物，与相应的普通制剂比较，给药频率减少一半或有所减少，血药浓度比缓释制剂更加平稳，且能显著增加患者用药依从性的制剂。缓控释制剂一般适用于半衰期较短、需频繁给药，需要平稳血药浓度、避免峰谷，以及减少服药总剂量的药物。缓控释制剂主要有骨架型和贮库型两种，这两种形式需使用载体材料或高分子聚合膜等药用辅料来实现，而这些药用辅料的质量影响着缓控释制剂的有效性。因此，缓控释制剂常用辅料的质量及其批间稳定性、一致性等，尤为重要。而为更好地保证缓控释制剂常用辅料的质量，应关注其生产质量管理。

第一节 生产工艺设计特点

伴随着国内仿制药一致性评价的开展及原辅料包材备案制的实施，药用辅料，特别是影响药物关键质量的功能性辅料也越来越受到重视。

2019 年 8 月，国家药典委员会发布了《关于〈9601 药用辅料功能性相关指标指导原则〉修订草案的公示》，其中对辅料功能性相关指标（FRC）进行了概述，依据辅料对药物的关键质量属性（CQA：如涉及药物的稳定性、含量均匀度、生物利用度等制剂关键质量指标）影响严重程度进行了风险划分，其中明确写明："有些辅料能对药效产生显著影响，如具有缓控释功能的辅料可显著影响药物的体内释放行为，此类影响药物体内行为的辅料按功能性，归属于高风险辅料。"辅料功能性相关指标（FRC）现阶段仍存在着现有药典控制指标较少或研究不充分的情况，此类指标在缓控释制剂中比较明显，代表性示例如下所述。

羟丙甲纤维素（HPMC）是缓控释中常用的凝胶骨架材料，如二甲双胍缓释片原研产品使用了型号为 2208 及 2910 两种型号，此两型号以取代型甲氧基（—OCH$_3$）与羟丙氧基（—OCH$_2$CHOHCH$_3$）的含量不同进行划分，取代基的不同影响制剂的水化速度，分子量的不同影响产品的释放速度，朱芳芳、朱玉平等人就二甲双胍缓释片的释放机制进行研究，表明：骨架片的溶胀对药物的释放起主导作用，缓释骨架片中药物的释放除了与药物自身性质、HPMC 在骨架中的含量及制备工艺条件有关外，还与 HPMC 在释放环境中的凝胶形成过程、凝胶形态密切相关。另外朱玉苹、黄紫玉等人就相同型号的国产和进口羟丙甲纤维素的研究表明：在吸水膨胀、溶蚀及对药物扩散的阻滞等性质上不同厂家羟丙甲纤维素并不完全一致。《中国药典》（2020 年版）暂只规定黏度测量范围（标示黏度 ≥ 600mPa·s 的，黏度应为标示黏度的 75%~140%）且该黏度控制范围宽泛，难以完成该辅料对于制剂的溶出等体内外批间差异的精确控制，这也提示辅料生产企业要在药典标准的基础上进行更精确的辅料批内批间差异控制，在辅料功能性相关指标（FRC）方面制定更严苛的内控标准。

海藻酸钠为常用的亲水骨架材料，TonnesenHH 及聂淑芳等人研究表明：以茶碱缓释片为例进行的释放度考察，不同黏度的海藻酸钠对释药速率的控制能力也不同，这种释药差异的产生是由这两种辅料本身因黏度差异导致在溶出介质中膨胀性、吸水性和溶蚀性的不同所导致的。然而《中国药典》（2020 年版）四部中对海藻酸钠的黏度等级划分及检测控制均未进行规定，如何依据黏度进行型号划分，如何控制不同型号黏度范围，这些均是辅料厂家与制剂厂家需进行研究控制的。

丙交酯乙交酯共聚物（PLGA）是目前应用最为成熟的缓控释注射剂功能性辅料，采用该辅料作为缓释关键材料的产品，已有注射用醋酸亮丙瑞林微球（商品名 Lupron®）、注射用醋酸奥曲肽微球（商品名 Sandostatin®）等多个成熟产品上市。《中国药典》（2020 年版）四部收载的质量标准仅限于分子量分布和丙交酯乙交酯的摩尔比（L∶G），Arash Jahandideh 及 ChangMing,Dong 等人的研究表明 PLGA 作为缓释材料，除了上述 2 项指标外，还有多个影响缓控释药物释放机制的关键质量属性，如支链化 PLGA 的形状不仅包括星形，还有环形、树形、梳形、多臂形等，相对分子质量相同但结构不同的 PLGA 在化学、机械、扩散等性质上有较大的差异，最终可能影响所制缓控释制剂在亲水性、降解速度、药物释放速率等方面的性能。另 PLGA 的末端官能团有 2 种，即酸封尾或酯封尾，酸封尾的 PLGA 因能催化酯键的水解而具有比酯封尾的 PLGA 快得多的降解速度。这些表明 PLGA 的制备工艺路线、质量表征等多个维度均对产品的释放及稳定性有较大影响。

以上示例均为现阶段已有较多文献研究的缓控释常用药用辅料质控现状，对于其他缓控释制剂所用功能性辅料（包括但不限于影响药物释放、体内吸收差异、稳定性等）均存在需要对辅料功能性相关指标（FRC）进行进一步研究控制的需求。

2019 年 7 月，《国家药监局关于进一步完善药品关联审评审批和监管工作有关事宜的公告》（2019 年第 56 号）中明确规定：药品制剂注册申请人或药品上市许可持有人对药品质量承担主体责任，根据药品注册管理和上市后生产管理的有关要求，对原辅包供应商质量管理体系进行审计，保证符合药用要求。首次明确了药品上市许可持有人（MAH）的主体责任，该关联审评制度参考了现行欧盟及美国的相关管理规定，该规定进一步促进了制剂研发生产与辅料研发生产的关系紧密性、也为药用辅料质量提升，尤其是严重影响制剂质量的关键功能性辅料的质量提升提供了路径。

因此，缓控释制剂所用辅料质量的提升，除应满足现有药典标准外，还应对影响质量的关键指标进行生产控制，以提升、稳定辅料生产水平及质量。

二、生产工艺设计要点及审核要素

缓控释功能性辅料在制剂研究中起到举足轻重的作用，应参照原料药的相关要求进行严格控制。同时，生产工艺的重现性、稳定性也对其质量至关重要，因此本节从上述两个方面进行介绍，首先从起始物料、中间体及成品三个方面对缓控释功能性辅料生产工艺设计的要点及审核要素进行概述。

（一）起始物料管理审核要素

参照 FDA、EDQM、ICH Q11 及 2005 年 CDE 颁布的《化学药物原料制备和结构确认研究指导原则》对起始物料的相关要求，缓控释功能性辅料的起始物料管理审核要素也应包括以下几个方面。

（1）应是缓控释功能性辅料的重要结构组成片段，反应试剂与溶剂不属于起始物料。

（2）缓控释功能性辅料生产厂应对起始物料的杂质（包括残留溶剂与重金属等毒性杂质）有全面而准确的了解，在此基础上采用适当的分析方法进行控制，并根据各杂质对后续反应及终产品质量的影响制定合理的限度要求。

（3）起始物料应有稳定的、能满足辅料大规模生产的商业化来源。

（4）起始物料供应商应有完善的生产与质量控制体系，并与原料药生产厂家有良好的沟通与协作关系，保证能够始终按照统一的要求生产符合要求的起始物料。

（5）起始物料应当具有明确的化学特性及结构，不能被分离的中间体通常不被当作合适的起始物料。

（6）起始物料的结构不能过于复杂，采用通用技术应能区分拟用作起始物料的化学物质与其潜在的异构体和类似物。

（二）中间体管理审核要素

在功能性辅料生产过程中，关键步骤及中间体控制至关重要，根据 CTD 生产信息资料中的 3.2.S.2.3 物料控制，3.2.S.2.4 关键步骤和中间体控制的相关要求，中间体管理审核要素如下。

（1）是否列出所有关键步骤（包括终产品的精制、纯化工艺步骤）及其工艺参数控制范围。

（2）是否提供详细的研究资料（包括研究方法、研究结果和研究结论），以充分证明关键工艺步骤及工艺参数控制范围的合理性。

（3）是否提供详细研究方法、研究结果和研究结论资料，以充分证明关键工艺步骤及工艺参数控制范围的合理性。

（4）是否明确关键中间体的主要质控方法（如杂质控制方法），应提供方法学验证资料。

（5）是否明确反应副产物和副反应产物的产生及控制方法、限度、数批样品的检测结果与图谱。若涉及引入新手性中心的反应，应详细提供异构体杂质的分析方法与控制策略。

（三）成品管理审核要素

参照 2014 年美国 FDA 颁发的政策与程序文件（MAPP）"对基于问题审评的申报资料的药学审评（QbR）"的相关要求，功能性辅料成品的审核要素如下。

（1）功能性辅料的质量标准制定是否合理，是否涵盖了该辅料的所有关键质量属性（CQAs）。

（2）提供标准中的每一测试项目中各分析方法的综述，如果适用的话，应包括其验证或确认的报告综述。

（3）各批样品检验的结果与拟定标准的比较结果如何？提供各批样品检验结果的综述。

（4）拟定的商业化生产的质量控制策略是否合理，该控制策略在商业化规模实施时存在的残留风险是什么。

（5）功能性辅料的对照品是如何获得、确认和标定的。

（6）拟定的功能性辅料的商业化包装是什么，它是如何保证原料药在运输与贮存中的稳定性的。

（7）稳定性的可接受标准是什么，如适用的话，是如何确认与放行标准不同的可接受标准的合理性的。

（8）功能性辅料的有效期是多少，支持在商业化包装下的原料药有效期及贮存条件的稳定性数据是什么，如果有的话，如何统计评估稳定性数据以及是否观察到任何变化趋势来支持。

该章节涉及起始物料、中间体及成品各个环节的审核要点，除了强调起始物料的选择与控制、关键工艺参数与中间体的控制外，还重点结合商业化生产的要求，对放大研究以及注册批与商业批的处方和工艺在有区别时应进行合理性评估等进行了强调。这些管理审核要点是为了达到缓控释功能辅料研究与评价的终极目标——获得稳定可控的商业化生产工艺。

三、工艺重现性及稳定性的控制管理

（一）缓控释功能性辅料工艺重现性的质量控制

辅料功能相关性指标（FRC）对制剂的关键质量属性（CQA）可能有重要影响，尤其是针对缓控释的功能性辅料，其可能会显著影响药物的体内释放行为。此类影响药物体内行为的辅料按功能性归属于高风险辅料。因此缓控释制剂上市申请时应确保关键临床批次和商业放大批次间辅料的一致性或可重现性，包括生产商、生产工艺以及质量控制。如果影响产品质量的关键辅料存在显著差异，那么有可能需进行制剂生物等效性研究。因此需要重点对具有缓控释功能辅料的功能性指标（FRC）进行质量控制。

《中国药典》（ChP）、《美国药典》（USP）和《欧洲药典》（EP）采取了不同方法对缓控释功能性辅料的FRC进行要求。ChP、USP在药典凡例中按辅料分类，如释放调节剂，对其功能性指标进行了相关的质量控制。而EP则只在部分辅料标准正文中要求了功能性指标（FRC）的质量控制，详细要求如下。

（1）《美国药典》　参考USP〈1059〉Excipient Performance，以下一般质量控制方法可能有助于确保调节释放剂功能的一致性：脂肪和脂肪油〈401〉，粒度－光衍射法检测〈429〉，结晶度〈695〉，结晶固体的表征－微量热法和溶液量热法〈696〉，溶解性〈711〉，干燥失重〈731〉，熔点或熔程〈741〉，核磁共振光谱〈761〉，光学显微镜〈776〉，粒度分布〈786〉，比表面积〈846〉，中红外光谱〈854〉和紫外可见光谱〈857〉，抗张强度〈881〉，热分析〈891〉，黏度－毛细管方法〈911〉，黏度－旋转法〈912〉，黏度－滚球法〈913〉，水分测定〈921〉，进行结晶和部分结晶固体的表征－X射线粉末衍射法（XRPD）〈941〉、粉末流动性〈1174〉和扫描电子显微镜〈1181〉。

（2）《中国药典》《中国药典》（2020年版）《9601药用辅料功能性相关指标指导原则》对释放调节剂的功能性相关指标要求：①结构、取代基和取代度（通则0400、0500）；②结晶性（通则0451、0981）；③熔点或熔程（通则0612、0661）；④黏度测定法（通则0633）；⑤脂肪与脂肪油（通则713）；⑥水分（通则0831、0832）；

⑦粒度和粒度分布（通则0982）；⑧粒子形态（通则0982）；⑨比表面积（通则0991）；⑩溶解度（凡例）；⑪粉体流动性；⑫抗张强度等。

（3）《欧洲药典》　EP中在部分辅料正文中列入功能性指标（FRC）及检测方法，如参考EP10.0的羟丙甲纤维素（HPMC）标准中功能性指标（FRC）的质量控制有：黏度、取代度、分子量分布、粒度分布、粉末流动性。

因此，缓控释功能性辅料的工艺重现性质量控制应在辅料质量标准的基础上，参考《美国药典》与《中国药典》中对功能性辅料的功能性指标（FRC）控制要求，同时兼顾《欧洲药典》辅料的正文中是否有特殊功能性指标（FRC）控制要求，增加相应的质量控制。

（二）缓控释功能性辅料的稳定性生产管理

缓控释的功能性辅料可能会显著影响药物的体内释放行为，归属为高风险辅料，其工艺重现性及稳定性直接影响到药品的有效性（如释放行为）和安全性（如可能发生突释、杂质增大等）。因此如何保障缓控释功能性辅料生产工艺的重现性及稳定性生产就显得尤为重要。为了保障辅料尤其是涉及高风险的缓控释辅料的生产工艺的重现性及稳定性，其生产管理控制需要从以下几个方面进行。

1. 严格执行药用辅料 GMP 指南

辅料生产企业要自觉严格执行药用辅料 GMP，严格按照批准的处方和生产工艺，保证生产过程符合登记的生产工艺和质量标准，持续稳定地生产出符合预期用途的产品。目前药用辅料生产质量管理可参照《IPEC-PQG 药用辅料生产质量管理规范指南》《美国药用辅料 GMP 标准》（ *IPEC/ANSI 363-2019 Good Manufacturing Practices (GMP) for Pharmaceutical Excipients* ），以及国内 2006 年发布的《药用辅料生产质量管理规范》，以上均为生产质量管理的核心要求。

2. 加强工艺过程的验证

验证是保证药品及辅料生产过程质量体系有效运行的重要手段。工艺验证强调生产工艺的重现性和稳定性，通过工艺验证对生产条件、操作参数、工艺限度以及原材料的投入等进行评估，证明重要工艺步骤以及验收标准的可靠性，从而确保产品能满足规定的质量要求。建议参考 FDA 最新工艺验证指南（ *Guidance for Industry Process Valiadation:General Principles and Practices* ）、欧盟 MHRA 工艺验证指南（ *Guideline on Process Valiation Draft* ）、欧盟人用及兽用药品 GMP 指导原则的附件 15：确认与验证（ *EU Guidelines for Good Manufaturing Practice for Medicinal Products for Human and Veterinary Use Annex 15:Qualification and Validation* ）、WHO 工艺验证指南（ *Guidelines on Good Manufacturing Practices: Validation* ）等文件，主要进行以下三个阶段的工作。

（1）第一阶段工艺设计　在开发和放大活动过程中获得的知识基础上，在此阶段对商品化制造工艺进行定义。包括：①建立和捕获工艺知识与理解；②建立工艺控制策略。

（2）第二阶段工艺确认　在此阶段，对工艺设计进行评估，以确认工艺是否具备重现的商品化制造能力。包括：①厂房设施设计及公用设施与设备确认；②工艺性能确认；③工艺性能确认方案；④工艺性能确认执行与报告。

（3）第三阶段持续工艺核实　在日常生产中获得工艺保持处于受控状态的持续和不断发展的保证。在整个生命周期中，使用基于风险决策的生命周期方法进行工艺验证。

3. 加强质量控制

检验是保证辅料质量的关键环节，因此应加强对辅料尤其是缓控释功能性辅料的质量控制研究，明确影响缓控释制剂释药行为的辅料的关键功能性指标

（FRC），加强制备过程（如起始物料、中间体、成品）的质量控制，通过多环节、多指标的质量控制保证缓控释辅料成品批次间的质量均一性。

4. 加强辅料风险管理

辅料风险管理应当是全生命周期管理，药品上市许可持有人（MAH）、辅料生产商或供应商、监管方都应建立适当的辅料风险管理体系，详细如下。

（1）药品上市许可持有人（MAH）　新修订《药品管理法》明确了 MAH 对药品质量全面负责，包括辅料的安全及质量管理。欧盟辅料风险评估指南强调 MAH 应对辅料生产商进行全面、持续的风险管理。辅料质量控制应当满足适当的 GMP 要求，辅料的管理应当纳入 MAH 的药物质量管理体系，辅料风险评估文档应在现场提供，以供 GMP 检查员审查。MAH 在药物开发过程中应当与辅料生产商或供应商深入交流，完成制剂中的辅料风险评估。应充分研究高风险辅料对产品质量的影响，结合自身产品特性对辅料质量提出要求。需要考虑辅料的来源（如动物、植物、矿物，合成）、病毒污染、供应链复杂性、供应商历史、包装完整性、贮存和运输条件等因素。根据评估结果制定相应的风险管理措施，如适当的供应商审计、签订质量协议、增加 FRC 的检查要求以及持续的风险控制计划。药品上市申报时，高风险辅料应当与辅料生产商建立质量保障体系的监督机制。

（2）辅料生产商或供应商　辅料的质量是生产出来的，辅料生产商需确保辅料生产满足适当的 GMP 要求。我国现已建立了原辅包关联审评，辅料生产商需要向 MAH 提供辅料的授权使用书。这项政策的优势在于能够使辅料生产商清楚自己所生产辅料的具体用途，因此对于辅料生产商的要求也有了进一步提高。原辅包备案登记要求辅料生产商或供应商提交年度报告，产品如变更，需要登记变更信息、告知制剂生产企业或 MAH 企业、写入年度报告。辅料生产商应当逐渐积累辅料实际使用的基本经验，必要时可以为 MAH 提供使用建议。

（3）监管方　建议监管方从以下 4 个方面加强管理。首先发挥引导作用，鼓励 MAH 和辅料生产商建立辅料风险评估的思维，充分借鉴国际先进监管机构及行业组织的管理经验，建立科学有效的辅料管理体系。其次，辅料备案登记平台的智能化与信息化，对辅料登记后的变更实现清晰、完整、全面的管理。探索建立辅料变更的分级管理机制，对于可能对产品安全性及质量产生重大不利影响的辅料变更，应能够及时预警、及早介入。第三应完善辅料数据库的基础建设，结合药物临床使用情况，及时更新和公布辅料使用信息。最后，建议实时公布存在安全性问题的辅料清单。可参考欧盟要求，在药品说明书中提供辅料可能存在的安全性问题。

第二节　生产质量管理审核关键点

药用辅料生产质量管理可参照《IPEC-PQG 药用辅料生产质量管理规范指南》，该指南由国际药用辅料联盟（IPEC）和药品质量小组（PQG）联合修订，结合了 IPEC 的《2001 年散装药用辅料生产质量管理规范》和 PQG 的《PS9100:2002 药用辅料部分》，为药用辅料行业提供了适用的生产质量管理规范，另有美国国家标准研究院发布的《美国药用辅料 GMP 标准》[*IPEC/ANSI 363-2019 Good Manufacturing Practices (GMP) for Pharmaceutical Excipients*]，国内 2006 发布的《药用辅料生产质量管理规范》，以上均为生产质量管理的核心要求。

缓控释所用功能性辅料因其为风险等级较高的辅料，此类辅料的功能性相关指标（FRC）如何确认、如何围绕该类指标进行生产质量管理将是生产质量审核及控制的关键点，下文将从辅料生产质量体系管理、质量审核实施要点两方面进行阐述。

一、辅料生产质量体系管理

（一）质量管理体系建设

根据《EXCiPACT：药用辅料供应商的认证标准：优良生产规范（GMP）》的要求，辅料生产企业最高管理者应制定并实施和保持质量方针，建立质量管理体系尤其需要确保质量管理部门的独立性，其独立性应文件化，并通过组织框架图及与最高管理者之间的关系展示来证明，质量管理部门的独立性和适当权利是确保产品质量稳定的前提条件。

（二）厂房设备

厂房设计应满足药用辅料的既定要求，如作为注射剂用无菌药用辅料，其无菌保证水平应在厂房设计安装中充分体现，如某缓释微球注射剂其制剂除菌工艺选择为过滤除菌，PLGA 作为其关键缓释辅料时，其无菌保证及内毒素控制等级相应提升，该注射级别辅料的纯化、除菌、内毒素减灭工序所处生产环境、洁净级别是否满足既定要求是核查要点之一。

可能影响辅料质量的设备，包括计算机系统，在使用前应经过调试以确保其满足预期要求。设备的结构和地点应方便清洁和维护。关键质量设备的使用、清洁和维护应予以记录。设备的状态应易于识别。设备的接触面不应有反应性、添加性或吸收性。PLGA中关键的丙交酯乙交酯的摩尔比（L∶G）是影响制剂产品释放的关键因素之一，在此基础上，影响其摩尔比的合成、纯化、检测设备及仪器的计量、校验、验证或确认、状态维护工作的执行即为该内容项下审核要点。

（三）交叉污染风险控制

与高致敏性或有毒物料相关的生产过程应与辅料的生产过程隔离，除非实施了防止交叉污染的相关措施，并证实有效。生产组织应对影响辅料质量方面的风险进行评估，应考虑在生产、储存或转运辅料时所采用的公共设施和过程材料（如氮气、压缩空气、蒸汽、润滑油等）对辅料质量的风险。并采取适当的控制措施降低这些风险。该项风险评估及管控是实现辅料预期功能的基础性要求，尤其注射级辅料因其给药途径的特殊性，该项为质量核查中的较大风险项。

（四）人员培训

应有相应教育水平、培训和经验的人员组织并实现生产、质量管理的顺利实施，尤其体现在某些注射剂所用辅料生产，人员的无菌操作及培训应参照药品生产GMP指南项下的无菌制剂进行管理，其中涉及微生物相关知识培训，无菌操作、相应洁净区的清洁灭菌培训等。该项下应根据药用辅料在制剂中的预定目的进行分析判断。

（五）风险管理

应参考ICH Q9《质量风险管理》实施，其常规流程为：风险识别→风险分析→分析评估→采取措施降低风险等级→风险可接受。其中风险识别及风险分析、评估工作应与辅料研发人员共同努力完成，其风险识别与风险分析必须结合关键物料属性（CMAs）、关键工艺参数（CPPs）和关键质量属性（CQAs）的识别与确认，另采取何种措施降低风险等级也与研发阶段确定的关键工艺参数（CPPs）及范围有密切关系，这些因素决定生产人员依赖于研发人员提供详细的研发资料，这也提醒药用辅料完整的技术转移流程，以及完整的技术转移资料，均是充分实现质量风险管理的前置条件，研发人员应参照ICH Q8（R2）《药品研发》进行药用辅料研发工作。

（六）偏差、变更管理

偏差、变更管理是《药品生产质量管理规范》（2010年修订版）新增内容的关键项目，这也是药用辅料生产管理的重点要求，尤其缓控释制剂所用功能性辅料生产过程中的偏差的发生、变更的发起和实施是否影响产品的功能性相关指标（FRC）是核查重点内容。药用辅料变更工作应参考《国际药用辅料协会重大变更指南》[*The IPEC-Americas Significant Change Guide for Bulk Pharmaceutical Excipients (Second Revision, March 2009)*]执行，该指南明确要求：可以使用危险分析和关键控制点（HACCP）、失效模式和影响分析（FMEA）或详细的工艺流程图等方法对变更的风险等级进行识别划分，并附有风险级别如何划分的示例。同时其附录3提供了一个决策树，有助于考虑变化对辅料性能的潜在影响。另《IPEC药用辅料变更研究技术指南》中对变更类型进行了划分，与制剂变更分类相似，包括生产场地、配方和原料、生产设备、质量标准、贮存条件、包材变更等，变更均应评估对药用辅料质量可能产生的影响，另药品上市许可持有人（MAH）也应当根据药用辅料在药品中的功能及制剂自身特点要求研究评估药用辅料变更对药品质量是否产生影响，如PLGA辅料生产工艺发生变更，支链化分子构型由星形改变为环形，或改变为线性结构，该构型改变会造成PLGA在化学、机械、扩散等性质上的差异，辅料生产厂家有义务通知药品上市许可持有人，持有人需评估是否在研发阶段对此构型改变进行过研究，明确该空间构型是否是该辅料的功能性指标（FRC）、关键物料属性（CMAs），是否有足够的设计空间支撑该辅料构型的改变不会影响制剂在体内的释放速率等。

（七）数据完整性

数据完整性是近年来药品GMP中新增的重要组成部分，MHRA/WHO/FDA等多个组织和机构发布了相关指南，该理念也被引入辅料的GMP生产中，如《IPEC-PQG药用辅料生产质量管理规范指南》中明确要求："应保存记录，以证明达到了要求的质量和质量管理体系的有效运行。记录应清晰可识别。组织应确定保留哪些分包商活动的记录、结果和报告，以及由谁保留。记录中的条目应清晰、不可消除，在执行活动后直接填写（按照执行的顺序），并由执行所观察任务的人签署并注明日期（除非另有证明）。对条目的更正应有签名并注明日期，使原始条目清晰可见。应采取各种措施，始终保持数据的完整性。"

关于质量体系方面，其他应借鉴遵循的指南法规还包括《IPEC 辅料成分指南》（*IPEC Excipient Composition Guide*）、《IPEC 质量协议指南及范本》（*IPEC Quality Agreement Guide and Template*）、《IPEC 辅料质量验证指南》（*IPEC Excipient Qualification Guide*）、《IPEC 辅料稳定性指南》（*IPEC Excipient Stability Program Guide*）等多个细分内容的指南性文件，为如何执行构建质量体系某个板块提供了实操性较强的指导。

二、质量审核实施要点

《IPEC-PQG 药用辅料 GMP 审计指南》是国际辅料协会美国部针对辅料供应商的 GMP 合规性审计指导原则，该指南是用于指导审计人员如何使用问答清单的方式对辅料生产企业进行质量审计。通过该指南，可以看到国际辅料协会对药用辅料生产质量管理的关注点和强调项，同时结合缓控释所用功能性辅料的功能性相关指标（FRC）生产管理全流程质量保证，可给予审计人员新的思路和方向，充分实现缓控释制剂关键药用辅料的全流程质量控制。

以 PLGA 为例，其采用的起始物料选择与质控 - 合成工艺路线及关键工艺参数的执行与监控 - 支链空间结构确证及丙交酯乙交酯的摩尔比（L∶G）检测，成品检测放行或返工均是影响产品质量的关键因素，那么如何从审计角度确认生产企业质量管理系统能够始终如一的确保该辅料的批内批间差异符合既定质量要求？应从以下几个角度进行确认。

1. 物料管理方面

如采用熔融法合成 PLGA，L- 乳酸和乙醇酸作为起始物料，其纯度控制是否符合预定要求，直接影响后续成品丙交酯乙交酯的摩尔比（L∶G），因此核查时应重点关注此 2 个起始物料的质量控制标准是否建立，是否有检测放行程序。仓储环境如环境温湿度等，是否能够保证该 2 个起始物料在存储过程中质量未发生改变，物料管理应建立相应流程，标识清晰准确、进出账目可追溯、应能避免物料混淆。

2. 工艺管理方面

合成工艺路线 / 关键参数应明确并文件化，关键工艺参数应经过验证并有相应的验证方案及报告，如缩聚反应时反应温度范围，缩聚时间是否验证，并在验证报告中明确可操作范围，生产过程中缩聚反应温度参数和实际操作时间应及时记录。

3. 设备管理

合成生产所用反应釜 / 合成车间厂房设施是否完成确认与验证，关键仪表、检测设备是否完成定期校验（特别是检测、监控 PLGA 关键表征的仪器仪表）、设备确认 / 验证周期如何规定，确认与验证方案报告是否齐备。

4. 中控质量标准建立、验证、执行

如 PLGA 的含量检测方法可以通过 GPC、HPLC 和 ^{1}H–NMR 法测定，GPC 法需要使用 PLGA 标准品，这会造成不同生产商之间具有不同的质量控制标准，不适合用于市场监管；HPLC 法需要用碱水解，其中碱水解的程度、羟基酸的校正、聚酯的组成和校正以及标准品的纯度等都难以控制，这将导致所测结果的精确度偏低，可信性较差。检测所建立的方法是否经过验证，所用仪器是否经过校验，标准检测操作 SOP 是否建立，人员是否经过相应培训，数据是否如实记录，出现的 OOS（超趋势结果）/OOT（检验结果偏差）是否有书面记录并根据相应程序上报处理。

5. 偏差、变更管理

生产过程中发生的偏差 /CAPA 是否如实记录并上报，质量部门是否协调技术生产部门进行偏差调查，该偏差是否影响功能性相关指标（FRC），原因调查是否充分？

重大变更是否评估 / 通知采购商，临床上使用的注射用缓控释微球中几乎全部使用线形 PLGA 作为载体辅料，只有注射用醋酸奥曲肽缓释微球（Sandostatin®）用的是星形的、由葡萄糖引发合成的 PLGA（Glu.PLGA），如辅料厂家调整工艺路线，由熔融缩聚法修改为固相缩聚，虽然副产物和降解反应明显减少，可能有利于产品质量提升，但仍需要进行充分的风险评估及工艺验证。而且需要将此重大变更反馈通知药品上市许可持有人，以便药品上市许可持有人研究明确该重大变更是否影响产品质量，是否需要进行关联变更，并评估变更等级，明确是否需再次进行工艺验证或进行生物等效性临床试验。

第三节　包装及贮存条件的相关研究要点

一、缓控释功能性辅料包材及贮存条件的相关研究内容

目前尚未有缓控释功能性辅料包材研究的指导原则，因此对缓控释功能性辅料包材及贮存条件的研究，建议参考药用包材指导原则的相关要求，如《中国药典》（2020 年版）通则 9621 药包材通用要求指导原则、通则 9622 药用玻璃材料和容器指导原则、通则 9001 原料药物与制剂稳定性试验指导原则，总结其主要研究内容如下。

首先是包装材料本身性能的研究，需根据药包材的用途，提供相应的保护性和功能性研究资料，以及方法学验证资料（如适用）。如：避光防护、防止溶剂流失 / 渗漏、保护灭菌产品或有微生物限度要求的产品免受细菌污染、防止产品接触水汽、防止产品接触反应性气体等。说明药包材质量标准中是否有相应的质控项目，例如：透光率，氧气、水分、氮气、二氧化碳透过率等密闭性能的验证数据等。可结合相关辅料进行研究，如评价遮光性时，可采用一个以上光敏感性辅料进行研究，并提供与未用遮光包材，以及已上市遮光包材的比较研究数据。

对于需灭菌处理的无菌辅料用包装，必须提供灭菌工艺适用性的验证资料，目前常用的灭菌工艺包括环氧乙烷灭菌、湿热灭菌、辐射灭菌等，需考察灭菌工艺对材料的影响（是否适合灭菌过程），环氧乙烷灭菌还需考察环氧乙烷及其相关物质的残留情况。

其次是安全性与相容性研究：①安全性研究：新材料、新结构、新用途的药包材应提供产品及所用原材料相关的安全性（生物学和毒理学）研究资料，境内外相关的使用记录以及医用证明性资料。具体产品安全性资料可参考各产品相应技术要求进行。②相容性研究：应根据配方提供提取试验信息，以及潜在的可迁移物信息，进行辅料与药包材的相容性试验。根据相容性试验数据，说明药包材与某些辅料是否相容及可能存在安全隐患。不同产品相容性研究资料可参考各产品相应技术要求进行。

最后是依据 ICH Q1 稳定性研究指导原则要求，进行包括影响因素、加速试验和长期试验在内的稳定性试验。需要考察影响因素（高温、高湿、强光

照），加速 40℃ ±2℃，相对湿度 75%±5% 的条件及长期 25℃±2℃、相对湿度 60%±10% 或者 30℃±2℃、相对湿度 65%±5% 的条件下，采用直接接触药用辅料的包装材料和容器共同进行的稳定性试验，为药用辅料的贮存条件提供依据。

二、缓控释功能性辅料包材及贮存条件研究的审核要点

首先是包材自身研究内容的审评，主要依据《中国药典》（2020 年版）通则 9621 药包材通用要求指导原则，以及《国家药监局关于进一步完善药品关联审评审批和监管工作有关事宜的公告》（2019 年第 56 号）附件 2 药包材登记资料要求（试行）等指导原则的要求，主要审评要点包括以下三部分。

（1）物理性能　主要考察影响产品使用的物理参数、机械性能及功能性指标，如：橡胶类制品的穿刺力、穿刺落屑；塑料及复合膜类制品的密封性、阻隔性能等。物理性质的检测项目应根据标准的检验规则确定抽样方案，并对检测结果进行判断。

（2）化学性能　考察影响产品性能、质量和使用的化学指标，如溶出物试验、溶剂残留量等。

（3）生物性能　考察项目应根据所包装辅料的要求制定，如注射剂类药包材的检验项目包括细胞毒性、急性全身毒性试验和溶血试验等；眼用制剂辅料包材应考察异常毒性、眼刺激试验等。

其次是相容性研究的审评，针对药包材与辅料的相容性可参考《中国药典》（2020 年版）通则 9621 药包材通用要求指导原则、《化学药品注射剂与塑料包装材料相容性研究技术指导原则（试行）》《化学药品注射剂与药用玻璃包装容器相容性研究技术指导原则（试行）》《化学药品与弹性体密封件相容性研究技术指导原则（试行）》等药物制剂相容性指导原则，参照此类要求去要求辅料与包材的相容性研究的审评，其主要研究内容的审核要点如下。

（1）药包材对辅料质量影响的研究　包括药包材（如印刷物、黏合物、添加剂、残留单体、小分子化合物以及加工和使用过程中产生的分解物等）的提取、迁移研究及提取、迁移研究结果的毒理学评估，辅料与药包材之间发生反应的可能性，功能性辅料被药包材吸附或吸收的情况和内容物的逸出，以及外来物的渗透等。

（2）辅料对药包材影响的研究　考察经包装辅料后药包材完整性、功能性及

质量的变化情况，如玻璃容器的脱片、胶塞变形等。

（3）包装后辅料的质量变化（药用辅料的稳定性）　包括加速试验和长期试验药品质量的变化情况。

最后是稳定性研究的审评：主要参考《中国药典》（2020年版）通则9001原料药物与制剂稳定性试验指导原则及《国家药监局关于进一步完善药品关联审评审批和监管工作有关事宜的公告》（2019年第56号）药用辅料和包材登记备案资料要求的要求，需要提供稳定性研究的试验资料及文献资料，包括采用直接接触药用辅料的包装材料和容器共同进行的稳定性试验。描述针对所选用包材进行的相容性和支持性研究。总结所进行的稳定性研究的样品情况、考察条件、考察指标和考察结果，对变化趋势进行分析，最终确定贮存条件和有效期。

参考文献

[1] Raymond C Rowe. Handbook of Pharmaceutical Excipients (sixth edition) [M]. USA: Pharmaceutical Press and American Pharmacists Association, 2009.

[2] 朱芳芳. 盐酸二甲双胍缓释片的溶胀机制与释放规律相关性研究 [J]. Chinese Journal of Pharmaceuticals，2013，44（4）：352-356.

[3] 朱玉苹. 缓控释制剂用辅料关键质量属性评价 [D]. 青岛：青岛大学，2019：7-12.

[4] 黄紫玉. 国产与进口羟丙甲纤维素用做缓控释骨架材料相关特性的比较 [J]. Drug Evaluation Research，2016，39（2）：237-241.

[5] Hanne Hjorth Tønnesen. Alginate in Drug Delivery System [J]. Drug Development and Industrial Pharmacy，2002，28（6）：621-630.

[6] 聂淑芳. 海藻酸钠骨架材料中药物释放的影响因素 [J]. Acta Pharmaceutica Sinica，2004，39（7）：561-565.

[7] Arash Jahandideh. Star-shaped lactic acid based systems and their thermosetting resins; synthesis, characterization, potential opportunities and drawbacks [J]. European Polymer Journal，2017（87）：360-379.

[8] 黄晓龙. 美国 FDA 新颁发政策与程序手册-"对基于问题审评的申报资料的药学审评"的分析解读 [J]. Process in Pharmaceutical Sciences，2015，39（7）：540-545.

[9] 李越. 聚乳酸-乙醇酸（PLGA）的合成工艺及结构性能研究 [D]. 北京：北京服装学院，2008：5-15.

［10］张伊洁. 缓控释注射剂中丙交酯乙交酯共聚物（PLGA）分析方法的研究进展［J］. Chinese Journal of Pharmaceutical，2019，50（10）：1180–1187.

［11］Odile Dechy–Cabaret.Controlled Ring–Opening Polymerization of Lactide and Glycolide［J］. Chemical Reviews, 2004，104（12）：6147–6176.

［12］Chang–Ming Dong. Synthesis of star–shaped poly(D,L–lactic acid–alt–glycolic acid)with multifunctional initiator and SnOct2 catalyst［J］. Ploymer，2001（42）：6891–6896.

［13］马骏威，安娜. 药用辅料风险评估及管理的策略［J］. 中国医药工业杂志，2020，51（8）：1080–1084.

第十二章

气体药用辅料的生产质量管理

气体药用辅料是指在常温常压下为气态的一类药用辅料，通常分为空气置换剂和抛射剂，分别用于除去溶液中的氧气、阻止药液氧化，以及作为气雾剂的喷射动力来源，并兼做药物的溶剂或稀释剂。常见的空气置换剂主要有氮气和二氧化氮，抛射剂主要有氟氯烷烃、四氟乙烷、七氟丙烷等。气体辅料在制备过程中引入的杂质可能会影响辅料的性质，进而影响药物发挥作用，因此有必要对气体辅料的生产质量进行良好的管理和控制。

第一节　气体药用辅料发展和特点

我国的气体药用辅料工业起步大约开始于 20 世纪 80 年代，起初主要以氯氟烃（CFC 系列）为主，但因氯氟烃系列对臭氧层破坏大，我国为履行《关于消耗臭氧层物质的蒙特利尔议定书》，环境保护部对外经济合作领导小组办公室于 2009 年 6 月发布了《关于加强药用气雾剂行业用全氯氟烃销售和使用管理的通知》（环经便函〔2009〕72 号），对我国药用气雾剂生产单位购买、使用全氯氟烃（CFCs）做出了明确规定：药用非吸入气雾剂行业 2008 年及以后年度只能购买使用国家储备，吸入式气雾剂行业（MDIs）自 2009 年及以后，应购买使用新生产的 CFCs。2010 年 1 月 1 日，发展中国家已经全部淘汰了全氯氟烃，我国完成了药用气雾剂用全氯氟烃的淘汰工作，而以氢氯氟烃（HCFC）及氢氟烃（HFC）代替。

氢氯氟烃（HCFC）作为氯氟烃类物质过渡期的主要代替物，其对臭氧层的破坏远小于氯氟烃，而氢氟烃（HFC）因其不含氯原子，对臭氧层破坏系数为零，因此在现阶段被广泛应用。在这类气体辅料中，以四氟乙烷（HFA-134a）为主。四氟乙烷分子量为 102.0，沸点为 –26.2℃，临界温度为 101.1℃，临界压力为 4070kpa，符合作为抛射剂低沸点液化气体的要求。其无色、无味、无臭、无毒、不易燃、不易爆、无刺激性、无腐蚀性等，具有良好的安全性能；同时，其化学性质稳定，不与药物、附加剂发生反应，是一种安全环保型的气体药用辅料。

尽管四氟乙烷化学性质安全且环保，但因其属于 2.2 类危险化学品，遇高热容器内压增大，有开裂和爆炸的危险，因此对生产工艺、质量控制以及包装储运都有特殊要求。

第二节　气体药用辅料生产工艺及过程要求

一、生产工艺流程概述

本节以四氟乙烷为例，介绍气体药用辅料的生产工艺流程。四氟乙烷的生产分为化学合成和分离纯化两个阶段。其中化学合成分为两步进行，第一步反应是三氯乙烯（TCE）与氢氟酸（HF）反应生成 HCFC-133a；第二步反应是可逆反应，为 HCFC-133a 与过量氢氟酸（HF）反应生成 HFC-134a。经过上述两个步骤的反应，由于三氯乙烯 $CCl_2 \!=\! CHCl$ 结构中存在两个加成位点，与氢氟酸（HF）的加成反应没有专属性，因此反应单元得到的是一组混合物。经过后续脱酸单元、净化反应单元、萃取中和单元、脱水单元、精馏单元等分离单元得到终产物。其工艺流程图见图 12-1。

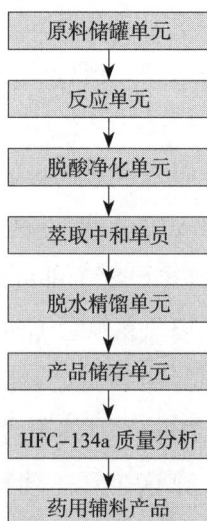

```
┌──────────────────┐
│   原料储罐单元    │
└──────────────────┘
         ↓
┌──────────────────┐
│     反应单元      │
└──────────────────┘
         ↓
┌──────────────────┐
│   脱酸净化单元    │
└──────────────────┘
         ↓
┌──────────────────┐
│   萃取中和单员    │
└──────────────────┘
         ↓
┌──────────────────┐
│   脱水精馏单元    │
└──────────────────┘
         ↓
┌──────────────────┐
│   产品储存单元    │
└──────────────────┘
         ↓
┌──────────────────┐
│  HFC-134a 质量分析 │
└──────────────────┘
         ↓
┌──────────────────┐
│   药用辅料产品    │
└──────────────────┘
```

图 12-1　HFC-134a 产品工艺流程图

二、生产过程

企业应确保重要的生产过程能够连续稳定的运行，具有完整配套的生产工艺流程图、厂房、设施维护保养状态良好，每批产品生产应进行物料平衡检查。如有显著差异，必须查明原因。在得出合理解释、确认无潜在质量偏差后，方可按正常产品处理。

直接接触产品的惰性气体应按原料要求管理，回收溶剂在同一或不同的工艺步骤中使用时，必须符合回收使用或与其他溶剂混用的标准。应根据工艺监控的需要进行中间检查和检测，或在指定操作点及规定的时间对实际样品进行检测，检测结果应符合设定的工艺参数或在规定限度以内。应根据中间体检测的结果来判断新工艺过程是否正常运行。

不合格的中间产品不得流入下道工序，每批辅料都应编制生产批号：连续生产的辅料（指在一定时间间隔内生产的质量和特性符合规定限度的均质产品），以及间歇生产的辅料（由一定数量的产品经最后的混合所得的质量和特性符合规定限度的均质产品）。为确保批的均一性或方便加工，可以进行中间混合，应对混合过程进行适当的控制并有记录。批与批之间应有重现性。不合格批号与合格批号的辅料不得相互混合。

辅料产品可以进行返工或再加工，但须遵循返工和再加工的规程。不允许只依靠最终检验来判断返工产品是否符合标准，应对返工或再加工过程进行调查和评估。为保证返工产品符合设定的标准、规格和特性，应对返工后物料的质量进行评估并有完整记录。应有充分的调查、评估及记录证明返工后产品的质量至少等同于其他合格产品，且造成返工辅料不合格的原因并非工艺缺陷。返工或再加工过程不属正常生产过程，因此，未经质量部门审核批准，不得进行返工。

三、设备维护

关键设备具有专门清洁方法，并且清洁后的容器存放符合存放要求，没有二次污染的风险，生产现场是否具有设备操作规程和使用记录，并且记录完整，使用自动化控制系统或其他复杂设备时，应保证系统与规程能证明设备及软件性能达到设定要求，建立并遵循定期检查、校验设备的规程，有适当的保留程序和记录的备份系统，确保只有被授权人员才能修改控制程序，并且程序的修改应通过验证并有记录。

通过擦拭、清扫、润滑等方法对转动设备进行护理，以维持和保护转动设备的性能和技术状况，设备维护保养的要求主要有以下四项。

（1）清洁设备表面整洁，各滑动面、丝杠、齿条、齿轮箱、油孔等处无油污，各部位不漏油、不漏气，设备周围的切屑、杂物、脏物要清扫干净。

（2）整齐工具、附件、工件（产品）要放置整齐，管道、线路要有条理。

（3）润滑良好按时加油或换油，不断油，无干摩现象，油压正常，油标明亮，油路畅通，油质符合要求，油枪、油杯、油毡清洁。

（4）安全遵守安全操作规程，严禁设备超温、超压、超负荷及介质超标运行，设备的安全防护装置齐全可靠，以及消除不安全因素。

四、环保要求

对于操作过程中的生产环境应进行有效控制，以防止辅料变质或受污染，如果要求一个特定环境，应有连续的检测条件，如果有干扰，应进行了风险评估，评估应有文件记录。固体粉状物料要建设固定储存场所，要求有顶棚、篷盖、防风抑尘，进料出入有布帘等遮挡、喷淋设施。液体物料要有围堰，有事故应急导流和事故应急池。无顶棚存放的要做好初期雨水的收集和处理。粉状物料、挥发性物料要设置收集和处理装置。收集装置的面积、高度、风量要合理，确保有效收集和处置。废气有组织排放源必须高于15m，并根据监测规范要求设置人工采样孔，设置固定斜梯。

废弃催化剂要按照危险废物暂存和转移，接收单位要有危险废物经营处置资质，要有处置协议和转移联单；除尘器收集粉尘要做好收集、存放处置，外协处置要有合同和台账。废水不得直排外界环境，外排由污水处理厂处理的，要有污水管网，不得使用汽车运输，要有污水处理协议。外排废水必须达到相关标准。废水处理产生的污泥厂内做好利用台账；外协处置的，要做危险废物辨识，属于危险废物的要按照危险废物管理要求进行暂存、转移和处置，接收单位要有危险废物经营处置资质，要有处置协议和转移联单；属于一般固废的要做好收集，要有外协合同和台账。边角料等一般固废，要有固定场所存放，厂内可循环利用的，做好利用台账，外协处置的要提供外协合同，并做好台账记录。

设置独立的暂存场所，暂存场所的容积要满足危险废物1年产生量的存放需求。暂存场所要密闭，要有异味收集和处置设施，要设置废液导流沟，废液要收集处置。噪声源要做好减震、隔音措施，车间可设置隔音窗，确保噪声厂界达标。厂区生产车间、储存车间必须进行硬化防渗，出入口设置缓坡等围挡设施，地面冲洗水必须收集处理。不得随意排放。生活废水没有配套污水管网的，要配套建设生活污水处理系统，达到相关标准后，方可用于厂内绿化。生产设施布局合理，厂内整洁有序。废抹布、废手套、废包装袋等沾染了油污物料的物品必须集中收集，按照危险废物管理要求进行暂存、转移和处置。

五、包装储存及运输管理

1. 包装

（1）包装物　常规的药用辅料四氟乙烷的包装容器主要有 ISOTANK、1000L/926L/400L/100L 重复性使用钢瓶、30lb 或 50lb 不重复使用钢瓶。

（2）包装步骤　充装前，检查电子秤的灵敏度，确认电子秤显示在 0。用叉车将合格的具备充装药用辅料条件（对于清洗过的气瓶要确认真空度 $\leqslant -0.097MPa$）的气瓶置于自动电子秤上，并将充装接头与气瓶瓶嘴连接好，根据要求的充装量在电子秤上设定好充装数量。确认充装支管截止阀、充装接头阀、气瓶针形阀处于关闭状态，确认充装接头处的回收阀门与回收机管线连接好，启动回收机，打开充装接头处的回收阀门，对包装接管短节内空气进行抽排 30 秒后，打开充装支管截止阀、充装接头阀，当管线内注满药用辅料物料后，关闭充装接头阀，利用充装接头处回收管线，用药用辅料物料进行置换 1 分钟后，关闭充装接头处的回收阀门，完成对该段包装管线的置换回收。打开充装接头阀、气瓶针形阀进行药用辅料充装。充装系数应不大于在气瓶最高使用温度下液体密度的 97%，在温度高于气瓶最高使用温度 5℃时，瓶内不满液。充装完成后，关闭各充装支管上的截止阀。

（3）包装场地　药用辅料厂房应在大气含尘、含菌浓度低，无有害气体，自然环境好的区域。所有的区域都应有适当的照明，并按规定设置应急照明。操作及包装人员和物料出入包装厂房，应有防止交叉污染的措施，应配备适当的盥洗设施以方便生产区员工使用。

辅料包装设备，其安装应有利于操作、清洁、保养。设备应能将操作人员直接接触所导致的污染降低到最低程度。封闭的设备和管道可安装在室外，设备与物料接触的表面应光滑、平整，不与物料起化学反应、不发生吸附或吸着作用，易于清洗或灭菌。对残留物难以清洗的辅料，应使用专用生产设备，标明与设备连接主要固定管道内物料的名称和流向。企业应有定期校验关键仪器设备的计划和规程。维修保养记录至少应包括维修保养的详细说明及实施维修人员、设备维修保养前后生产的品种和批号。

2. 储存

药用辅料成品应在合适的温度、湿度和光线条件下处理和存放。

包装合格后气瓶应储存在温度和湿度都满足药用辅料规范场所内，不能因为大气、环境，以及人员等因素对包装合格气瓶产生污染。

包装合格后 TANK 必须要有明确合格药用辅料标识，并且不能长期存放在露天环境。

3. 运输

（1）装车　药用辅料装卸时，禁止在阳光下停留时间过长或下雨时无遮盖放置。搬运、装卸药用辅料应轻拿轻放、堆码整齐，防止药用辅料撞击、倾倒。严格按照要求堆放和采取防护措施，保证药用辅料的安全。运输药用辅料的车，不得装卸对药用辅料有损害的物品，输送气瓶时不得将重物压在药用辅料的气瓶上。

（2）运输　药用辅料运输应按照质量管理制度的要求，严格执行运输操作规程，并采取有效措施，防止在运输过程中发生药用辅料盗抢、遗失、调换等事故，保证运输过程中的药用辅料质量与安全。车辆运输时，必须保证车厢结构牢固、可有效防尘、防雨、防遗失，禁止敞棚运输。运输药用辅料，应当根据药用辅料的包装、质量特性并针对车况、道路、天气等因素，选用适宜的运输工具，采取相应措施，防止出现破损、污染等问题。负责装卸、搬运药用辅料的人员应严格按照外包装标示的要求搬运、装卸药用辅料。

第三节　气体药用辅料生产审核要点

精益化生产认为，品质是制造出来的，不是检验出来的。品质管理不是简单的"品质把关"及"不良品处理"，而是事前预防控制、事中的过程控制和事后的产品检验全过程管理。

生产过程质量控制就是要做好原材料质量控制、中间过程质量控制、成品质量控制、生产过程中不合格品管理。

对于气体药用辅料而言，因其所使用的原材料通常具有毒性与污染性，进行清洁生产是实现可持续发展的一项重要要求，设备能够连续稳定的运行，生产过程的规范化管理至关重要。因此，结合其特点，总结气体药用辅料生产审核要点如下所述（表12-1）。

表 12-1　气体药用辅料审核要点

	审核内容	相关记录
原料质量控制	查相关管理制度，原料验收标准，查检验记录，原料供应商管理等	管理制度，原料标准、检验记录，原料入库记录，供应商评审记录
	原料不合格管理	不合格原料审批记录
生产过程质量控制	工艺技术规程、流程图，操作指标执行情况，查中控检验情况，查设备运行及检维修情况，	操作记录、中控检验记录，设备检维修记录
成品质量控制	成品验收标准，出入库管理，出厂检验，包装管理，标签管理	出入库记录，检验记录、包装记录，钢瓶清洗、充装及查漏记录
生产过程中不合格品管理	不合格品管理制度，不合格品审批流程，原因调查	不合格品审批流程，不合格品原因调查报告

一、原材料质量控制

直接参与合成反应的原材料应有验收标准，其他辅料可视其对产品质量的影响程度确定是否需要编制验收标准。验收标准应包含质量指标、检测方法、抽样频次、检验规则等。

重要的原材料应对其供应商进行现场评审，现场评审合格，再进行试用，试用合格后方可列为合格供应商。列为合格供应商的原料方可正常采购。

符合验收标准的原材料方可正常入库。不合格的原材料应有不合格原料审批流程，由相关部门和质量负责人根据不合格情况进行评估，决定是让步接受还是退货处理。让步接受不能以牺牲产品质量为代价，对让步接受的原料在使用过程中必须进行监控，确保产品质量不受影响。

所有过程应保留记录，如原材料检验记录、入库记录、不合格原料审批记录等。

二、生产过程质量控制

技术部门应根据工艺技术规程和工艺流程图编制工艺控制指标，温度、压力、流量等指标在线仪表监控，监控数据由分散控制系统（DCS）采集记录。通过严格控制工艺参数，确保生产过程安全稳定运行，产品质量符合指标要求。

技术部门还应根据需要编制中控分析项目、指标及频率一览表，以验证生产过程中各物料组成是否符合预期要求。所有的分析项目应有相应的分析方法，并按照要求的频率检测，关键不合格数据应及时传递到生产岗位，并作出适当的操作调整，以确保进入下一步工序前质量合格。

设备的稳定运行是产品质量合格的保障，因此应定期对生产设备进行维护保养，应有相应的设备保养制度、检验维修计划，并对执行情况进行监控。

所有过程应有相应的记录保存。

三、成品质量控制

成品检验应有验收标准，检验方法应经过验证确保有效。成品出入库应有管理制度，合格的成品方可进入产品大槽，做好相应的记录。

成品包装应做好充装记录。包装后应进行出厂检验，做好检验记录，开具检验报告单，客户名称、槽车号、产品批号应一一对应，便于追溯管理。由于该产品是液化气体，是流体材料，很难从原料追溯到产品，因此应严格产品日槽管理，每槽分析合格后进入大槽，大槽不定期进行抽检，产品包装后应在包装物中再次检验，确保不因包装物原因导致产品质量下降。应有适当的措施确保包装物清洁，不影响包装后的产品质量。

包装后的产品应对其进行标识，应有标识管理制度，标识内容齐全、清晰，位置醒目，粘贴牢固。

钢瓶包装的产品应对重量进行抽查，充装质量应与包装规格一致，不能多充或少充。包装后还应对钢瓶附件进行查漏，并做好防护。

四、生产过程中不合格品管理

生产过程中难免会出现异常情况，导致过程和产品质量达不到设计要求，因此要对不合格品进行严格控制，确保不合格半成品不转入下一步工序，不合格成品不出厂。

企业应制定不合格品控制流程，对已经产生的不合格品应有处理措施。由于流体物料的特性，出现不合格则整槽都不合格。因此一旦出现不合格应立即采取处理措施，确保产品达到预期要求，并对不合格品进行隔离，不能转入下一工序。不合格产品可以返回到前部单元进行返工处理的，应有返工处理措施，并加强后续产品质量监控，确保产品质量符合标准要求。

对发生的不合格品应进行原因调查，找出不合格原因，并制定纠正和预防措施，并对相关人员进行培训教育，避免同类问题再次发生。保留相应记录。

五、审核要点小结

（1）企业应确保重要的生产过程能够连续稳定的运行。

（2）具有完整配套的生产工艺流程图。

（3）厂房、设施维护保养状态良好。

（4）关键设备具有专门清洁方法。

（5）清洁后的容器存放符合存放要求，没有二次污染的风险。

（6）生产现场是否具有设备操作规程和使用记录，并且记录完整。

（7）对于操作过程中的生产环境应进行有效控制，以防止辅料变质和受污染。

（8）废弃催化剂要按照危险废物暂存和转移，接收单位要有危险废物经营处置资质。

（9）外排废水必须达到相关标准。

（10）要设置独立的暂存场所，并满足产量的存放需求。

（11）生产设施布局合理，厂内整洁有序。

第十三章

药用辅料研发阶段的质量管理

第一节　基本要求

近年来，我国药用辅料的研制、生产、使用和监管取得了长足进展，国家出台了原辅包关联审评审批的具体要求，完善辅料研发生产管理。药用辅料的质量问题可引发整个药品行业的系统性风险。随着新型药用辅料的开发与利用，我国已有多家药企开始集中药物辅料研发，以辅料创新为基础带动制剂产业升级，利用新型药用辅料提高制剂质量。

药用辅料关联审评登记是我国全过程监管药品生产和质量的重大举措。该制度的建立参考了发达国家的经验，按照科学监管的理念，把以前实施的产品、辅料和药包材注册审批制度改革为备案登记，药品生产企业负主责，药品行政管理部门实行关联审评审批。鼓励药用辅料供应商根据质量风险登记其药用辅料的相关资料，药品研发、生产商在得到辅料供应商的授权后进行关联研究、关联申报，药品行政管理部门进行关联审批。

新制度的实施将过去药用辅料、药包材孤立、分散的管理方式调整为以制剂质量为核心的统一管理新模式，提高了对药用辅料和药包材的技术要求，将从整体上提升我国药品质量，有助于实现"最严格的监管"的施政理念。《国家药监局关于进一步完善药品关联审评审批和监管工作有关事宜的公告》（2019 年第 56号）附件 1 包含了药用辅料登记资料要求（试行）。药用辅料的注册分类以境内外药品、食品和化妆品中使用历史/拟用制剂给药途径和来源为依据进行分类，最新的药用辅料登记资料要求与国际接轨，资料的框架与原料药的申报资料要求类似。

药用辅料的开发主要有全新药用辅料（新化学物质）的开发、改变现有辅料形态学参数开发新辅料、联合应用多种辅料开发新辅料和仿制已上市辅料等4种途径。

1. 全新药用辅料（新化学物质）的开发

全新的辅料研发一般同制剂公司共同开发，将辅料申报作为新药申报的一部分。

2. 改变现有辅料形态学参数开发新辅料

通过改变辅料形态学参数，开发新型辅料，如喷雾干燥乳糖、预胶化淀粉、直接压片用磷酸氢钙等，新辅料颗粒形状、粒径、粒径分布、比表面积、表面自由能、可压性等与原辅料相比都得到了很好的改善。

3. 联合应用多种辅料开发新辅料

将两种或多种辅料联合应用开发为一种新辅料，主要是通过物料间分子水平上的相互作用，发挥协同作用，克服辅料各自的不利因素。

4. 仿制已上市辅料

已上市辅料在产量即质量上不能满足市场需求，需仿制已上市辅料。

一、药用辅料分类

（1）境内外上市药品中未有使用历史的，包括：

1）新的分子结构的辅料，以及不属于第②③的辅料；

2）由已有使用历史的辅料经简单化学结构改变的辅料（如盐基，水合物等）；

3）两者及两者以上已有使用历史的辅料，经共处理得到的辅料；

4）已有使用历史但改变给药途径的辅料。

（2）境内外上市药品中已有使用历史的，且

1）ChP/USP/EP/BP/JP 均未收载的辅料；

2）USP/EP/BP/JP 之一已收载，但未在境内上市药品中使用的辅料；

3）USP/EP/BP/JP 之一已收载，但 ChP 未收载的辅料；

4）ChP 已收载的辅料。

（3）在食品或化妆品中已有使用历史的，且

1）具有食品安全国家标准的用于口服制剂的辅料；

2）具有化妆品国家或行业标准的用于外用制剂的辅料。

（4）其他

1）拟用制剂给药途径：注射、吸入、眼用、局部及舌下、透皮、口服。

2）来源：动物或人、矿物、植物、化学合成、微生物发酵或生物工程。

3）其他。

二、药用辅料登记资料撰写要求

1. 登记人基本信息

（1）登记人名称、登记地址、生产地址　提供登记人的名称、登记地址、生产厂、生产地址。生产地址应精确至生产车间、生产线。

（2）证明性文件　境内药用辅料登记人需提交以下证明文件：登记人营业执照复印件。对登记人委托第三方进行生产的，应同时提交委托书等相关文件、生产者相关信息及营业执照复印件。对于申请药用明胶空心胶囊、胶囊用明胶和药用明胶的境内登记人，需另提供：①申请药用空心胶囊的，应提供明胶的合法来源证明文件，包括药用明胶的批准证明文件、标准、检验报告、药用明胶生产企业的营业执照、《药品生产许可证》、销售发票、供货协议等的复印件；②申请胶囊用明胶、药用明胶的，应提供明胶制备原料的来源、种类、标准等相关资料和证明。

境外药用辅料登记人应授权中国代表机构提交以下证明文件：登记人合法生产资格证明文件、公证文件及其中文译文。对登记人委托第三方进行生产的，应同时提交委托书等相关文件及生产者相关信息及证明文件（如有）。登记人委托中国境内代理机构注册的授权文书、公证文件及其中文译文；中国境内代理机构的营业执照或者登记人常驻中国境内办事机构的《外国企业常驻中国代表机构登记证》。登记药用空心胶囊、胶囊用明胶、药用明胶等牛源性药用辅料进口的，须提供制备胶囊的主要原材料——明胶的制备原料的来源、种类等相关资料和证明，并提供制备原料来源于没有发生疯牛病疫情国家的政府证明文件。境外药用辅料建议提供人源或动物源性辅料的相关证明文件。

（3）研究资料保存地址　提供药用辅料研究资料的保存地址，应精确至门牌号。如研究资料有多个保存地址的，均需提交。

2. 辅料基本信息

（1）名称　提供辅料的中文通用名（如适用，以《中国药典》名为准）、英文名、汉语拼音、化学名、曾用名、化学文摘（CAS）号等。如有唯一标识码（UNII 号）及其他名称（包括国内外药典收载的名称）建议一并提供。

预混辅料❶和共处理辅料❷应明确所使用的单一辅料并进行定性和定量的描述，可提交典型配方用于说明，实际应用的具体配方应根据使用情况作为附件包括在登记资料中或在药品注册时进行提供。

（2）结构与组成　提供辅料的结构与组成信息，如结构式、分子式、分子量，高分子药用辅料应明确型号、分子量范围、聚合度、取代度等。有立体结构和多晶型现象应特别说明。

预混辅料和共处理辅料应提交每一组分的结构信息。

（3）理化性质及基本特性　提供辅料已知的物理和化学性质，如：性状（外观、颜色、物理状态等）、熔点或沸点、比旋度、溶解性、溶液 pH、粒度、密度（堆密度、振实密度等）以及功能相关性指标等。

预混辅料应提交产品性状等基本特性信息。

（4）境内外批准登记等相关信息及用途

1）境内历史批准信息：提供境内历史批准的相关信息（如有）。

2）其他国家的相关信息：提供拟登记产品在境外作为药用辅料的相关信息（如适用）。

3）用途信息：提供该辅料的给药途径信息以及最大每日参考剂量及参考依据。使用该辅料的药品已在境内外获准上市的，提供相关药品的剂型、给药途径等；尚未有使用该辅料的药品获准上市的，应提供该药用辅料的预期给药途径以及正在使用该辅料进行注册的药品信息。如有生产商已知的不建议的给药途径或限定的使用剂量，也应予以明确并提供相关参考说明。以上信息应尽可能提供。

（5）国内外药典收载情况　提供该药用辅料被国内外药典及我国国家标准收载的信息。

3. 生产信息

（1）生产工艺和过程控制

1）工艺综述：按工艺步骤提供工艺流程图，并进行生产工艺综述。

---

❶ 预混辅料（pre-mixed excipient）是指两种或两种以上辅料通过低至中等剪切力进行混合，这是一种简单的物理混合物。各组分混合后仍保持为独立的化学实体，各成分的化学特性并未变化。预混辅料可以是固态或液态，单纯的物理混合时间较短。

❷ 共处理辅料（co-processed excipient）是两种或两种以上辅料的结合物，该结合物的物理特性发生了改变但化学特性无明显变化。这种物理特性的改变无法通过单纯的物理混合而获得，在某些情况下，有可能以成盐形式存在。

2）工艺详述：按工艺流程标明工艺参数和所用溶剂等。如为化学合成的药用辅料，还应提供反应条件（如温度、压力、时间、催化剂等）及其化学反应式，其中应包括起始物料、中间体、所用反应试剂的分子式、分子量、化学结构式。

以商业批为代表，列明主要工艺步骤、各反应物料的投料量及各步收率范围，明确关键生产步骤、关键工艺参数以及中间体的质控指标。

对于人或动物来源的辅料，该辅料的生产工艺中应有明确的病毒灭活与清除的工艺步骤，并须对其进行验证。

说明商业生产的分批原则、批量范围和依据。

③设备：提供主要和特殊的生产设备。生产设备资料可以按照表 13-1 的形式提交。

表 13-1　生产设备一览表

序号	设备名称	型号	用途	生产商	生产范围
1					
2					
…					

（2）物料控制

1）关键物料控制信息：对关键物料的控制按照表 13-2 提供信息。

表 13-2　关键物料控制信息

物料名称	来源[注]	质量标准	使用步骤

注：如动物来源、植物来源、化学合成等。

2）物料控制信息详述：按照工艺流程图中的工序，以表格的形式列明生产中用到的所有物料（如起始物料、反应试剂、溶剂、催化剂等），并说明所使用的步骤，如表 13-3 所示。

表 13-3　物料控制信息

物料名称	来源[注]	质量标准	使用步骤

注：如动物来源、植物来源、化学合成等。

提供以上物料的来源、明确引用标准，或提供内控标准（包括项目、检测方法和限度），必要时提供方法学验证资料。

（3）关键步骤和中间体的控制　列出关键步骤（如终产品的精制、纯化工艺步骤，人或动物来源辅料的病毒灭活／去除步骤）。适用时，提供关键过程控制及参数，提供具体的研究资料（包括研究方法、研究结果和研究结论），支持关键步骤确定的合理性以及工艺参数控制范围的合理性。存在分离的中间体时，应列出其质量控制标准，包括项目、方法和限度，并提供必要的方法学验证资料。

（4）工艺验证和评价

1）工艺稳定性评估：提供辅料工艺稳定的相关评估资料，如5批以上的产品质量回顾性报告等。

2）工艺验证：提供工艺验证方案、验证报告等资料，必要时提供批生产记录样稿。

（5）生产工艺的开发　提供工艺路线的选择依据〔包括文献依据和（或）理论依据〕。

提供详细的研究资料（包括研究方法、研究结果和研究结论）以说明关键步骤确定的合理性以及工艺参数控制范围的合理性。

详细说明在工艺开发过程中生产工艺的主要变化（包括工艺路线、工艺参数、批量以及设备等的变化）及相关的支持性验证研究资料。提供工艺研究数据汇总表，如表13-4所示。

表 13-4　工艺研究数据汇总表

批号	试制日期	试制地点	试制目的／样品用途注1	批量	收率	工艺注2	样品质量		
							含量	功能性指标	性状等

注1：说明生产该批次的目的和样品用途，例如工艺验证／稳定性研究。

注2：说明表中所列批次的生产工艺是否与《国家药监局关于进一步完善药品关联审评审批和监管工作有关事宜的公告》（2019年第56号）药用辅料登记备案资料要求3.1项下工艺一致，如不一致，应明确不同点。

4. 特性鉴定

（1）结构和理化性质研究

1）结构确证研究：结构确证信息提供可用于对药用辅料的结构进行确证或表征的相关信息。

结构确证研究应结合制备工艺路线以及各种结构确证手段对产品的结构进行解析，如可能含有立体结构、结晶水/结晶溶剂或者多晶型问题要详细说明，对于高分子药用辅料，还需关注分子量及分子量分布、聚合度、取代度、红外光谱等结构确证信息。提供结构确证用样品的精制方法、纯度、批号；提供具体的研究数据和图谱并进行解析。为了确保生物制品来源的药用辅料质量的一致性，需要建立标准品/对照品或将辅料与其天然类似物进行比较。对于生物制品类辅料具体见 ICH 关于生物技术/生物产品的指南。对来源于化学合成体或来源于动/植物的预混辅料，需要用不同的方法描述其特性，并进行定量和定性的描述，包括所有特殊信息。

2）理化性质：提供辅料理化性质研究资料，如：性状（外观、颜色、物理状态等）、熔点或沸点、比旋度、溶解性、吸湿性、溶液 pH、分配系数、解离常数、将用于制剂生产的物理形态（如多晶型、溶剂化物或水合物）、粒度、来源等。

（2）杂质研究

1）杂质信息：结合辅料生产工艺，描述杂质情况。

2）杂质研究：应根据药用辅料的分子特性、来源、制备工艺等进行杂质研究，如对于高分子辅料，应重点研究残留单体、催化剂以及生产工艺带来的杂质。评估杂质对药用辅料安全性、功能性等的影响，并进行相应的控制。

（3）功能特性

1）功能特性信息：结合辅料在制剂中的用途及给药途径，提供辅料有关功能性指标信息（如适用）。

2）功能特性研究：结合辅料在制剂中的用途及给药途径，详细说明该药用辅料的主要功能特性，并提供相应的研究资料。

如：黏合剂可提供表面张力、粒径及粒径分布、溶解性、黏度、比表面积、堆积度等适用的特性指标。

5. 质量控制

（1）质量标准　提供药用辅料的质量标准。质量标准应当符合现行版《中国药典》的通用技术要求和格式，并使用其术语和计量单位。

（2）分析方法的验证　提供质量标准中有关项目的方法学验证资料。对于现行版《中国药典》《美国药典》《欧洲药典》《英国药典》《日本药局方》已收载的品种，如采用药典标准方法，可视情况开展方法学确认。

（3）质量标准制定依据　说明各项目设定的考虑，总结分析各检查方法选择以及限度确定的依据。质量标准起草说明应当包括标准中控制项目的选定、方法选择、检查，及纯度和限度范围等的制定依据。

6. 批检验报告

提供不少于三批生产样品的检验报告。如果有委托外单位检验的项目需说明。委托检验的受托方需具备相关资质。

7. 稳定性研究

稳定性研究的试验资料及文献资料。包括采用直接接触药用辅料的包装材料和容器共同进行的稳定性试验。如适用，描述针对所选用包材进行的相容性和支持性研究。

（1）稳定性总结　总结所进行的稳定性研究的样品情况、考察条件、考察指标和考察结果，对各项指标变化趋势进行分析，并提出贮存条件和有效期。

（2）稳定性数据　以表格形式提供稳定性研究的具体结果，并将稳定性研究中的相关图谱作为附件。

（3）辅料的包装　说明辅料的包装及选择依据，提供包装标签样稿。

8. 药理毒理研究

一般需提供的药理毒理研究资料和（或）文献资料，具体如下。

（1）药理毒理研究资料综述。

（2）对拟应用药物的药效学影响试验资料和（或）文献资料。

（3）非临床药代动力学试验资料和（或）文献资料。

（4）安全药理学的试验资料和（或）文献资料。

（5）单次给药毒理性的试验资料和（或）文献资料。

（6）重复给药毒理性的试验资料和（或）文献资料。

（7）过敏性（局部、全身和光敏毒性）、溶血性和局部（血管、皮肤、黏膜、肌肉等）刺激性等主要与局部、全身给药相关的特殊安全性试验研究和（或）文献资料。

（8）遗传毒性试验资料和（或）文献资料。

（9）生殖毒性试验资料和（或）文献资料。

（10）致癌试验资料和（或）文献资料。

（11）其他安全性试验资料和（或）文献资料。

根据药用辅料的上市状态、应用情况、风险程度等确定需提交的研究资料和（或）文献资料，如不需要某项研究资料时，应在相应的研究项目下予以说明。药用辅料的药理毒理研究可单独进行，也可通过合理设计与关联制剂的药理毒理研究合并进行。

三、登记资料说明

基于辅料（在制剂中）的使用历史及药典收载情况，表 13-5 列出了不同类别辅料所需提供的资料文件。

登记资料应列出全部资料项目，对按表 13-5 规定无需提供的资料，应在该项资料项目下进行说明。

对于之前按注册程序已获批准证明文件的药用辅料，如登记可按表 13-5 第 2.4 类资料要求提供资料。审评过程中可根据需要补充资料。

辅料已有使用历史的定义：该辅料已在境内外批准制剂中使用且给药途径相同。

境外批准制剂的范围：仅限在美国、欧盟、日本批准上市的制剂。

对于分类未涵盖的药用辅料，请选择"其他"，其登记资料的要求根据使用历史和药典收载情况提交相关的登记资料。

境内外上市药品中已有使用历史的，对于 ChP 已收载，USP/EP/BP/JP 均未收载的药用辅料参照 2.2 类提交登记资料。

对于同一辅料同时属于不同分类的情况，应按照风险等级高的分类进行登记提交相关技术资料。

表 13-5　药用辅料登记资料表

资料项目	内容	1.1*	1.2*	1.3*	1.4*	2.1*	2.2*	2.3*	2.4*	3.1*	3.2*
1	登记人基本信息	+	+	+	+	+	+	+	+	+	+
2	辅料基本信息	+	+	+	+	+	+	+	+	+	+
3	3.1（1）工艺综述	+	+	+	+	+	+	+	+	+	+
	3.1（2）工艺详述	+	±	±	±	±	±	−	−	±	±
	3.1（3）说明商业生产的分批原则、批量范围和依据	+	+	+	+	+	+	+	+	+	+
	3.1（4）设备	+	+	+	+	+	+	+	+	+	+
	3.2.1 关键物料控制信息	−	−	−	+	−	−	+	+	+	+

资料项目	内容	1.1*	1.2*	1.3*	1.4*	2.1*	2.2*	2.3*	2.4*	3.1*	3.2*
3	3.2.2 物料控制信息详述	+	+	+	−	+	+	−	−	−	−
	3.3 关键步骤和中间体的控制	+	+	+	+	+	+	−	−	+	+
	3.4.1 工艺稳定性评估	−	−	−	+	+	+	+	+	+	+
	3.4.2 工艺验证	+	+	+	−	−	−	−	−	−	−
	3.5 生产工艺的开发	+	±	±	−	±	±	−	−	−	−
4	4.1.1（1）结构确证信息	+	+	+	+	+	+	±	±	+	+
	4.1.1（2）结构确证研究	+	±	+	−	−	−	−	−	−	−
	4.1.2 理化性质	+	±	±	±	±	±	−	−	±	±
	4.2.1 杂质信息	+	+	+	+	+	+	+	+	+	+
	4.2.2 杂质研究	+	±	±	±	±	±	−	−	±	±
	4.3.1 功能特性信息	+	+	+	+	+	+	+	+	+	+
	4.3.2 功能特性研究	+	+	+	±	±	±	−	−	±	±
5	5.1 质量标准	+	+	+	+	+	+	+	+	+	+
	5.2 分析方法的验证	+	+	+	±	+	+	−	−	±	±
	5.3 质量标准制定依据	+	+	+	+	+	+	+	+	+	+
6	批检验报告	+	+	+	+	+	+	+	+	+	+
7	7.1 稳定性总结	+	+	+	+	+	+	+	+	+	+
	7.2 稳定性数据	+	+	+	+	+	+	+	+	+	+
	7.3 辅料的包装	+	+	+	+	+	+	+	+	+	+
8	药理毒理研究	+	+	+	+	+	±	±	±	±	±

注：+ 需提供相关资料的项目；− 无需提供相关资料的项目；± 根据需要提供相关资料的项目。

* 境内外上市药品中未有使用历史的，包括：

1. 新的分子结构的辅料以及不属于第 2、3 类的辅料；

2. 由已有使用历史的辅料经简单化学结构改变（如盐基、水合物等）；

3. 两者及两者以上已有使用历史的辅料经共处理得到的辅料；

4. 已有使用历史但改变给药途径的辅料。

境内外上市药品中已有使用历史的，且

1. 中国药典 /USP/EP/BP/JP 均未收载的辅料；

2. USP/EP/BP/JP 之一已收载，但未在境内上市药品中使用的辅料；

3. USP/EP/BP/JP 之一已收载，中国药典未收载的辅料；

4. 中国药典已收载的辅料。

在食品或化妆品中已有使用历史的，且

1. 具有食品安全国家标准的用于口服制剂的辅料；

2. 具有化妆品国家或行业标准的用于外用制剂的辅料。

（1）高风险药用辅料一般包括：动物源或人源的药用辅料；用于注射剂、眼用制剂、吸入制剂等的药用辅料。对于高风险辅料的登记资料要求，可根据辅料在特定制剂中的应用以及相应的技术要求，按需提供，或在审评过程中根据特定制剂及辅料在制剂中的应用情况根据需要补充资料。

（2）对于已有使用历史的辅料，若该辅料超出相应给药途径的历史最大使用量，应提供相关安全性数据等资料。

（3）对预混辅料，应根据其在制剂中的应用及配方组成中各辅料成分情况，选择合适的资料要求进行登记。

（4）以上登记资料分类要求作为登记人资料准备的指导，药品审评中心可根据制剂的技术审评需要提出资料补充要求。

（5）根据辅料分类不同，根据登记资料中提供一组研究资料即可。

四、药用辅料申报注册过程中应重点关注的问题

药用辅料的研发过程应加强原材料的供应商审计，保证原材料的质量；对生产工艺进行充分的研究，加强对辅料的质量可控性、功能特性的研究，保证辅料批内批间的一致性。现总结药用辅料申报注册中容易忽视的问题如下。

1. 原材料选择中常见问题

（1）要提供原材料完整的证明性文件，加强对原材料供应商的质量审计，累计多批次质量检测数据，应由供应商出具证明性文件，而非申请人。

（2）对不同供应商提供的原材料对本品生产过程的影响进行研究与评估。

（3）购入的原材料没有具体的生产工艺研究过程，申报人应对其进行深入研究，如产品结构确证、杂质分析等，其主要目的是确证所购入化工原料的结构是否正确，常用的分析测试方法有光谱、核磁共振谱和质谱等。

（4）加强原材料的质量控制，完善原材料内控标准，根据原材料工艺路线对有毒溶剂/试剂、金属催化剂进行检查和控制，对分析方法进行验证。

（5）关注原材料有关物质，通过杂质分析，固定原材料有关物质检查方法。

（6）积累多批次杂质分析数据，根据后续步骤对主要杂质的转化、清除能力合理制定原材料已知及未知单一杂质限度。

2. 生产工艺研究中常见问题

（1）药用辅料的合成是辅料研究和开发的基础，合成工艺的申报资料应该详细记录制备的工艺流程和化学反应式、原材料和有机溶媒、反应条件（温度、压力、时间、催化剂等）和操作步骤、精制方法、主要理化常数及阶段性的数据累计结果等。

（2）注明不同研究批次的投料量和收得率，以及工艺过程中可能产生或引入的杂质或其他中间产物。

（3）提供所用化学原料的规格标准，明确动、植、矿物原料的来源、学名。

（4）在分离或纯化过程中使用的树脂，要详细说明过程中用到的溶剂情况，并对成品中可能存在的杂质进行分析，进行树脂残留物研究，同时提供树脂的清洗和活化相关资料。

（5）还原剂或者催化剂的使用要详细说明工艺中使用的规格及用量。

3. 中试生产研究中常见问题

（1）放大生产时，企业应基于工艺开发、生产设备能力、工艺放大研究、工艺验证等研究，综合考虑确定生产规模。

（2）进行放大生产时，重点关注可能产生具有放大效应的工艺步骤并对其详细研究。

（3）在生产工艺中有反应会产生大量热，需要低温循环泵冷却，但加料时可能会引起局部反应浓度过大而使局部放热效应明显，要对可能产生的杂质进行研究和控制。

（4）在进行放大生产时，要尤其关注参数的设定，如反应条件、成盐比例、与设备的匹配性，尤其要注意在放大生产过程中的传质效应或传热效应。

（5）对关键工艺步骤的技术参数、反应工艺条件进行详细考察和研究，确定最优范围。

4. 中间体（含粗品）质量控制中常见问题

（1）在生产过程中要根据工艺开发研究信息、多批次杂质分析数据以及后续步骤对相关杂质的清除能力，合理制定中间体质控限度。

（2）内控标准中异构体、含量（纯度）限度应有合理依据，应结合工艺开发信息、多批次数据积累。

（3）对中间体、粗品质控限度制定的依据提供方法学验证资料。

（4）多晶型的样品，在生产过程中要注意对不同晶型进行研究，同时，对多批次样品晶型进行考察，证明现工艺得到样品的晶型一致。

（5）干燥条件不同可以得到无水物及不同水合物，应对干燥工艺参数进行考察，证明现工艺条件下批次间的一致性。

5. 质量研究工作中常见问题

（1）研究各项目以及方法学考察内容（如理化常数、纯度检验、含量测定、方法学验证及阶段性的数据积累结果）等全面性。

（2）质量标准草案应当符合现行版《中国药典》的格式，并使用其术语和计量单位。所用试药、试液、缓冲液、滴定液等，应当采用现行版《中国药典》收载的品种及浓度，有不同的，应详细说明。提供的标准品或对照品应说明其来源、理化常数、纯度、含量及其测定方法和数据。

（3）用于注射剂剂型的辅料，应提供灭菌工艺验证资料或无菌生产工艺验证资料，包材相容性研究资料，容器密封性研究资料。

第二节 核查要点

药用辅料的质量及管理，直接影响着人民的用药安全。辅料企业在进行产品的研发、质量研究、注册工作时会优先考虑各国药典的法定要求。而在制剂的制备过程中，实际上更加关注的是药用辅料的安全性、有效性、稳定性和适用性。

药用辅料生产企业应加强自身管理，发生变更时登记人应主动开展研究，并及时通知相关药品制剂生产企业（药品上市许可持有人），并及时更新登记资料，并在年度报告中体现。

各省（区、市）药品监督管理局根据登记信息对药用辅料供应商加强监督检查和延伸检查。延伸检查应由药品制剂生产企业（药品上市许可持有人）所在地省局组织开展。药用辅料和药包材供应商的日常检查由所在地省局组织开展联合检查。药用辅料生产现场检查参照《药用辅料生产质量管理规范》（国食药监安〔2006〕120号）开展检查。同时，药用辅料可参照国家药品监督管理局2020年发布的《药品注册核查工作程序（试行）》。

在辅料生产过程中应充分重视批量放大研究，以验证放大生产后工艺的可行性，保证研发和生产时工艺的一致性。在生产工艺发生变更时，应充分重视变更研究，参照原料药的变更要求进行相关研究。

一、药用辅料研发阶段批量放大应重点关注的问题

1. 设备材质和型号的选择

首先，应按"逐步放大"原则在中试车间对设备进行选择。设备容量应适宜，设备一定要有余量。对于接触腐蚀性物料的设备材质的选择问题尤应注意，例如使用强碱（如氢氧化钠）作为反应试剂时，应尽量避免玻璃反应釜的使用。

2. 搅拌器型式和搅拌速度的考察

反应很多是非均相的，且反应热效应较大。在小试时由于物料体积小，搅拌效果好，传热传质问题不明显，但在中试放大时必须根据物料性质和反应特点，注意搅拌型式和搅拌速度对反应的影响规律，以便选择合乎要求的搅拌器和确定适用的搅拌速度。

3. 反应条件的进一步研究

试验室阶段获得的最佳反应条件不一定完全符合中试放大的要求，为此，应就其中主要的影响因素，如加料速度、搅拌效果、反应器的传热面积与传热系数，以及制冷剂等因素，进行深入研究，以便掌握其在中间装置中的变化规律。得到更适用的反应条件。

4. 工艺流程和操作方法的确定

需要考虑使反应和后处理操作方法适用于工业生产的要求。特别注意缩短工序，简化操作，提高劳动生产率。从而最终确定生产工艺流程和操作方法。

5. 进行物料衡算

当各步反应条件和操作方法确定后，就应该就一些收率低、副产物多和三废较多的反应进行物料衡算。为挖潜节能、提高效率、回收副产物并综合利用，以及防治三废提供数据。对无分析方法的化学成分要进行分析方法的研究。

6. 物理性质和化工常数的测定

原材料、中间体的物理性质和化工常数的测定。为了解决生产工艺和安全措施中的问题，必须测定某些物料的性质和化工常数，如比热、黏度、爆炸极限等。

二、药用辅料生产工艺变更重点关注要素

药用辅料是药品的重要组成部分，直接影响药品的质量，因此辅料生产以及辅料生产工艺的变更则显得尤为重要。为了加强药用辅料生产的质量管理，保证药用辅料质量，国家局在充分征求各方面意见的基础上，制定了《药用辅料生产质量管理规范》，但针对药用辅料工艺变更未公布专有的法规及指导原则。在药用辅料的生产工艺变更时可参照国家药品监督管理部门发布的《关于调整原料药、药用辅料和药包材审评审批事项的公告》（2017 年 146 号）、《已上市化学药品生产工艺变更研究技术指导原则》（2017 年第 140 号）、《国家药监局关于进一步完善药品关联审评审批和监管工作有关事宜的公告》（2019 年第 56 号）进行研究。

生产工艺包括制备的工艺流程和化学反应式、原材料和有机溶媒、反应条件（温度、压力、时间、催化剂等）和操作步骤、精制方法、主要理化常数及阶段性的数据累计结果等，并注明投料量和收得率以及工艺过程中可能产生或引入的杂质或其他中间产物，提供所用化学原料的规格标准，动、植、矿物原料的来源、学名。药用辅料生产工艺变更后，基于具体问题具体分析的原则对变更内容进行风险分析。分析变更对药品质量的影响，确定变更的合理性和变更风险。如结晶溶剂发生变更。由于结晶溶剂的变化，终产品的晶型、粒度、杂质谱类型皆发生了显著变化，对药品质量有显著性影响，风险较高，应加强对晶型、粒径的研究和控制，并重点对变更前后杂质谱的分析比较研究和杂质控制。

1. 杂质种类及含量的变化

评估原有杂质是否有变化，是否有新杂质产生，同时还需根据工艺变更的具体情况对溶剂残留量及无机杂质等进行检查，需确定工艺变更后从哪步反应开始考察杂质的变化情况，并建立适宜的杂质检测方法。

采用的杂质检查方法应对原有杂质和新产生的杂质均可以进行有效的分离和检测。对于新建立的杂质检查方法，需进行翔实的方法学研究，变更前后杂质水平需采用统一的方法进行比较。如对于高分子辅料，应重点研究残留单体、催化剂以及生产工艺带来的杂质。评估杂质对药用辅料安全性、功能性等的影响，并进行相应的控制。

2. 理化性质的改变

多数合成工艺中均涉及将粗品溶解到合适的溶剂中，再通过结晶或沉淀来

分离纯化，通常这一步操作与化合物的物理性质密切相关。最后一步反应中间体以前的工艺变更一般不影响产品的物理性质，但在特殊情况下，如工艺变更引起粗品溶液中已知杂质水平显著升高或产生新杂质，也可能影响化合物的晶型等物理性质。故当化合物的物理性质直接影响制剂性能时，如果最后一步反应中间体以前的工艺变更前后杂质状况不同，则还需研究变更前后产品的物理性质是否等同。

除此，若为立体异构体或类似物混合物时，需注意考察异构体或类似物的比例；重金属水平、物料稳定性等也应重点考察。

总结所进行的稳定性研究的样品情况、考察条件、考察指标和考察结果，对变化趋势进行分析，并提出贮存条件和有效期。变更前后进行比较。

3.其他

必要时需提供药学研究资料、药理毒理研究资料、临床试验资料。列出变更前后所有关键步骤（包括终产品的精制、纯化工艺步骤，人或动物来源辅料的病毒灭活/去除步骤），提供关键过程控制及参数，提供具体的研究资料（包括研究方法、研究结果和研究结论），支持关键步骤确定的合理性以及工艺参数控制范围的合理性。列出已分离中间体的质量控制标准，包括项目、方法和限度，并提供必要的方法学验证资料。

三、药用辅料现场核查应重点关注的问题

与药品注册过程类似，在药用辅料研制申报过程中，除了要提供完整、准确的申报资料外，还要提供相应的原始资料（记录），以备核查。

药用辅料生产现场检查参照《药用辅料生产质量管理规范》（国食药监安〔2006〕120号）开展。现场核查应注意的问题如下。

（1）药用辅料生产企业是否严格控制原材料质量。

（2）药用辅料生产企业是否按照核准或备案的工艺进行生产。若发生生产工艺、原材料来源等可能影响药用辅料质量的变更时，应主动开展评估，及时通知相关药品制剂生产企业（药品上市许可持有人），及时更新登记资料，并在年度报告中体现。

（3）药用辅料生产企业是否建立完善的批号管理制度和出厂检验制度。每批辅料都应编制生产批号。

（4）药用辅料生产企业人员培训是否到位。从事辅料生产的各级人员应具

有与其职责相适应的受教育程度并经过培训考核，以满足辅料生产的需要。企业应建立并执行培训规程。培训应包括相应的专业技术知识、岗位操作规程、卫生知识及《药用辅料生产质量管理规范》（2006）等内容。应由具备适当资质的人员进行足够频次的培训，以确保员工熟悉《药用辅料生产质量管理规范》（2006）的要求。培训应有相应的记录。

（5）药用辅料生产企业供应商管理是否到位。应检查、评估供应商的综合能力，确保原料、包装材料以及服务满足合同的要求。

（6）药用辅料生产批生产记录和产品检验记录是否规范。批生产记录应字迹清晰、内容真实、数据完整，并有操作人和复核人签名。记录应保持整洁，不得撕毁和任意涂改，如需更改，应在更改处签名，并保持原数据仍可辨认。产品检验记录应包括对检品的详细描述，包括物料名称、批/编号或其他专一性的代号以及取样时间；每一检验方法的索引号（或说明）；物料和产品检测原始数据，包括图、表以及仪器检测图谱；与检验相关的计算；检验结果及与标准比较的结论；检验人员的签字及测试日期。

第三节　案例

案例一　醋酸羟丙基甲基纤维素琥珀酸酯

（一）原材料及试剂

主要原材料为精制棉，辅助材料为氢氧化钠（片碱）、环氧丙烷、环氧丙烷、氯甲烷、醋酸、甲苯、异丙醇、氮气。

（二）工艺流程

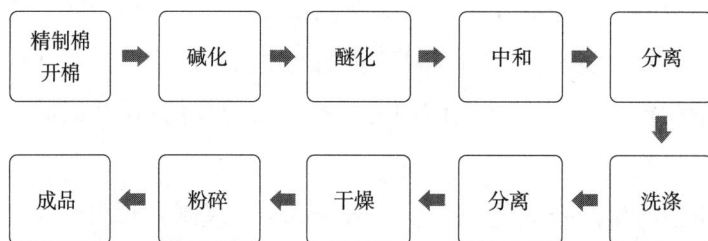

（三）关键工艺控制：搅拌与传质传热

纤维素碱化、醚化都是在非均相醚化（利用外力搅拌均匀）条件下进行的。水、碱、精制棉及醚化剂在溶剂体系中的分散与相互接触是否充分均匀，都会直接影响碱化、醚化效果。碱化过程搅拌不匀，会在设备底部产生碱结晶而沉淀，上层浓度低而碱化不够充分，结果醚化结束后体系还存在大量自由碱，但是纤维素本身碱化不够充分，产品取代不均匀，从而导致透明度差，游离纤维多，保水性能差，凝胶点也低，pH 值偏高。

案例二　交联羧甲基纤维素钠

（一）原材料及试剂

主要原材料为木浆或精制棉，辅助材料为乙醇、氢氧化钠、氯乙酸、环氧氯丙烷、氮气。

（二）工艺流程

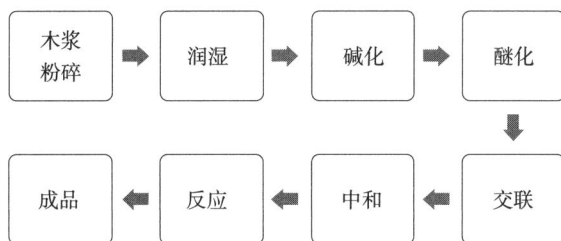

（三）关键工艺控制：温度、压力

反应温度、压力、投料方式、交联反应条件对交联羧甲基纤维素钠取代度范围的影响。碱化、醚化、交联反应在一个反应釜中完成，中和、洗涤同釜进行，节约生产时间、提高设备的利用率。从设备的机械搅拌方式与反应设备的长径比，进行了科学的优化，使整个碱化、醚化、交联在充氮条件下均匀地进行，提高了反应均匀性，从而控制产品结构的均匀性。

案例三　油酸山梨坦

（一）原材料及试剂

主要原材料为山梨醇和油酸，辅助材料为氢氧化钾。

（二）工艺流程

（三）关键工艺控制：反应时间与温度

在合成油酸山梨坦的过程中，投料比例、反应时间、反应温度都会影响成品的性状与质量。采用一步法生产工艺代替分步法生产工艺，使醚化反应和酯化反应一步进行；以 KOH 代替 NaOH 作催化剂可以降低反应温度，缩短反应时间，减少能耗和氧化副反应，且两性金属氧化物催化所得产品中的失水山梨醇单油酸酯的比例高于用 NaOH 作催化剂所得产品的失水山梨醇单油酸酯的比例。

参考文献

［1］董鹏，刘立军，王志豪. 国内药用辅料的困境与创新［J］. 张江科技评论，2019（5）：61-63.

［2］董鹏，刘立军，王志豪. 国内药用辅料的困境与创新［J］. 张江科技评论，2019（5）：61-63.

［3］邵自强，郑一平，李永红，王文俊. 醋酸羟丙基甲基纤维素琥珀酸酯的性能表征［J］. 中国药学杂志，2005（11）：846-849.

［4］费玉元，交联羧甲基纤维素钠（CCMC-Na）. 浙江省，浙江中维药业有限公司，2013-06-29.

［5］黄子志，药用辅料油酸山梨坦. 广东省，广东省肇庆市超能实业有限公司，2016-12-28.

名词解释

批（batch/lot） 采用一个或一系列加工过程生产出的一定数量的质量和特性符合规定限度的均质原料、中间体、包装材料或最终产品。在连续工艺条件下，一批可以是指生产中质量和特性符合规定限度的特定的一段。批量也可以是一个固定的数量或是在一个固定的时间段内的生产量。

批号（batch number，lot number） 用以确定一个批次生产、加工、包装、编码和分发历史全过程的具有专一性的数字、字母或符号的组合。

受控文件（controlled documents） 质量体系的组成部分，即为保证质量体系的有效运行，由质量部门批准颁发需企业各部门遵照执行的文件。

批生产工艺（batch process） 指从辅料的各种起始原料生产药用辅料的制造过程。

批记录（batch records） 记述从原料阶段到该批完成的整个历史文件和记录。

预防性维修保养（preventive maintenance） 即计划性维修，指根据设备的特点和运行情况，为防止设备运行过程中出现故障而定期进行的维修保养活动。

混入（commingling） 通常指批交替生产或连续工艺法中一个等级或一个批号剩余的少量物料与另一个等级或另一个批号的混合。

连续法工艺（continuous process） 一种连续供料生产物料的制造工艺。

关键工艺（critical process） 直接影响产品质量特征的生产工艺步骤。

交叉污染（cross-contamination） 生产过程中一种原料、中间产品或辅料产品对另一种原料、中间产品或辅料产品的污染。

客户（customers） 包括用户、中间商、代理商和药用辅料供应链中的其他组织。

典型产品（model product） 在组分、功效或质量标准/规格上能代表某一组同类产品的产品。

返工（reprocessing） 将以前加工过但不符合标准或规格的物料返回至原工

艺过程，并重复常规生产的一步或几步必要的步骤。

再加工（reworking） 将以前加工过但不符合标准或规格的物料用与原工艺不同的加工步骤进行加工处理。

标准操作规程（standard operating procedures） 经过批准用于执行某一特定操作的书面规程。

验证（validation） 一个能确保某项特定工艺、方法，或系统始终如一产生满足预定标准的书面计划和规程。

验证负责人（the person in charge of validation） 由企业指定负责验证工作的人员。验证负责人可以是项目中负责验证的人员，也可以是企业质量部门中主管验证的人员或质量部门的负责人。

供应商（supplier） 按合同提供原料或提供一种或多种服务的组织。